BRIAN COX – JEFF FORSHAW

SCHWARZE LÖCHER

Brian Cox ist Professor für Teilchenphysik an der Universität Manchester. In Großbritannien und zunehmend auch im Rest von Europa ist er dank der Sendereihe „Wonders of the Universe“ auf BBC überaus populär. Mit der Popgruppe D:REAM landete er außerdem einige Top-10-Hits, darunter „Things Can Only Get Better“.

Jeff Forshaw ist Professor für theoretische Physik an der Universität Manchester. In seinen Vorlesungen hat er sich auf Einsteins Relativitätstheorie spezialisiert. Im Jahr 1999 wurde ihm die Maxwell-Medaille für seine außergewöhnlichen Leistungen auf diesem Gebiet verliehen.

Von diesem Autorenduo erschienen bei KOSMOS bereits die Erfolgstitel „Warum ist $E = mc^2$?“ sowie „Was wiegt das Universum?“.

BRIAN COX
JEFF FORSHAW

SCHWARZE LÖCHER

DER SCHLÜSSEL ZUM VERSTÄNDNIS DES UNIVERSUMS

Aus dem Englischen
von Michael Vogel

KOSMOS

Für Jeffs Mutter, Sylvia

Mehr entdecken, mehr verstehen

DAS KOSMOS VERSPRECHEN

Expertenwissen seit 1822

Welches Thema dich auch begeistert – auf unsere Expertise kannst du dich verlassen. Und das schon seit über 200 Jahren.

Unser Anspruch ist es, dich mit wertvollem Rat zu begleiten, dich zu inspirieren und deinen Horizont zu erweitern.

BEGEISTERUNG DURCH KOMPETENZ

Unsere Autorinnen und Autoren vereinen professionelles Know-how mit großer Leidenschaft für ihre Themen.

WISSEN, DAS DICH WEITERBRINGT

Leicht verständlich, lebensnah und informativ für dich auf den Punkt gebracht.

SACHVERSTAND, DEN MAN SEHEN KANN

Mit aussagestarken Fotos, Zeichnungen und Grafiken werden Inhalte besonders anschaulich aufbereitet.

QUALITÄT FÜR HEUTE UND MORGEN

Dafür sorgen langlebige Verarbeitung und ressourcenschonende Produktion.

INHALT

1
EINE KURZE GESCHICHTE DER SCHWARZEN LÖCHER

„Das Wissen um die Existenz des für uns Undurchdringlichen, der Manifestationen tiefster Vernunft und leuchtendster Schönheit, die unserer Vernunft nur in ihren primitivsten Formen zugänglich sind, dies Wissen und Fühlen macht wahre Religiosität aus; in diesem Sinn und nur in diesem gehöre ich zu den tief religiösen Menschen."

ALBERT EINSTEIN

Im Herzen der Milchstraße gibt es eine Verkrümmung im Gewebe des Universums – verursacht durch etwas, das vier Millionen Mal massereicher ist als unsere Sonne. Raum und Zeit sind dort in der direkten Umgebung so stark verkrümmt, dass Lichtstrahlen gefangen bleiben, wenn sie sich näher als zwölf Millionen Kilometer heranwagen. Der Bereich, aus dem es kein Zurück mehr gibt, ist durch einen Ereignishorizont begrenzt. Er wird so genannt, weil das Universum außerhalb für immer von allem isoliert bleibt, was innerhalb passiert. Oder zumindest dachten wir das, als der Name geprägt wurde. Wir tauften es Sagittarius A*, und es ist ein supermassereiches Schwarzes Loch.[1]

1 Sagittarius A* wird im Englischen „Sagittarius A-star" ausgesprochen, im Deutschen „Sagittarius A Stern".

Schwarze Löcher befinden sich dort, wo die massereichsten Sterne geleuchtet haben, in den Galaxienzentren, am Rande unseres aktuellen Verständnisses. Sie entstehen auf natürliche Weise und sind die unvermeidlichen Folgen der Gravitation, wenn zu viel Materie in einem ausreichend kleinen Raumvolumen kollabiert. Doch obwohl die uns bekannten physikalischen Gesetze sie vorhersagen, können sie Schwarze Löcher nicht vollständig beschreiben. Physiker verbringen ihre berufliche Laufbahn damit, nach Ungereimtheiten zu suchen, Experimente durchzuführen, um irgendwas zu finden, das nicht durch die bekannten Gesetze zu erklären ist. Das Wunderbare an der steigenden Zahl Schwarzer Löcher, die wir überall am Himmel entdecken, ist, dass jedes einzelne ein Experiment der Natur ist, welches wir nicht erklären können. Das bedeutet: Uns fehlt etwas Grundlegendes.

Die moderne Erforschung von Schwarzen Löchern begann mit Einsteins Allgemeiner Relativitätstheorie aus dem Jahr 1915. Diese ein Jahrhundert alte Theorie der Gravitation führte zu zwei erstaunlichen Vorhersagen: „Erstens: das Schicksal massereicher Sterne ist, hinter einen Ereignishorizont zu kollabieren und zum ‚Schwarzen Loch' zu werden, das eine Singularität enthält. Und zweitens: In unserer Vergangenheit gibt es eine Singularität, die in gewissem Sinne einen Anfang des Universums darstellt." Dieser bemerkenswerte Satz steht auf der ersten Seite eines wegweisenden Lehrbuchs über die Allgemeine Relativität: *The Large Scale Structure of Space-Time*, 1973 verfasst von Stephen Hawking und George Ellis.[i] Es führt anregende Begriffe ein – Schwarzes Loch, Singularität, Ereignishorizont –, die Teil der Popkultur geworden sind. Es besagt auch, dass die massereichsten Sterne des Universums am Ende ihres Lebens durch die Gravitation zum Kollaps gezwungen werden. Der Stern verschwindet und drückt der Struktur des Universums einen Stempel auf. Doch hinter einem Horizont bleibt etwas übrig: eine Singularität, eher ein Augenblick als ein Ort, wenn unser Verständnis der Naturgesetze versagt. Es gibt auch eine Singularität in unserer Vergangenheit, die den Beginn der Zeit markiert: den Urknall. Wir müssen die grundlegende Vorstellung akzeptieren, dass es im tiefsten Innern unserer wissenschaftlichen Beschreibung der Gravitation, jener vertrauten Kraft, die das Verhalten von Kanonenkugeln und Monden bestimmt, um die Natur von Raum und Zeit geht.

Es ist nicht offensichtlich, dass die Gravitation mit Raum und Zeit zusammenhängen soll, geschweige denn, dass der Versuch, sie in einer wissenschaftlichen Theorie zu beschreiben, einen dazu bringt, über den Anfang und das Ende der Zeit nachzudenken. Schwarzen Löchern kommt bei der Untersuchung dieser tiefen Verbindung eine zentrale Rolle zu, weil sie die extremsten beobachtbaren Schöpfungen der Gravitation sind. Sie sind intellektuell so schwierig zu fassen, dass viele Physiker bis weit in die 1960er der Meinung waren, Schwarze Löcher seien ein Artefakt der Mathematik, die die Allgemeine Relativität beschreibt. Die Natur habe sicherlich einen Weg gefunden, das Entstehen Schwarzer Löcher zu vermeiden. Selbst Einstein schrieb 1939 eine wissenschaftliche Veröffentlichung, in der er folgerte, dass Schwarze Löcher „in der physikalischen Realität nicht existieren".[ii] Einsteins berühmter Zeitgenosse Arthur Eddington formulierte es markanter: „Es sollte ein Naturgesetz geben, das einen Stern davon abhält, sich so absurd zu verhalten." Nun, es gibt keines und sie tun es.

Wir wissen inzwischen, dass Schwarze Löcher eine natürliche, unvermeidliche Phase im Leben von Sternen sind, die einige Male massereicher sind als unsere Sonne. Und da es viele Millionen solcher Sterne in unserer Galaxis gibt, existieren viele Millionen Schwarze Löcher. Sterne sind große Materieansammlungen, die sich dem Gravitationskollaps widersetzen. In ihren frühen Lebensphasen widerstehen sie der nach innen gerichteten Kraft ihrer Eigengravitation, indem sie in ihren Zentren Wasserstoff in Helium umwandeln. Dieser als Kernfusion bekannte Vorgang setzt Energie frei, die einen

Druck erzeugt, der den Kollaps aufhält. Derzeit befindet sich unsere Sonne in dieser Phase und wandelt in jeder Sekunde 600 Millionen Tonnen Wasserstoff in Helium um. Große Zahlen überfliegt man in der Astronomie häufig, aber wir sollten innehalten und über den gewaltigen Unterschied zwischen Sternen und den Gegenständen der menschlichen Alltagserfahrung staunen. 600 Millionen Tonnen sind die Masse eines kleinen Bergs. Unsere Sonne hat, schon bevor die Erde entstanden war, jede Sekunde Wasserstoff von der Masse eines Bergs verbrannt. Keine Sorge: Es ist noch genug Wasserstoff übrig, damit sie ihren Kampf mit der Gravitation für weitere fünf Milliarden Jahre fortsetzen kann. Die Sonne kann das tun, weil sie groß ist; es passen bequem eine Million Erden in sie hinein. Sie hat einen Durchmesser von 1,4 Millionen Kilometern. Ein Passagierflugzeug müsste sechs Monate fliegen, um sie einmal zu umrunden. Dabei ist die Sonne ein kleiner Stern: Die größten bekannten Sterne sind tausendmal größer, ihre Durchmesser liegen im Bereich von einer Milliarde Kilometern. In der Mitte unseres Sonnensystems stehend, würde so ein Stern Jupiter einhüllen. Solche Ungetüme beenden ihr Leben in einem katastrophalen Gravitationskollaps.

Die Gravitation ist eine schwache, aber unerbittliche Kraft. Sie wirkt ausschließlich anziehend. Stehen ihr keine anderen, stärkeren Kräfte entgegen, wirkt diese Anziehungskraft bis ins Unendliche. Die Gravitation versucht, Sie durch den Boden Richtung Erdmittelpunkt zu ziehen – und den Boden gleich mit. Der Grund, warum nicht alles in einem zentralen Punkt zusammenstürzt, ist die Unnachgiebigkeit der Materie. Sie besteht aus Teilchen, die den Gesetzen der Quantenphysik gehorchen und einander abstoßen, wenn sie sich zu nahe kommen. Aber die Unnachgiebigkeit der Materie täuscht etwas. Wir können nicht wahrnehmen, dass der Boden unter uns im Wesentlichen leerer Raum ist. Die Elektronenwolken, welche die Atomkerne umschwirren, halten die Atome auseinander und gaukeln uns vor, dass feste Objekte dicht gepackt sind. In Wahrheit nimmt der Atomkern nur einen winzigen Teil des Atomvolumens ein und der Boden unter unseren Füßen ist immateriell wie Dampf. Die abstoßenden Kräfte im Innern der Materie sind gleichwohl sehr stark und in der Lage, Sie davon abzuhalten, durch den Boden zu fallen, und zugleich sterbende Sterne zu stabilisieren, die bis zu zwei Sonnenmassen haben. Doch es existiert eine Grenze und diese Grenze bilden Neutronensterne.

Ein typischer Neutronenstern hat einen Radius von nur wenigen Kilometern und etwa die 1,5-fache Sonnenmasse – eine Million Erden zusammengepresst auf ein Gebiet von der Größe einer Stadt. Neutronensterne rotieren sehr rasch und senden dabei kegelförmig Radiowellen aus, die wie ein Leuchtturm das Universum erhellen. Die erste Beobachtung solcher Neutronensterne, die als Pulsare bezeichnet werden, gelang Jocelyn Bell Burnell und Antony Hewish 1967. Die Lichtblitze waren so regelmäßig – sie zogen alle 1,3373 Sekunden über die Erde hinweg –, dass Bell Burnell und Hewish sie „Little Green Men-1" tauften. Der schnellste bislang entdeckte Pulsar, bezeichnet als PSR J1748 – 2446ad, rotiert 716-mal pro Sekunde. Neutronensterne sind extrem energiereiche Himmelsobjekte. Am 27. Dezember 2004 traf ein Energieausbruch die Erde, blendete Satelliten und blähte unsere Ionosphäre auf. Die Energie wurde durch die Umstrukturierung des Magnetfelds um den Neutronenstern SGR 1806 – 20 freigesetzt, der 50 000 Lichtjahre von der Erde entfernt auf der anderen Seite unserer Galaxis liegt. In einer Fünftelsekunde strahlte der Stern mehr Energie ab als unsere Sonne in 250 000 Jahren.

Die Schwerkraft an der Oberfläche eines Neutronensterns ist 100 Milliarden Mal so groß wie auf der Erde. Alles, was auf die Oberfläche stürzt, wird augenblicklich plattgedrückt und in eine Atomkernsuppe verwandelt. Wenn Sie auf die Oberfläche eines Neutronensterns fielen, würden die Teilchen, die einst zu Ihren voluminösen Atomen gehörten, in Neutronen umgewandelt und so dicht zusammengepresst werden, dass sie fast mit Lichtgeschwindigkeit umherschwirrten, um einander auszuweichen. Dieses Umherschwirren stabilisiert einen Neutronenstern von bis zu ungefähr zwei Sonnenmassen, aber nicht darüber hinaus. Jenseits dieser Grenze siegt die Gravitation. Schüttet man auch nur ein bisschen mehr Masse auf die Oberfläche, kollabiert der stadtgroße Stern zu einer Singularität. Georges Lemaître, ein katholischer Priester und einer der Begründer der modernen Kosmologie, beschrieb die Urknallsingularität am Anfang unseres Universums als einen Tag ohne Gestern. Eine Singularität durch den Gravitationskollaps ist ein Moment ohne Zukunft. Außerhalb davon bleibt nur ein dunkler Abdruck von etwas übrig, das einst leuchtete: ein Schwarzes Loch.

Heute haben wir konkrete Beobachtungshinweise dafür, dass unser Universum von Schwarzen Löchern bevölkert ist. Die Aufnahmen in Abbildung 1.1 wurden mit dem Event Horizon Telescope gemacht, einem Netz aus Radioteleskopen in Amerika, Europa, dem pazifischen Raum, Grönland und der Antarktis. Das linke Bild zeigt das supermassereiche Schwarze Loch im Zentrum der Galaxie M 87, die 50 Millionen Lichtjahre von der Erde entfernt ist. Wie so oft in der Wissenschaft wird dieses verschwommene Bild von Weither zunehmend schöner, sobald man mehr darüber erfährt, was man da eigentlich sieht.

Das Schwarze Loch hat 6,5 Milliarden Sonnenmassen und befindet sich in der dunklen Mitte des Bildes, dem sogenannten Schatten. Diese Region ist dunkel, weil die Gravitation so stark ist, dass Licht nicht entkommen kann – und da sich nichts schneller als das Licht bewegen kann, kann gar nichts entkommen. Im Schatten liegt der Ereignishorizont des Schwarzen Lochs von M 87, einer Kugel im Raum mit einem Durchmesser vom 240-fachen Abstand zwischen Erde und Sonne. Der Ereignishorizont schirmt das äußere Universum von der Singularität ab. Die helle Scheibe um den Schatten entsteht haupt-

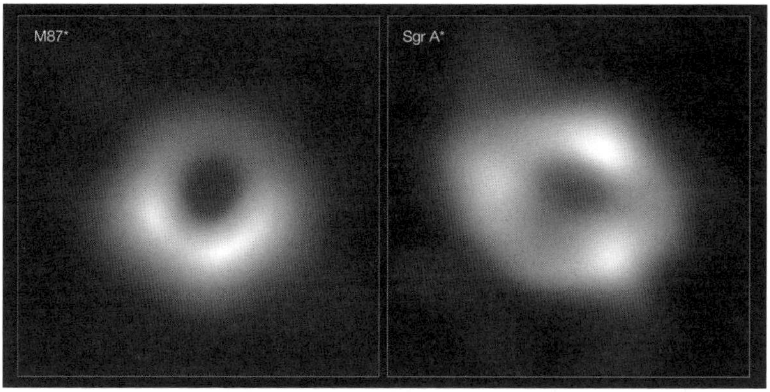

Abbildung 1.1, links: Das supermassereiche Schwarze Loch im Zentrum der Galaxie M 87. Rechts: Sagittarius A*, das Schwarze Loch im Zentrum unserer Galaxis. Beide abgebildet vom Event Horizon Telescope. Auch auf Tafel 1.

sächlich durch Licht, das von Gas und Staub abgegeben wird, während sie – auf Spiralbahnen kreisend – dem Schwarzen Loch immer näher kommen. Dabei verformt die Gravitation des Schwarzen Lochs ihre Bahnen zu einer charakteristischen Donut-Kontur.

Das rechte Bild zeigt das supermassereiche Schwarze Loch im Zentrum unserer Galaxis: Sagittarius A*. Mit gerade mal 4,3 Millionen Sonnenmassen ist es ein vergleichsweise kleiner Fisch. Die leuchtende Scheibe würde bequem in die Merkurbahn passen. Die Existenz von Sagittarius A* wurde zunächst indirekt durch die Beobachtung von Sternen nachgewiesen, die es umrunden. Diese Sterne werden als „S-Sterne" bezeichnet. Der Stern S2 umrundet das Schwarze Loch in besonders geringem Abstand mit einer Umlaufzeit von 16,0518 Jahren. Diese Genauigkeit ist wichtig, weil die detaillierte Beobachtung der S2-Umlaufbahn mit den Vorhersagen der Allgemeinen Relativitätstheorie abgeglichen wurde und daraus die Existenz eines Schwarzen Lochs folgte, noch deutlich bevor seine Aufnahme gelang. S2 wurde 2018 bei seiner engsten Annäherung ans Schwarze Loch beobachtet, als er in nur 120 Astronomischen Einheiten Abstand den Ereignishorizont passierte.[2] Bei der geringsten Entfernung bewegte sich der Stern mit drei Prozent der Lichtgeschwindigkeit. Reinhard Genzel und Andrea Ghez bekamen 2020 den Nobelpreis für die hochpräzisen Beobachtungen, die sie viele Jahre lang durchgeführt hatten. Die Beobachtungen waren der Beweis dafür, dass es ein „supermassereiches kompaktes Objekt im Zentrum unserer Galaxis" gibt. Die beiden teilten sich den Preis mit Sir Roger Penrose, der mathematisch nachgewiesen hatte, dass „die Bildung Schwarzer Löcher eine robuste Vorhersage der Allgemeinen Relativität ist".

Wir haben auch einige kleinere Schwarze Löcher mit stellaren Massen aufgespürt, und zwar anhand der Wellen in Raum und Zeit, die bei ihrem Zusammenstoß miteinander auftreten. Im September 2015 registrierte der Gravitationswellendetektor LIGO Wellen in der Raumzeit, die durch den Zusammenstoß zweier Schwarzer Löcher in 1,3 Milliarden Lichtjahren Abstand von der Erde verursacht wurden. Die Schwarzen Löcher waren 29- und 36-mal so massereich wie unsere Sonne. Innerhalb von weniger als zwei Zehntelsekunden stießen sie zusammen und verschmolzen miteinander. Während der Kollision übertraf die Energieabgabe in der Spitze die von allen Sternen im beobachtbaren Universum um einen Faktor 50. Die Gravitationswellen erreichten uns mehr als eine Milliarde Jahre danach. Sie änderten den Abstand entlang von LIGOs vier Kilometer langer Lasermessstrecke um das Tausendstel eines Protonendurchmessers in exakt dem flüchtigen, wackelnden Muster, das die Allgemeine Relativität vorhergesagt hatte. LIGO und der Schwesterdetektor Virgo haben seitdem viele Verschmelzungen von Schwarzen Löchern erfasst. 2017 wurde der Physik-Nobelpreis an Rainer Weiss, Barry

2 1 Astronomische Einheit ist (ungefähr) gleich dem Abstand zwischen Erde und Sonne.

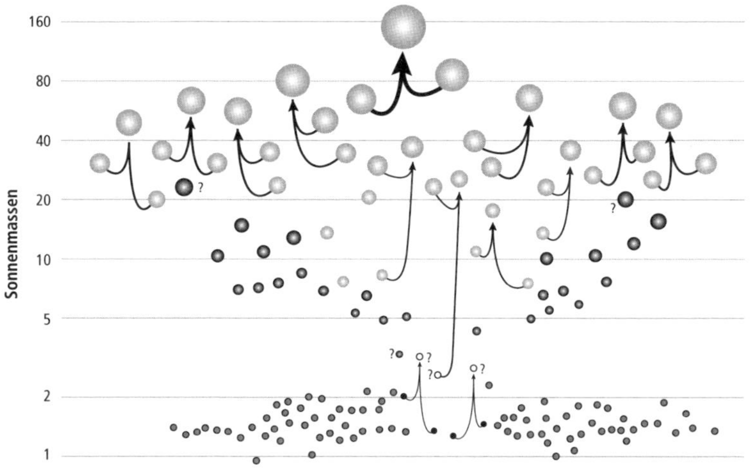

Abbildung 1.2. Die bekannten stellaren Schwarzen Löcher und Neutronensterne sind so angeordnet, dass die masseärmsten Objekte unten stehen. Die kleinsten Kreise sind die Neutronensterne und die Pfeile deuten beobachtete Kollisionen und Verschmelzungen zwischen zwei Schwarzen Löchern oder Neutronensternen an. Die Zahlen links sind Sonnenmassen (Masse der Sonne = 1 Sonnenmasse).

Barish und Kip Thorne verliehen, unter deren Leitung LIGO entwickelt, gebaut und betrieben wurde. Der „stellare Friedhof" aus stellaren Schwarzen Löchern und Neutronensternen ist in Abbildung 1.2 auf dem Stand dargestellt, als wir dieses Buch schrieben.[3]

Zusammengenommen beweisen diese Beobachtungen, die mit verschiedenen Teleskopen und Verfahren gemacht wurden, dass Neutronensterne und Schwarze Löcher zweifelsfrei existieren. Science-Fiction verwandelt sich in Wissenschaft, wenn experimentelle Untersuchungen Theorien bestätigen. Und während unsere theoretische Reise uns entlang immer merkwürdigerer Pfade in immer stärker

3 Anmerkung der Redaktion: Die englische Originalausgabe erschien 2022.

verworrenes intellektuelles Terrain führen wird, sollten wir uns daran erinnern, dass diese absurden Dinge real sind. Sie sind Teil der natürlichen Welt. Wir sollten daher versuchen, sie mithilfe der bekannten Naturgesetze zu verstehen. Scheitern wir, bietet sich uns die Gelegenheit, neue Naturgesetze zu entdecken. Dies ist ganz sicher der Fall und reicht weit über die kühnsten Träume der ersten Pioniere hinaus.

DER VERSUCH, DAS ABSURDE ZU VERHINDERN

Schwarze Löcher wurden erstmals 1783 von dem englischen Pfarrer und Wissenschaftler John Michell und unabhängig davon 1798 von dem französischen Mathematiker Pierre-Simon Laplace vorgeschlagen. Michell und Laplace argumentierten wie folgt: Genauso wie ein hochgeworfener Ball langsamer wird und ihn die irdische Gravitation zurück zum Boden zieht, ist es vorstellbar, dass Objekte mit so starker Gravitationsanziehung existieren, dass sie Licht einfangen können.

Ein Gegenstand, der von der Erdoberfläche aus nach oben geworfen wird, muss schneller als elf Kilometer pro Sekunde sein, um ins All zu entkommen. Diese Geschwindigkeit wird als Fluchtgeschwindigkeit der Erde bezeichnet. Die Gravitationsanziehung auf der Sonnenoberfläche ist viel stärker, entsprechend ist die Fluchtgeschwindigkeit mit 620 Kilometern pro Sekunde höher. Auf der Oberfläche eines Neutronensterns kann die Fluchtgeschwindigkeit einen nennenswerten Prozentsatz der Lichtgeschwindigkeit erreichen.[4] Laplace berechnete, dass ein Körper mit einer Dichte, die der irdischen vergleichbar ist, aber mit einem Durchmesser vom 250-Fachen der Sonne, eine so große Gravitationsanziehung hätte, dass die Fluchtgeschwindigkeit die Lichtgeschwindigkeit überträfe. Deshalb „könnten

4 Die Lichtgeschwindigkeit beträgt 299 792 458 Meter pro Sekunde.

die größten Körper im Universum aufgrund ihrer Größe unsichtbar sein".[iii] Das war eine faszinierende Vorstellung, die ihrer Zeit weit voraus war. Stellen Sie sich eine kugelförmige Schale im Raum vor, die die Oberfläche von einem der dunklen laplaceschen Riesensterne bildet. Die Fluchtgeschwindigkeit wäre die Lichtgeschwindigkeit. Nun machen Sie den Stern innerhalb der Schale etwas dichter, dann würde die Sternoberfläche schrumpfen, aber die gedachte Schale bliebe und würde eine Grenze im Raum bilden. Befänden Sie sich auf der Schale, die nun über der Sternoberfläche liegt, und würden mit einer Taschenlampe nach außen leuchten, ginge das Licht nirgendwohin. Es bliebe für immer eingefroren, könnte nicht entkommen. Diese Grenze ist der Ereignishorizont. Im Innern der Schale würde das Licht der Taschenlampe umkehren und auf den Stern zurückgezogen werden. Nur außerhalb der Schale könnte Licht entkommen.

Michell und Laplace malten sich diese dunklen Sterne als gewaltige Objekte aus. Womöglich konnten sie sich keine Alternative vorstellen. Ein Objekt muss aber nicht groß sein, um an der Oberfläche eine starke Gravitationsanziehung zu haben. Es kann auch sehr klein und dicht sein, zum Beispiel ein Neutronenstern. Für ein Objekt beliebiger Masse kann man mit Isaac Newtons Gesetz den Radius des Bereichs ohne Entkommen berechnen, der um das Objekt entsteht, wenn es ausreichend komprimiert wird:

$$R_S = \frac{2GM}{c^2}$$

Wobei *G* für die Newtons Gravitationskonstante steht, in der die Stärke der Gravitation steckt, und *c* für die Lichtgeschwindigkeit. Wenn wir irgendwas mit der Masse *M* zu einer Kugel zusammenpressen, deren Radius kleiner als R_S ist, erzeugen wir einen dunklen Stern. Setzen wir die Masse der Sonne in diese Gleichung ein, bekommen wir einen Radius von ungefähr drei Kilometern. Für die Erde beträgt er etwas weniger als einen Zentimeter. Es ist schwer vorstellbar, wie die Erde auf die Größe eines Kiesels zusammengepresst werden könnte. Womöglich haben Michell und Laplace diese Möglichkeit deshalb nicht in Betracht gezogen. So wunderlich sie scheinen mögen, wären dunkle Sterne nicht sonderlich lästig oder absurd, falls sie existieren würden. Sie fingen das Licht ein, aber das würde nur bedeuten, dass wir sie nicht sähen. Genauso wie Laplace es dargelegt hat.

Dieses einfache newtonsche Argument gibt uns ein Gefühl für die Vorstellung eines Schwarzen Lochs: Die Gravitation kann so stark sein, dass Licht nicht entkommen kann. Doch Newtons Gravitationsgesetz ist nicht anwendbar, wenn die Gravitation stark ist und Einsteins Theorie angewandt werden muss. Die Allgemeine Relativität ermöglicht ebenfalls Objekte, deren Gravitationsanziehung so stark ist, dass Licht nicht entkommen kann. Aber die Folgen sind ganz anders, definitiv ziemlich lästig und absurd. Wie im newtonschen Fall wird jedes Objekt Licht einfangen, falls es unter einen gewissen kritischen Radius komprimiert wird. In der Allgemeinen Relativität wird dieser Radius als Schwarzschild-Radius bezeichnet, weil ihn 1915 – kurz nach der Veröffentlichung der Allgemeinen Relativitätstheorie – erstmals der deutsche Physiker Karl Schwarzschild berechnet hat. Zufällig ist die Formel für den Schwarzschild-Radius in der Allgemeinen Relativität genau dieselbe wie im newtonschen Ergebnis oben. Der Schwarzschild-Radius ist der Radius des Ereignishorizonts bei einem Schwarzen Loch.

Wir werden in Kapitel 4 mehr über den Schwarzschild-Radius erfahren, wenn wir die Mittel der Allgemeinen Relativität zur Hand haben. Aber wir können einen kurzen Blick auf einige der Absurditäten werfen, die auf uns zukommen. Wir werden erfahren, dass Schwarze Löcher in ihrer Umgebung den Verlauf der Zeit beeinflussen. Fällt ein Astronaut auf ein Schwarzes Loch zu, vergeht die Zeit langsamer als auf einer Uhr weit draußen im All. Das ist interessant, aber nicht absurd. Das absurd klingende Resultat lautet: Gemäß der weit entfernten Uhr bleibt die Zeit am Ereignishorizont stehen. Von außen betrachtet sieht man niemals etwas ins Schwarze Loch fallen. Das bedeutet, dass ein Astronaut, der auf ein Schwarzes Loch zufällt, am Ereignishorizont für immer erstarrt. Das gilt auch für die Oberfläche eines Sterns, der in sich zusammenstürzt, um ein Schwarzes Loch zu bilden, und dabei auf den Ereignishorizont trifft. Auf den ersten Blick scheint die Theorie der Allgemeinen Relativität Unsinn vorherzusagen. Wie kann ein Stern durch den Ereignishorizont zu einem Schwarzen Loch kollabieren, wenn man nie sieht, dass seine Oberfläche diesen Horizont überquert? Solche Betrachtungen bereiteten Einstein und den anderen Pionieren Probleme, und das ist nur eines von unzähligen scheinbaren Paradoxa.

Bei Einstein und der Mehrzahl der Physiker bis in die 1960er-Jahre führten solche Bedenken zu dem Schluss, dass die Natur einen Ausweg findet. Die Forschung zu Schwarzen Löchern drehte sich primär um den Nachweis, dass sie nicht existieren können. Vielleicht war es ja unmöglich einen Stern beliebig zu komprimieren, um einen Ereignishorizont zu erzeugen. Das klang vernünftig, denn ein zuckerwürfelgroßes Stück Neutronensternmaterie wiegt mindestens 100 Millionen Tonnen. Vielleicht verstand man nur nicht ganz, wie sich die Materie bei so extremen Dichten und Drücken verhält.

Sterne sind große Ansammlungen von Materie, die gegen ihren Gravitationskollaps ankämpfen. Geht ihnen der nukleare Brennstoff aus, hängt ihr Schicksal von ihrer Masse ab. 1926 veröffentlichte R. H. Fowler, ein Kollege von Eddington in Cambridge, einen Artikel mit dem Titel „On Dense Matter“. Darin zeigte er, dass die neu entdeckte Quantentheorie einem alten kollabierenden Stern die Möglichkeit eröffnete, die Entstehung eines Ereignishorizonts durch einen Effekt namens Elektronenentartungsdruck zu vermeiden.[iv] Dies war der erste Hinweis auf das bereits im Zusammenhang mit Neutronensternen erwähnte „Quantenwackeln". Fowlers Schlussfolgerung wirkte wie eine unvermeidliche Folge der beiden Eckpfeiler der Quantentheorie: Wolfgangs Paulis Ausschlussprinzip und Werner Heisenbergs Unschärferelation.

Das Ausschlussprinzip besagt, dass Teilchen wie Elektronen nicht denselben Platz im Raum besetzen können. Werden viele Elektronen durch einen Gravitationskollaps zusammengepresst, schaffen sie sich ihre eigenen winzigen Volumina im Sterninnern, um voneinander Abstand halten zu können. Nun kommt Heisenbergs Unschärferelation ins Spiel. Sie besagt, dass, wenn ein Teilchen in ein kleineres Volumen eingesperrt wird, sein Impuls wächst. Mit anderen Worten: Wenn Sie ein Elektron einsperren, dann wird es herumwackeln – und je mehr Sie versuchen, es einzusperren, desto mehr wackelt es herum. Das erzeugt auf ähnliche Weise einen Druck, wie die Hitze der Kernfusionsreaktionen im früheren Leben des Sterns die Atome zum Herumwackeln brachte und so einen Kollaps verhinderte. Anders als der Druck aus den Fusionsreaktionen benötigt der Elektronenentartungsdruck jedoch keine Energiefreisetzung, um sich aufzubauen. Es sah so aus, als ob ein Stern der nach innen gerichteten Gravitation unendlich lange widerstehen könnte.

Astronomen kannten solche Sterne, die als Weiße Zwerge bezeichnet wurden. Sirius B ist ein lichtschwacher Begleiter von Sirius, dem hellsten Stern am Himmel. Von Sirius B war bekannt, dass seine Masse ähnlich groß wie die der Sonne, sein Radius jedoch mit dem irdischen vergleichbar ist. Die Dichte von Sirius B wurde bei damaligen Messungen auf 100 Kilogramm pro Kubikzentimeter geschätzt, was – wie Fowler anmerkte – „bereits interessante theoretische Überlegungen aufkommen ließ". In seinem Buch *The Internal Constitution of Stars* schrieb Eddington: „Ich glaube, es ist im Allgemeinen angemessen, die Schlussfolgerung ‚dass das absurd ist' zu ergänzen." Moderne Messungen ergeben eine mehr als zehnmal höhere Dichte. So absurd dieser planetengroße fremdartige Stern auch erschien, hatte Fowler dennoch einen Mechanismus entdeckt, der erklärte, wie der Stern der Gravitation widerstehen konnte. Für die damaligen Physiker schien dies eine große Erleichterung gewesen zu sein, denn er verhinderte das Unvorstellbare. Dank Fowler sah es so aus, als ob Sterne ihr Leben als Weiße Zwerge beendeten. Dank des Quantenwackelns der Elektronen würden Sterne nicht auf den Schwarzschild-Radius kollabieren und keinen Ereignishorizont bilden.

Das Gefühl der Erleichterung hielt nicht lange an. 1930 berechnete ein 19 Jahre alter Physiker namens Subrahmanyan Chandrasekhar, wie stark genau der Elektronenentartungsdruck werden kann. Dies erledigte er während einer 18 Tage dauernden Reise von Madras nach Cambridge, um mit Eddington und Fowler zu arbeiten. Fowler hatte keine Obergrenze für die so zu stützende Sternmasse gesetzt, und anscheinend gingen die meisten Physiker davon aus, dass es keine gebe. Doch Chandrasekhar erkannte, dass der Elektronenentartungsdruck begrenzt ist. Einsteins Relativitätstheorie besagt, dass, egal wie sehr ein Elektron auch eingesperrt ist, es nicht schneller herumwackeln kann als mit Lichtgeschwindigkeit. Chandrasekhar berechnete, dass diese Geschwindigkeitsgrenze von einem Weißen Zwerg erreicht wird, der ungefähr 90 Prozent der Sonnenmasse besitzt.[v] Eine genauere Berechnung ergibt, dass diese Chandrasekhar-Grenze, wie sie heute heißt, bei 1,4 Sonnenmassen liegt. Wenn ein kollabierender Stern diese Masse überschreitet, liefern die Elektronen nicht mehr genug Druck, um dem nach innen gerichteten Zug der Gravitation zu widerstehen, weil sie sich nicht schneller bewegen können. Dann muss der Gravitationskollaps weitergehen. Eddington beeindruckte das nicht. Er fand, dass Chandrasekhar die Relativitätstheorie falsch mit der damals noch neuen Quantenmechanik verknüpft hatte. Richtig ausgeführt würde die Berechnung ergeben, dass Weiße Zwergsterne mit beliebig großen Massen existieren könnten. Die

Diskussion mit dem ehrwürdigen Eddington machte den jungen Chandrasekhar tief betroffen. Noch Jahrzehnte nach Eddingtons Tod im Jahr 1944 schrieb Chandrasekhar über diese Zeit als „eine sehr entmutigende Erfahrung … dass meine Arbeit von der astronomischen Community völlig diskreditiert wurde". Letztlich bestätigte sich, dass Chandrasekhar recht hatte. 1983 bekam er den Nobelpreis für seine Arbeit über die Struktur der Sterne.

Chandrasekhars 1931 veröffentlichtes Ergebnis galt nicht als endgültiger Beweis dafür, dass Schwarze Löcher wirklich entstehen. Einstein sorgte sich noch 1939 über das scheinbare Einfrieren der Zeit am Ereignishorizont. Vielleicht existierte irgendein anderer Prozess, der den Kollaps eines Weißen Zwergs aufhalten konnte, wenn schon der Elektronenentartungsdruck versagte? Ende der 1930er-Jahre schlugen der amerikanische Physiker Fritz Zwicky und der russische Physiker Lev Landau richtigerweise vor, dass es noch dichtere Sterne als Weiße Zwerge geben könnte, die nicht durch den Elektronenentartungsdruck gestützt werden, sondern durch den Neutronenentartungsdruck. Unter den extremen Bedingungen eines Gravitationskollapses können Elektronen zum Verschmelzen mit Protonen gezwungen werden und so Neutronen und leichte Teilchen namens Neutrinos bilden. Letztere verlassen den Stern. Neutronen wackeln genauso wie Elektronen herum, wenn sie eng zusammengepresst werden. Doch weil sie mehr Masse haben als Elektronen, leisten sie mehr Widerstand. Solche Objekte sind Neutronensterne.

Es ist berechtigt zu fragen, ob dies das endgültige Schicksal für alle extrem massereichen Sterne ist, denn nach der Erfahrung mit den Weißen Zwergen könnte auch der Neutronenentartungsdruck seine Grenzen haben. Vielleicht schleudern die massereichsten Sterne Materie ins All, wenn sie kollabieren, oder sie prallen zurück und explodieren, wenn sie die Dichte eines Neutronensterns erreichen. Diese Möglichkeiten waren zur damaligen Zeit nicht einfach von der

Hand zu weisen – die Kernphysik war ein sehr junges Feld und das Neutron selbst wurde erst 1932 entdeckt.

1939 führten J. Robert Oppenheimer und sein Student George Volkoff, ausgehend von Richard Tolmans Arbeiten, die heute so bezeichnete Tolman-Oppenheimer-Volkoff-Grenze ein. Sie legt eine obere Grenze für die Masse eines Neutronensterns auf knapp drei Sonnenmassen fest. Oppenheimer und ein weiterer Student, Hartland Snyder, wiesen in der Folge nach, dass unter bestimmten Annahmen die massereichsten Sterne hinter einen Ereignishorizont kollabieren *müssen* und ein Schwarzes Loch bilden.[vi] Diese grundlegende Veröffentlichung beginnt wie folgt: „Wenn alle thermonuklearen Energiequellen erschöpft sind, wird ein ausreichend schwerer Stern kollabieren. Solange er sich nicht durch Rotation spaltet, Masse abstrahlt oder Masse durch Strahlung weggetragen wird und sich dadurch die Masse des Sterns auf die Größenordnung der Sonne verringert, wird diese Kontraktion unbegrenzt andauern.“ Die letzten Zeilen der Einleitung führen die Folgen für den Verlauf der Zeit am Ereignishorizont, um den sich Einstein sorgte, genauer aus: „Die Gesamtdauer des Kollapses ist für einen Beobachter, der sich mit der Sternmaterie mitbewegt, endlich, für diesen idealisierten Fall und typische Sternmassen liegt sie in der Größenordnung von einem Tag; und ein äußerer Beobachter sieht den Stern asymptotisch auf seinen Gravitationsradius schrumpfen.“[5] Mit anderen Worten: Ein Stern, der nicht viel schwerer als die Sonne ist, fällt für jemanden, der mit der Oberfläche des kollabierenden Sterns nach innen stürzt, in etwa einem Tag in sich zusammen und hört auf zu existieren – für jeden, der von außen zuschaut, dauert das eine Ewigkeit. Das ist das rätselhafte Verhalten der Zeit, das wir bereits erwähnt hatten. Oppenheimer und Snyder akzeptierten diese grundlegende Folge der Allgemeinen Re-

---

5 Mit „Gravitationsradius“ ist der Schwarzschild-Radius gemeint.

lativität und zeigten, dass sie zu keinerlei Widersprüchen führt. Wir werden uns mit diesem verblüffenden Ergebnis in den weiteren Kapiteln genauer befassen.

An diesem Punkt kam der Zweite Weltkrieg dazwischen, die Gedanken der Physiker in aller Welt drehten sich darum, die Kriegsanstrengungen zu unterstützen. In den USA wurde die Expertise in der Kernphysik, die sich durch die Untersuchung der Sterne verbessert hatte, besonders wichtig für die Entwicklung der Atombombe. Oppenheimer wurde bekanntermaßen der wissenschaftliche Leiter des Manhattan-Projekts. Als der Krieg endete und die Physiker sich wieder anderen Dingen zuwandten, stand eine neue Generation in den Startlöchern. In den USA wurde diese Generation von John Archibald Wheeler gefördert. Wheeler prägte bei einem Vortrag im Ballsaal West des New Yorker Hilton am 29. Dezember 1967 den Begriff „Schwarzes Loch". In seiner Biografie beschrieb Wheeler den intellektuellen Kampf in den 1950er-Jahren mit den Schwarzen Löchern.[vii] „Einige Jahre lang ging mir diese Vorstellung eines Kollapses zu dem, was wir heute ein Schwarzes Loch nennen, gegen den Strich. Es gefiel mir einfach nicht. Ich versuchte wirklich alles, um einen Ausweg zu finden, um die zwingende Implosion einer großen Masse zu vermeiden." Er erzählt, wie er schließlich zur Überzeugung kam, dass „nichts einen ausreichend großen Klumpen kalter Materie von einem Kollaps auf die Größenordnung des Schwarzschild-Radius abhalten kann". Wheelers Umdenken gipfelte in einer Veröffentlichung von 1962 mit seinem Studenten Robert Fuller, in der sie folgern, dass „Punkte in der Raumzeit existieren, von denen nie Lichtsignale empfangen werden können, egal wie lange man wartet".[viii] Dies sind die Punkte innerhalb des Ereignishorizonts, von denen das äußere Universum für immer abgetrennt bleibt. Schwarze Löcher schienen unvermeidlich zu sein. Alle verbliebenen theoretischen Zweifel wurden 1965 ausgeräumt durch Sir Roger Penroses nobelpreiswürdige Veröffentlichung „Gravitational Collapse and Space-Time Singularities“. Es ist ein dreiseitiges Meisterstück, in dem Penrose bewies, dass – mit Wheelers Worten – „für fast jede Beschreibung von Materie, die man sich nur vorstellen kann, in der Mitte eines Schwarzen Lochs eine Singularität sitzen muss“.[ix]

EIN TIEFGRÜNDIGES LEUCHTEN

Unsere kurze Geschichte der Schwarzen Löcher bringt uns ins Jahr 1974 und zu einer Veröffentlichung von Stephen Hawking. Sie führte zu einer scheinbar einfachen Frage, die seitdem die Forschung an Schwarzen Löchern für ein halbes Jahrhundert vorangetrieben hat.

In den 1970er-Jahren war unter Theoretikern weitgehend akzeptiert, dass Schwarze Löcher existieren, auch wenn Astronomen sie noch finden mussten. So verlagerte sich das Interesse der kleinen Gruppe derer, die sich weiterhin mit Schwarzen Löchern befassten, auf die konzeptionellen Herausforderungen. Hawkings Veröffentlichung im Magazin *Nature* ist griffig mit „Black Hole Explosions?“ betitelt.[x] Hawking zeigte darin, dass die Anwesenheit eines Ereignishorizonts eine dramatische Folge für das Vakuum des Alls in der Umgebung hat. Die Quantentheorie besagt, dass der leere Raum nicht leer ist. Er ist ausgefüllt mit Feldern, die sich ständig verändern, und diese Fluktuationen äußern sich in der Möglichkeit, Teilchen zu erzeugen – Photonen, Elektronen, Quarks, genau genommen jedes beliebige Teilchen. Das Vakuum hat eine Struktur. Im normalen leeren Feld-Wald-und-Wiesen-Raum tauchen diese Fluktuationen auf und verschwinden wieder. Man kann sich das so vorstellen, dass sogenannte virtuelle Teilchen ständig schlagartig anfangen und wieder aufhören zu existieren – aber unterm Strich kein reelles Teilchen jemals wie durch ein Wunder aus dem Nichts entsteht. Die Anwesenheit des Ereignishorizonts stört dieses Gleichgewicht, sodass die vergänglichen virtuellen Teilchen real werden können. Diese Teilchen, als Hawking-Strahlung bezeichnet, strömen hinaus ins Universum und nehmen einen winzigen Bruchteil der Energie des Schwarzen Lochs mit. Über unvorstellbar lange Zeiträume, weitaus länger als das aktuelle Alter des Universums, wird ein typisches Schwarzes Loch dadurch verdampfen und schließlich explodieren. Um Hawkings berühmte Formulierung zu verwenden: Schwarze Löcher sind nicht so schwarz. Sie leuchten sanft wie schwache Kohlen am kalten Himmel. Sehr schwache Kohlen. Die Temperatur eines Schwarzen Lochs von einer Sonnenmasse liegt 0,000 000 06 Grad Celsius über dem absoluten Nullpunkt. Das ist viel kälter als das heutige Universum.[6] Sagittarius A* ist noch kälter: 4,31 Millionen Mal kälter, um genau zu sein. Aber die Temperatur eines Schwarzen Lochs ist nicht null, was enorm wichtig ist. Es bedeutet, wie wir herausfinden werden, dass Schwarze Löcher den Gesetzen der Thermodynamik unterliegen – dieselben Gesetze, denen glimmende Kohlen, Dampfmaschinen und Sterne gehorchen – und es bedeutet, dass Schwarze Löcher nicht unsterblich sind. Eines Tages in einer fernen, fernen Zukunft werden sie alle verschwunden sein.

Dieses schwache Leuchten wirft eine tiefschürfende Frage auf. Wenn das Schwarze Loch verschwindet, was passiert dann mit all dem, was dort hineingestürzt ist? Wegen des einzigartigen Entstehungsmechanismus der Hawking-Strahlung – in der Nähe des Ereignishorizonts aus dem Vakuum gerissen – könnte es so aussehen, als ob die Strahlung nichts mit dem zu tun hat, was irgendwann während seiner Existenz in das Schwarze Loch hineingestürzt ist. Daher ist es sehr schwer vorstellbar, wie die Information über irgendetwas, das hineingefallen ist, oder gar über den kollabierten Stern, aus dem sich

6 Die Temperatur der kosmischen Mikrowellenhintergrundstrahlung liegt heute 2,725 Grad Celsius über dem absoluten Nullpunkt.

das Schwarze Loch gebildet hat, irgendwie – eingeprägt in die Strahlung – erhalten bleiben könnte. Tatsächlich schienen Hawkings ursprüngliche Berechnungen in diesem Punkt sehr eindeutig zu sein. Die Strahlung, die Überreste des Schwarzen Lochs, enthält überhaupt keine Information.

Leonard Susskind, einer der Pioniere der modernen Forschung über Schwarze Löcher, erzählt die Geschichte eines Treffens in einem kleinen Mansardenzimmer, 1983 in San Francisco, bei dem Hawking erstmals diese Frage stellte und beantwortete – falsch, wie sich später herausstellte. Susskinds Erzählung aus erster Hand über diese gewaltige intellektuelle Anstrengung, die Hawkings Frage erzeugte, heißt *The Black Hole War: My Battle with Stephen Hawking to Make the World Safe for Quantum Mechanics*. Susskind hat ein Händchen für Titel. Er war mal Mitautor einer Veröffentlichung mit dem Titel „Invasion of the Giant Gravitons from Anti-de Sitter Space". Er schreibt: „Stephen behauptete, dass Informationen beim Verdampfen eines Schwarzen Lochs verloren gingen, und, noch schlimmer, er schien es zu beweisen. Wenn das wahr gewesen wäre... die Grundlagen unseres Fachs wären zerstört gewesen."

Susskind bezog sich dabei auf einen der Pfeiler der modernen Physik: den Determinismus. Wenn wir alles über ein System wissen, egal ob es sich dabei um einen einfachen Gasbehälter oder das Universum handelt, können wir seine künftige Entwicklung voraussagen und wie es in der Vergangenheit aussah. Das ist natürlich eine Aussage, die nur prinzipiell gilt. In der Praxis ist es unmöglich, alles über die Zukunft und Vergangenheit zu wissen, weil wir über jedes reale physikalische System immer nur unvollständige Informationen haben. Aber in der Wissenschaft zählen, anders als in der modernen Politik, Prinzipien. Hätte Hawking recht gehabt, würden Schwarze Löcher das Universum grundlegend unvorhersagbar machen und die Grundfesten der Physik würden bröckeln.

Heute wissen wir, dass Stephen Hawking falsch lag: Information wird nicht vernichtet und die Physik ist ungefährdet – wie Hawking persönlich mit Freude, ohne Bedauern, anerkannte. Er tat das nicht zuletzt, weil die laufende Forschung, die durch seine ursprüngliche Behauptung ausgelöst wurde, uns immer weiter zu einem neuen Verständnis von Raum und Zeit und den Eigenschaften der physikalischen Realität treibt.

In der letzten Auflage von *A Brief History of Time* schrieb Hawking, dass er 2004 letztendlich seine Meinung geändert hatte, und gestand ein, dass er eine Wette mit John Preskill (auf dessen Arbeiten wir später noch stoßen) verloren hatte. Nach einer weiteren Wette über die Vorzüge von Kricket und Baseball, die er ebenfalls verlor, schenkte Hawking Preskill eine Enzyklopädie über Baseball. Beim Verfassen dieser Zeilen, so Hawking, wisse niemand, wie die Information aus dem Schwarzen Loch herauskomme – nur dass es ihr gelinge. Klar war jedoch, dass diese Information sehr schwer zu entschlüsseln wäre. „Es ist, als ob ein Buch verbrannt wird“, schreibt er. „Die Information ist technisch gesehen nicht verloren, wenn man die Asche und den Rauch aufbewahrt – was mich wieder an die Baseball-Enzyklopädie denken lässt, die ich John Preskill gab. Vielleicht hätte ich ihm die verbrannten Überreste geben sollen.“

HINTER DEM HORIZONT

Stellen Sie sich vor, dass Sie auf dem Boden eine Uhr finden. Bei genauer Betrachtung sind Sie begeistert von ihrer Raffinesse und außerordentlichen Genauigkeit. Der Mechanismus wurde sicherlich konzipiert; es muss einen Schöpfer gegeben haben. Ersetzen Sie „Uhr“ durch „Natur“ und Sie haben das Argument für einen Gott, wie es der Theologe William Paley 1802 formulierte. Heute wissen wir, dass die überwältigenden Belege für Darwins Theorie der Evolution durch natürliche Auslese dieses Argument erheblich untergraben. Der Uhrmacher ist die Natur, und er ist blind. „Diese Sichtweise auf das Leben ist großartig", schrieb Darwin, „mit seinen verschiedenen Kräften, die ursprünglich einigen wenigen Formen oder einer einzigen eingehaucht worden sind; und dass, während dieser Planet dem festen Gesetz der Schwerkraft folgend, aus einem so einfachen Anfang unendliche Formen, die schönsten und wunderbarsten Formen entstanden sind und noch entstehen."

Aber was ist mit dem unveränderlichen Gesetz der Schwerkraft – einer Voraussetzung für die Existenz der Planeten, auf denen sich die endlosen Formen entwickelten? Oder mit den Gesetzen der Elektrizität und des Magnetismus, die die Lebewesen zusammenhalten? Oder mit dem subatomaren Teilchenzoo, aus dem wir aufgebaut sind? Wer oder was legte diese Gesetze fest, den Rahmen, in dem sich alles abspielt?

Die Geschichte der modernen Physik ist eine des Reduktionismus. Wir brauchen keine umfangreiche Enzyklopädie, um die inneren Zusammenhänge der Natur zu verstehen. Vielmehr können wir eine fast endlose Spanne an Naturphänomenen scheinbar unangemessen wirkungsvoll mit der Sprache der Mathematik beschreiben, vom Innern des Protons bis zur Entstehung von Galaxien. Mit den Worten des theoretischen Physikers Eugene Wigner: „Das Wunder der Angemessenheit der Sprache der Mathematik für die Formulierung der Gesetze der Physik ist ein traumhaftes Geschenk, das wir weder verstehen noch verdient haben. Wir sollten dafür dankbar sein."[xi] Die Mathematik des 20. Jahrhunderts beschrieb ein Universum, das von einer beschränkten Zahl unterschiedlicher Arten fundamentaler Teilchen erfüllt ist, die miteinander auf einer Bühne wechselwirken, die als Raumzeit bezeichnet wird. All das geschieht gemäß einer Sammlung von Regeln, die sich auf der Rückseite eines Briefumschlags niederschreiben lassen. Wenn das Universum erschaffen wurde, dann könnte sein Schöpfer ein Mathematiker gewesen sein.

Heute scheint die Erforschung der Schwarzen Löcher in eine neue Richtung zu weisen, hin zu einer Sprache, die häufiger von Quantencomputerwissenschaftlern verwendet wird: die Sprache der Information. Raum und Zeit könnten Gebilde sein, die in der tiefstgehenden Beschreibung der Natur nicht existieren. Stattdessen werden sie aus verschränkten Quantenbits der Information auf eine Weise erzeugt, die einem geschickt konstruierten Computercode gleicht. Wenn das Universum erschaffen wurde, dann könnte der Schöpfer ein Programmierer gewesen sein.

Doch wir müssen aufpassen. Wie schon Paley laufen wir Gefahr, über das Ziel hinauszuschießen. Die Rolle der Informationswissenschaft bei der Beschreibung Schwarzer Löcher könnte auf eine neue Beschreibung der Natur hinweisen, aber das bedeutet nicht, dass wir programmiert wurden. Vielmehr könnten wir zu dem Schluss kommen, dass die Sprache der Informatik gut geeignet ist, um die algorithmische Entfaltung des Kosmos zu beschreiben. So formuliert gibt es hier kein größeres oder kleineres Wunder als bei Wigners Wunder über die Angemessenheit der Sprache der Mathematik für die Formulierung der Gesetze der Physik. Die Informationsverarbeitung – das Umwandeln der Bits von der Eingabe bis zur Ausgabe – ist keine Konstruktion der Informatik, es ist eine Eigenheit unseres Universums. Raumzeit als Computercode deutet auf keinen Programmierer hin, vielmehr sollten wir es so sehen: Irdische Informatiker haben Tricks entdeckt, die die Natur bereits ausgenutzt hat. So betrachtet sind Schwarze Löcher kosmische Hilfen, um unsere Beobachtungen in eine neue Sprache zu übersetzen, die uns einen Einblick in die tiefste Vernunft und die strahlendste Schönheit gewähren.

2
DIE VEREINIGUNG VON RAUM UND ZEIT

„Das Wort ‚Abstand' an sich gehört nicht in ein Buch über die Allgemeine Relativitätstheorie. Das Wort ‚Zeit' allein gehört nicht in ein Buch über die Allgemeine Relativitätstheorie."

EDWIN F. TAYLOR, JOHN ARCHIBALD WHEELER UND EDMUND BERTSCHINGER[i]

Schwarze Löcher sind ein ideales Lehrobjekt der Physik, denn für deren Verständnis wird aus so ziemlich all ihren Bereichen etwas benötigt. Don Page beginnt seinen umfassenden „unvollständigen Überblick über die Hawking-Strahlung" mit dem Satz: „Schwarze Löcher sind vielleicht die perfektesten thermischen Objekte im Universum, und doch sind ihre thermischen Eigenschaften nicht vollständig verstanden."[ii] Die Thermodynamik ist einer der Eckpfeiler der Physik. Sie behandelt so vertraute Konzepte wie Temperatur und Energie und ein möglicherweise weniger vertrautes Konzept, die Entropie. Daher werden wir etwas Thermodynamik lernen müssen. Stephen Hawkings wegweisende Veröffentlichung „Particle Creation by Black Holes“ beginnt mit: „In der klassischen Theorie können Schwarze Löcher nur Teilchen absorbieren und nicht emittieren. Es wird jedoch gezeigt, dass quantenmechanische Effekte dazu führen, dass Schwarze Löcher Teilchen erzeugen und emittieren, als ob sie heiße Körper wären …“[iii] Also müssen wir etwas Quantenmechanik lernen. Und natürlich gibt es Einsteins Allgemeine Relativitätstheorie, in der – wie Misner, Thorne und Wheeler in ihrem (in puncto Qualität und Gewicht) großen Lehrbuch *Gravitation* schreiben – „… der Leser ins Land der Schwarzen Löcher befördert wird und dort auf Kolonien von statischen Grenzen, Ergosphären und Horizonten trifft – hinter deren Schleier sich klaffende, grausame Singularitäten verbergen“.[iv] Dieses Land werden wir zuerst erforschen.

In der Schule lernen wir, dass die Gravitation eine ziemlich alltägliche Sache ist – die Kraft zwischen alltäglichen Dingen. Sie können auf der Erdoberfläche nicht allzu hoch springen, weil es eine Kraft gibt, die Sie wieder zurück nach unten zieht. 1687 stellte Isaac Newton dieses Prinzip als Formel dar und veröffentlichte es in *The Principia Mathematica.* Newtons Theorie funktioniert in den meisten Situationen gut und ermöglicht uns, die Bahnen von Raumfahrzeugen zum Mond und darüber hinaus zu berechnen. Auf den ersten Blick besagt sie überhaupt nichts über Raum und Zeit. Doch Newton setzte bei der Formulierung der Theorie zwei Eigenschaften von Raum und Zeit voraus. Er nahm an, dass Zeit universell ist: Wenn alle im Universum perfekte Uhren tragen und alle Uhren irgendwann in der Vergangenheit synchronisiert wurden, dann werden sie in der Zukunft alle dieselbe Zeit anzeigen. Newton formulierte es poetischer: „Absolute, wahre und mathematische Zeit, die aus sich selbst und aus ihrer eigenen Natur heraus gleichmäßig fließt, ohne Rücksicht auf etwas Äußeres …“ Genauso nahm er an, dass der Raum absolut ist: eine große Bühne, auf der wir unsere Leben leben. „Der absolute Raum in seiner Eigenheit, ohne Rücksicht auf irgendetwas Äußeres, bleibt immer gleich und unbeweglich ... Absolute Bewegung ist die Verschiebung eines Körpers von einem absoluten Ort zu einem anderen." Diese Annahmen klingen nach alltäglichem, gesundem Menschenverstand – sogar derart, dass es ein Beleg für Newtons Genialität ist, dass er sie überhaupt machte. Sein wahres Genie offenbart sich, wenn wir herausfinden, dass diese Sorgfalt weitblickend war – denn beide Voraussetzungen sind falsch. So ist das Universum nicht aufgebaut, und wenn die Grundfesten einer Theorie bröckeln, dann auch die Theorie an sich. Einsteins Allgemeine Relativitätstheorie ist der Ersatz. Sie beschreibt ein Universum, in dem die Abstände im Raum und die Geschwindigkeit, mit der die Zeit vergeht, von der Nähe eines Beobachters zu Sternen und Planeten und Schwarzen Löchern oder gar vom Weg zum Einkaufen und zurück abhängen.

Es ist eine experimentelle Tatsache, dass die Zeit an verschiedenen Orten unterschiedlich schnell vergeht und davon abhängt, wie schnell sich die Dinge relativ zueinander bewegen. Für ein 1971 durchgeführtes, wunderbar einfaches Experiment kauften Joseph C. Hafele und Richard E. Keating Round-the-World-Flugtickets für sich und vier hochpräzise Atomuhren. Gemäß ihren eigenen sorgfältig gewählten Worten: „In der Wissenschaft haben relevante experimentelle Fakten Vorrang vor theoretischen Argumenten. In einem Versuch, ein empirisches Licht auf die Frage zu werfen, ob makroskopische Uhren die Zeit in Übereinstimmung mit der konventionellen Deutung von Einsteins Relativitätstheorie erfassen, haben wir vier Cäsium-Atomuhren auf kommerziellen Flügen rund um die Welt geflogen, zunächst in Richtung Osten, dann in Richtung Westen. Dann verglichen wir die Zeit mit der entsprechenden Zeit, welche die Referenz-Atomzeitskala des US Naval Observatory anzeigte. Wie aufgrund theoretischer Vorhersagen zu erwarten war, verloren die fliegenden Uhren während der Reise nach Osten Zeit (sie alterten langsamer) und gewannen während der Reise nach Westen Zeit dazu (sie alterten schneller)."[v]

Die ostwärts reisenden Uhren verloren 59 Nanosekunden und die westwärts reisenden Uhren gewannen 273 Nanosekunden.[1] Das sind winzige Zeitunterschiede für so eine lange Reise, aber sie sind nicht null und vor allem stimmen die experimentellen Messungen mit den mathematischen Berechnungen gemäß Einsteins Theorie überein. Die Veröffentlichung von Hafele und Keating endet in ähnlich prägnanter Form: „Auf jeden Fall scheint es kaum eine Grundlage für weitere Diskussionen darüber zu geben, ob die Uhren nach einer Weltumrundung dieselbe Zeit anzeigen, denn wir fanden heraus, dass sie es nicht tun." Und da haben wir es – eine bemerkenswerte und höchst unerwartete Eigenheit unseres Universums, die sich mit der Relativitätstheorie beschreiben lässt: Die Zeit ist nicht das, was sie zu sein scheint.

Der Raum ist ebenfalls nicht das, was er zu sein scheint: Auf den Abstand zwischen zwei Punkten im Raum können sich nicht alle verständigen– ein weiterer Widerspruch zum gesunden Menschenverstand. Spreizen Sie Ihre Finger vor sich. Wer würde es wagen zu behaupten, dass der Abstand zwischen Ihren Fingerspitzen vom Beobachter abhängt? Einstein würde das. Dies ist ebenfalls eine gut überprüfte experimentelle Tatsache. Der Large Hadron Collider am CERN ist der leistungsfähigste Teilchenbeschleuniger der Welt. Die Aufgabe dieser gigantischen Maschine ist es, Protonen in einem unterirdischen Tunnel mit 99,999 999 Prozent der Lichtgeschwindigkeit kreisen zu lassen, bevor sie aufeinanderprallen. Dahinter steckt die Absicht, die Struktur der Materie und die Kräfte der Natur zu erforschen, die unsere Welt am Laufen halten. Für jemanden, der in Genf steht und diese großartige Ingenieursleistung bestaunt, hat der LHC einen Umfang von 27 Kilometern. Aus Sicht der Protonen, die im Ring umlaufen, beträgt sein Umfang vier Meter.

---

1 Eine Nanosekunde ist eine milliardstel Sekunde.

Einstein wusste 1905 nichts über Atomuhren oder Flugzeuge oder den Large Hadron Collider, und es waren auch keine Experimente durchgeführt worden, die Newtons Vorstellung eines absoluten Raums und einer universellen Zeit infrage gestellt hätten. Warum entwarf Einstein dann also eine neue Vorstellung? Die Antwort lautet, dass er den grundlegenden Konflikt zwischen Newtons Gravitationstheorie des 17. Jahrhunderts und James Clark Maxwells Theorie des Elektromagnetismus des 19. Jahrhunderts erkannte.

Der Konflikt besteht in der Art und Weise, wie die Lichtgeschwindigkeit in Maxwells Theorie in Erscheinung tritt. Diese Theorie beruht auf experimentellen Beobachtungen von Michael Faraday, André-Marie Ampère und weiteren Persönlichkeiten des 19. Jahrhunderts. Sie besagt, dass Licht eine elektromagnetische Welle ist, die sich im Vakuum des leeren Raums mit einer unveränderlichen Geschwindigkeit ausbreitet, und zwar mit 299 792 458 Metern pro Sekunde. Gemäß der Theorie hat die Geschwindigkeit eines Lichtstrahls immer genau diesen Wert, egal wie sich eine Person, die diese Geschwindigkeit misst, relativ zur Lichtquelle bewegt. Das ist eine sehr sonderbare Vorhersage. Die meisten anderen Dinge in der Natur verhalten sich nicht so.

Der beim Verfassen dieser Zeilen schnellste Ball, der jemals international im Cricket geschlagen wurde, stammt von Shoaib Akhtar für Pakistan gegen England in Kapstadt 2003. Nick Knight, der für England eröffnete, spielte einen lehrbuchmäßigen Abwehrschlag zum Square Leg und beendete damit für Akhtar eine Runde ohne Läufe. Der Ball flog mit einer Geschwindigkeit von 161,3 Kilometern pro Stunde. Hätte Akhtar den Ball stattdessen von einem F14-Kampfjet aus geworfen, der mit 1000 Kilometern pro Stunde direkt auf Knight zufliegt, dann hätte der Ball den Schlagmann mit 1000 + 161,3 = 1161,3 Kilometer pro Stunde erreicht und dieser ihn womöglich nicht zum rechtwinklig linken Fänger umgelenkt. Für Licht stimmt das nicht. Wäre statt eines Cricket-Balls ein Laserstrahl von der F14 zu Knight geschickt worden, hätte diesen das Licht weiterhin mit Lichtgeschwindigkeit erreicht (und nicht mit Lichtgeschwindigkeit + 1000 Kilometern pro Stunde).

Es gibt zwei mögliche Lösungen für diese bizarre Eigenschaft der Maxwell-Gleichungen. Die naheliegende wäre, Maxwells Gleichungen so anzupassen, dass sie nicht mehr auftritt und Licht sich wie ein Cricket-Ball verhielte. Letztlich ist das eine experimentelle Frage – eine Frage, was tatsächlich in der Natur passiert. Unzählige Beobachtungen verschiedener physikalischer Phänomene über mehr als hundert Jahre lehren uns, dass die Maxwell-Gleichungen korrekt sind, so wie sie lauten. Licht bewegt sich also immer mit derselben Geschwindigkeit.

Die andere, weniger offensichtliche Lösung besteht darin, die Art und Weise zu ändern, wie unterschiedlich schnelle Beobachter relativ zueinander Abstände und Zeitunterschiede berücksichtigen, damit alle die Lichtgeschwindigkeit immer als gleich messen. Einstein wählte diesen Weg, verwarf also Newtons Vorstellung, das Raum und Zeit absolut sind. Diese Wahl brachte ihn zur Relativität.

EINSTEINS RELATIVITÄTSTHEORIE

Einsteins Theorie ist ein Modell, also ein mathematischer Rahmen, der es uns erlaubt, Vorhersagen darüber zu treffen, wie sich Objekte verhalten, die in der natürlichen Welt existieren. Das Modell ist von Natur aus geometrisch, was sich für eingängige bildliche Darstellungen eignet, die sehr wenige Gleichungen erfordern – eine gute Sache für ein Buch wie dieses. Wir glauben, dass der beste Zugang, um die Relativität zu erklären, dieses geometrische Bild ist, nicht der Versuch, seine historische Entwicklung aufzuzeigen. Unsere Begründung lautet, dass das Modell funktioniert – und mehr Begründung bedarf es nicht. Einstein hätte seine Theorie einfach aus der Luft greifen können, ohne Bezug zu Maxwells Theorie oder Experimenten. Dann wäre sie genauso gültig, denn sie ist in dem Sinne ein gutes Modell, dass ihre Vorhersagen bislang allen experimentellen Überprüfungen standhielten.

Wenn Einstein auch nur ein einziges Konzept aus der Luft hätte greifen können, das ihn direkt zu seiner Theorie geführt hätte, dann wäre es das Konzept, das als „das Raumzeitintervall" bekannt ist. Es kann auch die Vorgänge im Experiment von Hafele und Keating und die berühmteste Gleichung der gesamten Physik, $E = mc^2$, erklären. Dieses Konzept ist auf eine wunderschöne Weise einfach.

Lassen Sie uns zu der Partie Pakistan gegen England in Kapstadt und Shoaib Akhtars Rekordwurf zu Nick Knight zurückkehren. Wir vereinfachen die Dinge für einen Moment, indem wir die Gravitation abschalten – am Ende dieses Kapitels schalten wir sie wieder an. Damit fliegt der Ball, nachdem er Akhtars Hand verlassen hat, auf perfekt gerader Linie mit konstanter Geschwindigkeit zu Knight – mit 161,3 Kilometern pro Stunde relativ zum Boden.[2] Stellen wir uns weiterhin vor, dass der Cricket-Ball eine Uhr im Innern hat. In dem Moment, in dem der Ball Akhtars Hand verlässt, sendet er einen Lichtblitz aus und erfasst den Zeitpunkt auf seiner internen Uhr. In dem Augenblick, in dem der Ball bei Knights Schläger ankommt, gibt er einen weiteren Lichtblitz ab und zeichnet die Ankunftszeit mit der internen Uhr auf. Wir werden das Zeitintervall zwischen den Blitzen, die mit der Cricket-Ball-Uhr gemessen worden sind, $\Delta\tau$ nennen – ausgesprochen Delta Tau.

---

2 Technisch gesprochen nehmen wir an, dass das Cricket-Feld ein Inertialsystem ist. Wir könnten es uns losgelöst von der Erde, freischwebend zwischen den Sternen vorstellen. Wir vernachlässigen auch den Luftwiderstand.

Der BBC-Kommentator Jonathan Agnew (Aggers) bemerkt die Ankunft der beiden Lichtblitze des Balls und berechnet das Zeitintervall zwischen den beiden Blitzen aus seiner Sicht: Δt_{Aggers}.[3] Er misst auch die Entfernung zwischen dem Ort, an dem der Ball Akhtars Hand verlässt, und dem Ort, wo der Ball Knights Schläger trifft: Δx_{Aggers}.

In seiner F14 überfliegt der Pilot Tom den Bereich zwischen den beiden Pfostentoren auf einer geraden Linie mit 1000 Kilometern pro Stunde, bemerkt ebenfalls die beiden Lichtblitze und berechnet das Zeitintervall zwischen den beiden Blitzen aus seiner Sicht: Δt_{Tom}. Wie Aggers misst er ebenfalls die Entfernung zwischen dem Ort, wo der Ball Akhtars Hand verlässt, und dem Ort, wo der Ball Knights Schläger trifft: Δx_{Tom}.

Das Ergebnis von Hafele und Keating verrät uns, dass die Zeitunterschiede zwischen dem Aussenden der beiden Lichtblitze, so wie sie von Aggers, Tom und dem Cricket-Ball gemessen werden, jeweils unterschiedlich sind. Genauso wird die Strecke unterschiedlich sein, die der Ball vom Werfer zum Schlagmann zurücklegt. Wer noch nie mit Einsteins Ideen zu tun hatte, für den sind diese Unterschiede ein gewaltiger Schock. Sie widersprechen dem gesunden Menschenverstand, weil sie bedeuten, dass Abstände und Zeitintervalle nichts sind, auf das sich alle verständigen können. Trotzdem gibt es ein bemerkenswertes und wichtiges Ergebnis: Wenn Aggers die Größe $(\Delta t_{\text{Aggers}})^2 - (\Delta x_{\text{Aggers}})^2$ berechnet und Tom die Größe $(\Delta t_{\text{Tom}})^2 - (\Delta x_{\text{Tom}})^2$, dann werden beide dasselbe Resultat bekommen. Dieses Ergebnis wird gleich dem Quadrat des Zeitintervalls sein, das von der Uhr im Cricket-Ball gemessen wurde, $(\Delta \tau)^2$:

3 Um den tatsächlichen Zeitpunkt des Blitzes zu ermitteln, muss er um die Zeitspanne korrigieren, die das Licht braucht, um vom Ball zu seinen Augen zu gelangen.

$$(\Delta\tau)^2 = (\Delta t_{\text{Aggers}})^2 - (\Delta x_{\text{Aggers}})^2 = (\Delta t_{\text{Tom}})^2 - (\Delta x_{\text{Tom}})^2.$$

$(\Delta\tau)^2$ wird als das Raumzeitintervall zwischen den beiden Ereignissen bezeichnet: Ereignis 1 ist, wenn der Ball die Hand des Werfers verlässt, und Ereignis 2 ist, wenn der Ball vom Schläger getroffen wird. Sie könnten nun berechtigterweise fragen: „Was bedeutet es, wenn man das Quadrat eines Abstands im Raum vom Quadrat einer Zeitdifferenz abzieht?" Die Antwort lautet, dass wir den Abstand zwischen den beiden Ereignissen als Zeit ausdrücken müssen, die das Licht braucht, um zwischen diesen Ereignissen zu reisen. Folglich müssen wir die Entfernung in Lichtsekunden umrechnen. Das Raumzeitintervall (oder kurz „Intervall") ist wichtig, weil es eine Größe ist, die für alle dieselbe ist, egal wo sie sich befinden. In der Physik nennen wir so eine Größe eine Invariante. Da die Natur sich nicht um unsere Perspektive kümmert,[4] sollten wir bemüht sein, die Natur nur in Form von Invarianten zu beschreiben. Wenn wir eine Invariante entdecken, ist das durchaus etwas Besonderes, weil wir dann etwas mehr über die wesentliche Struktur des Universums erfahren.

Taylor, Wheeler und Bertschinger beschreiben in ihrem Buch *Exploring Black Holes* die Gleichung für das Intervall als „eine der größten Gleichungen der Physik, vielleicht in der gesamten Wissenschaft". Kip Thorne und Roger Blandford schreiben in *Modern Classical Physics*, dass das Intervall „zu den fundamentalsten Aspekten physikalischer Gesetze" gehört. Das Wort „fundamental" ist wichtig. Sie könnten vernünftigerweise fragen: „Warum ist das Intervall genau so?" „Warum sind alle mit dieser speziellen Kombination aus Zeit und Raum einverstanden?" Die Antwort, die Thorne und Blandford durch den Gebrauch des Wortes „fundamental" nahelegen, lautet,

4 Für eine bestimmte Art von Menschen ist dies schockierend.

dass das Universum eben auf diese Weise gebaut ist. Wir kennen keine tiefere Erklärung für diese Form des Intervalls.

Eine weitere Frage, die Sie stellen könnten, lautet: „Wie soll ich mir das Intervall vorstellen, diesen fundamentalsten Aspekt physikalischer Gesetze?“ Das ist eine gute Frage. Physiker bemühen sich normalerweise, ein Bild von dem zu entwickeln, was in ihren Gleichungen passiert: Physikalische Intuition erweckt die Gleichungen zum Leben. Glücklicherweise gibt es für das Intervall eine einfache physikalische Interpretation. Sie hängt mit dem zusammen, was wir als „den Abstand zwischen zwei Ereignissen“ bezeichnen. Es ist nicht der gewöhnliche Abstand im Raum zwischen ihnen, sondern der Abstand in der Raumzeit. Lassen Sie uns dieser Idee auf den Grund gehen.

EREIGNISSE UND WELTLINIEN IN DER RAUMZEIT

Das Konzept des Ereignisses ist für die Relativitätstheorie grundlegend. Ein Ereignis ist etwas, das irgendwo und irgendwann passiert. Wenn Sie mit Ihren Fingern schnippen, ist das eine gute Näherung für ein Ereignis: Es passiert sehr rasch und an einem gut definierten Ort. Die Abgabe des Lichtblitzes von unserem Cricket-Ball ist ein Ereignis. Streng genommen ist ein Ereignis ein idealisiertes Konzept, etwas, das so rasch geschieht und in einem so kleinen Bereich, dass es einem einzelnen Punkt in Raum und Zeit entspricht. Die Relativitätstheorie befasst sich mit dem Zusammenhang zwischen Ereignissen – wie weit sie in der Raumzeit auseinanderliegen und ob sie sich gegenseitig beeinflussen. Dies ist eine sehr intuitive Art, um über die Welt nachzudenken, so sehr, dass wir genau so im Alltag reden: „Ich werde dich morgen Abend um acht Uhr in der Kneipe treffen.“ „Ich wurde am 3. März 1968 in Oldham geboren.“ Dinge, die uns passiert sind, und Dinge, die uns passieren werden, sind alles Ereignisse in Raum und Zeit, und sie geschehen irgendwo und irgendwann. Eine kleine Änderung in der Formulierung und wir haben die Grundlage der Relativitätstheorie: Dinge, die uns passiert sind, und Dinge, die uns passieren werden, sind alles Ereignisse in der Raumzeit. Was ist die Raumzeit? Es ist die Sammlung aller Ereignisse. Alles, was jemals gewesen ist oder sein wird im Universum.

Hier ist ein Bild der Raumzeit: Malen Sie sich die Ereignisse in Ihrem Leben aus. Ihr erster Schultag. Weihnachten mit Ihren Großeltern. Jene Nacht in der Kneipe. Eine Chronik freudiger und hoffnungsloser Momente und alles dazwischen. Ereignisse sind die Atome des Erlebens. Aus menschlicher Perspektive sind Ereignisse mit Etiketten versehen, wir sprechen von ihnen in Bezug auf den Ort und die Zeit ihres Stattfindens. Stellen Sie sich vor, Sie breiten die Ereignisse Ihres Lebens sorgfältig aufgereiht entlang einer Linie aus, die sich durch die Raumzeit windet – ein ununterbrochener Weg, der Ihre Reise durch die Welt darstellt. Das nennt man Weltlinie.

Abbildung 2.1 zeigt eine Weltlinie, die sich durch die Raumzeit windet. Das wird als Raumzeitdiagramm bezeichnet. Stellen Sie sich diese als Ihre Weltlinie vor: Ihr Leben liegt ausgebreitet vor Ihnen. Ändern Sie die Datumsangaben, fügen Sie Ihre eigenen Ereignisse und Erinnerungen hinzu, erstellen Sie die Karte Ihres Erlebens. Die Raumzeit ist eine bewegende Sache. Die Sammlung aller Ereignisse Ihres Lebens – Vergangenheit, Gegenwart und Zukunft. Ihre Erinnerungen sind Ereignisse in der Raumzeit. Die Augenblicke, aus denen Ihr Leben besteht – längst vergangene Weihnachtsfeste, Sommernachmittage mit Schulfreunden, der erste Kuss und der letzte Abschied – sind nicht für immer verloren gegangen. Diese Augenblicke sind noch da draußen, irgendwo in der Raumzeit. Ihre Zukunft – alles, was Ihnen noch widerfahren wird, jedes Ereignis inklusive Ihres Tods am Ende Ihrer Weltlinie – wartet auf Sie, irgendwo in der

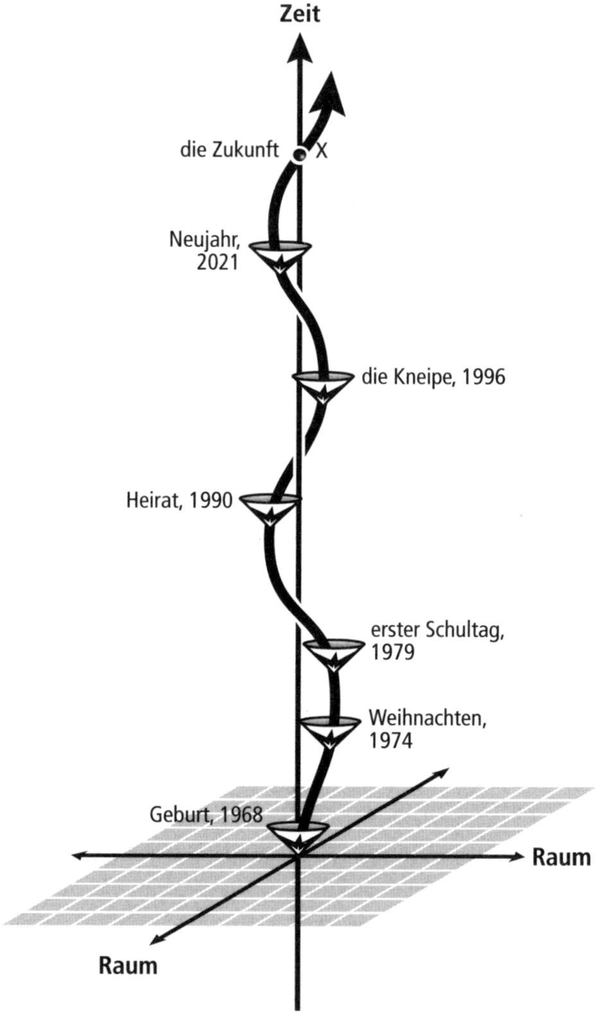

Abbildung 2.1. Die Ereignisse eines Lebens in Raum und Zeit. Die Linie durch diese Ereignisse wird als Weltlinie bezeichnet. Die Kegel bei jedem Ereignis nennt man Lichtkegel. Sie sind die Wege der Lichtblitze, die beim Ereignis ausgesandt wurden. Weil sich nichts schneller als das Licht bewegen kann, kann das ursprüngliche Ereignis nur künftige Ereignisse innerhalb des Kegels beeinflussen.

Raumzeit. Wenn wir alle Ereignisse so anordnen, haben wir ein Diagramm der Raumzeit erstellt, und die Abstände zwischen den Ereignissen sind durch das Intervall festgelegt. Wie wunderbar wäre es, wenn man sich frei im Diagramm bewegen könnte; es wäre die Gabe, jeden Augenblick erneut zu erleben. Wir können uns schließlich auf einer Karte des Raums frei bewegen, warum sollten wir also diese Freiheit bei einer Darstellung der Raumzeit nicht haben? Der Grund dafür liegt in dem Intervall.

Lassen Sie uns rekapitulieren: Für einen bestimmten Beobachter wird der räumliche Abstand zwischen zwei Ereignissen als Δx gemessen und der zeitliche Unterschied zwischen zwei Ereignissen als Δt. Für einen anderen Beobachter werden Δx und Δt anders ausfallen, was der Intuition widerspricht. Entscheidend ist aber, dass das Intervall $(\Delta\tau)^2$ nicht vom Beobachter abhängen wird:

$$(\Delta\tau)^2 = (\Delta t)^2 - (\Delta x)^2$$

Wir können den Begriff des Intervalls nutzen, um das Konzept von der Länge einer Weltlinie einzuführen. Um es konkret zu machen: Stellen Sie sich die Weltlinie in Abbildung 2.1 vor, wie sie von der Geburt 1968 zu der mit X markierten unbekannten Zukunft verläuft. Wie lange ist dieser Abschnitt der Weltlinie? Wenn das Ereignis X an genau demselben Ort stattfindet wie die Geburt, dann besagt die obige Gleichung, dass das Intervall zwischen den beiden Ereignissen (Geburt und X) nur durch das Zeitintervall bestimmt wird, das heißt $\Delta\tau = \Delta t$, denn $\Delta x = 0$. Dies ist das Intervall zwischen den beiden Ereignissen, aber es ist nicht die Länge der Weltlinie. Vielmehr ist es die Länge jener Weltlinie, die direkt nach oben entlang der Zeitachse verläuft (die senkrechte Achse in Abbildung 2.1). So wie die Länge einer Reise zwischen Oldham und Wigan von der gewählten Route abhängt, so ist es mit den Abständen in der Raumzeit. Sie hängen vom Pfad in der Raumzeit ab, den die Weltlinie beschreibt. Sie berechnen die Länge der sich schlängelnden Weltlinie in Abbildung 2.1, indem Sie diese in viele kleine Segmente zerlegen. Jedes Segment ist näherungsweise eine gerade Linie.[5] Dann können wir für jedes Segment mit der obigen Formel Δt berechnen und alle $\Delta\tau$ addieren, um die Gesamtlänge zu erhalten.

Wir können auch die wichtige Beobachtung machen, dass es drei Arten von Intervallen gibt: $(\Delta\tau)^2$ kann positiv, negativ oder null sein. Wir könnten sagen, dass es drei verschiedene Arten von „Abständen" in der Raumzeit gibt, im Gegensatz zu nur einer Art von Abstand im Raum.

Wenn die Zeitdifferenz zwischen zwei Ereignissen größer als der Abstand im Raum zwischen ihnen ist, so ist das Intervall positiv. Solche Ereignispaare werden als „zeitartig getrennt" bezeichnet. Alle Ereignisse auf Ihrer Weltlinie sind zeitartig getrennt voneinander. Es gibt in diesem Fall eine einfache physikalische Interpretation für das Intervall. Wenn Sie eine perfekte Stoppuhr hätten, die Sie bei Ihrer Geburt starten und Ihr ganzes Leben lang bei sich tragen würden, dann würde die Uhr die Länge Ihrer Weltlinie messen, von Ihrer Geburt bis zum jetzigen Augenblick. Die Länge der Weltlinie ist daher Ihr Alter. Dies ist die Bedeutung des Intervalls bei zeitartig getrennten Ereignissen. Es ist die Zeit, die mit einer Uhr gemessen wird, die zwischen Ereignissen entlang einer Weltlinie getragen wird.[6]

Wenn der Abstand im Raum zwischen den Ereignissen größer als die Zeitdifferenz ist, wird das Intervall negativ. Wir bezeichnen solche Ereignisse als „raumartig getrennt". Wir können das Intervall dann

---

5 Das bedeutet, dass eine Person, die sich entlang der Weltlinie bewegt, auf keinem Segment beschleunigt. Jeden gewundenen Pfad durch den Raum oder durch die Raumzeit kann man sich vorstellen, als ob er aus vielen winzigen geradlinigen Pfaden besteht.

6 Um das zu erkennen, beachten Sie, dass die Uhr sich niemals relativ zu sich selbst bewegt, also $\Delta\tau = \Delta t$, weil $\Delta x = 0$.

nicht länger als eine Uhr interpretieren, die sich zwischen den Ereignissen bewegt. Eine physikalische Interpretation gibt es trotzdem. Im Fall, dass zwei Ereignisse zur selben Zeit auftreten, können wir das Intervall als den gemessenen Abstand zwischen diesen Ereignissen auffassen, als ob er mit einem Lineal gemessen würde. Es zeigt sich, dass für raumartig getrennte Ereignisse immer ein Beobachter existiert, aus dessen Perspektive die Ereignisse gleichzeitig stattfinden. Das bedeutet, dass es für jemanden oder etwas unmöglich ist, physisch bei beiden Ereignissen zugegen zu sein, denn dazu wäre es erforderlich, gleichzeitig an zwei Orten zu sein. Dies ist nur eine andere Art zu sagen, dass es uns nicht gelungen ist, eine Uhr vom einen zum anderen Ereignis zu tragen.

Daher existieren zwei grundlegend unterschiedliche Bereiche der Raumzeit, die ein Ereignis umgeben: ein Bereich, der Ereignisse enthält, die sich möglicherweise auf der Weltlinie einer Uhr befinden könnten, die durch dieses Ereignis verläuft, und ein Bereich, der Ereignisse enthält, die dies nicht können. Wir werden die Bedeutung dieser Unterteilung gleich verstehen.

Die dritte Möglichkeit ist, dass die Zeitdifferenz zwischen zwei Ereignissen genau deren räumlicher Distanz entspricht. Dies ist der Fall, wenn die Weltlinie zwischen beiden Ereignissen gleich dem Pfad ist, den ein Lichtstrahl verfolgt. Um dies zu verstehen, rufen Sie sich in Erinnerung, dass wir die Zeit in Sekunden und den Abstand in Lichtsekunden messen. Licht legt eine Lichtsekunde in einer Sekunde zurück, zwei Lichtsekunden in zwei Sekunden und so weiter. Daher gilt für ein beliebiges Ereignispaar, das auf dem Pfad eines Lichtstrahls liegt, $(\Delta t)^2 = (\Delta x)^2$, und das Intervall ist null. Solche Ereignisse werden als „lichtartig getrennt“ bezeichnet. Wenn wir, von einem Ereignis ausgehend, die Pfade der Lichtstrahlen durch die Raumzeit einzeichnen, bilden sie den sogenannten Zukunftslichtkegel des Ereignisses. In Abbildung 2.1 sind die Lichtkegel bei jedem

Ereignis als kleine Kegel dargestellt. Die Lichtkegel öffnen sich von jedem Ereignis aus in einem Winkel von 45 Grad, bezogen auf die Zeitachse. Innerhalb des Zukunftslichtkegels sind alle Ereignisse zeitartig vom ursprünglichen Ereignis getrennt, während außerhalb des Zukunftslichtkegels alle Ereignisse vom ursprünglichen Ereignis raumartig getrennt sind. Da wir bei jedem Ereignis in unserem Leben anwesend sind, verläuft unsere Weltlinie innerhalb des Lichtkegels.[7]

Es ist wichtig zu verstehen, was die Lichtkegel bedeuten und was sie uns über die Beziehungen zwischen Ereignissen in der Raumzeit verraten. Sie werden von zentraler Bedeutung für unser Verständnis von Schwarzen Löchern und den von ihnen verursachten Paradoxa sein. Lassen Sie uns ein einzelnes Ereignis auf unserer Weltlinie genauer anschauen, um ein Gefühl für den Lichtkegel und die Beziehungen zwischen benachbarten Ereignissen in der Raumzeit zu bekommen.

WEIHNACHTEN IN DER RAUMZEIT

Schauen wir uns den Bereich der Raumzeit in der Umgebung von „Weihnachten, 1974" auf unserer Weltlinie mal genauer an. Ihre Familie sitzt vor dem Fernseher und diskutiert, ob Bruce Forsyth und *The Generation Game* auf BBC1 oder Laurence Olivier in *Henry V* auf BBC2 laufen soll. Besorgt über den einsetzenden Kulturkampf springt Oma auf und stößt ein Glas Harvey's Bristol Cream um, des-

7 Lichtkegel sind in der Raumzeit gewöhnliche Kegel, wenn der Raum zweidimensional ist, denn ein Lichtblitz würde sich kreisförmig mit wachsendem Radius ausbreiten. In drei Dimensionen breitet sich ein Lichtblitz in einer kugelförmigen Schale aus, was in der Raumzeit zu einer Art Hyperkegel führt. Das lässt sich unmöglich darstellen, weshalb wir bei den zwei Dimensionen für den Raum bleiben, um die gezeichneten Diagramme einfacher zu halten.

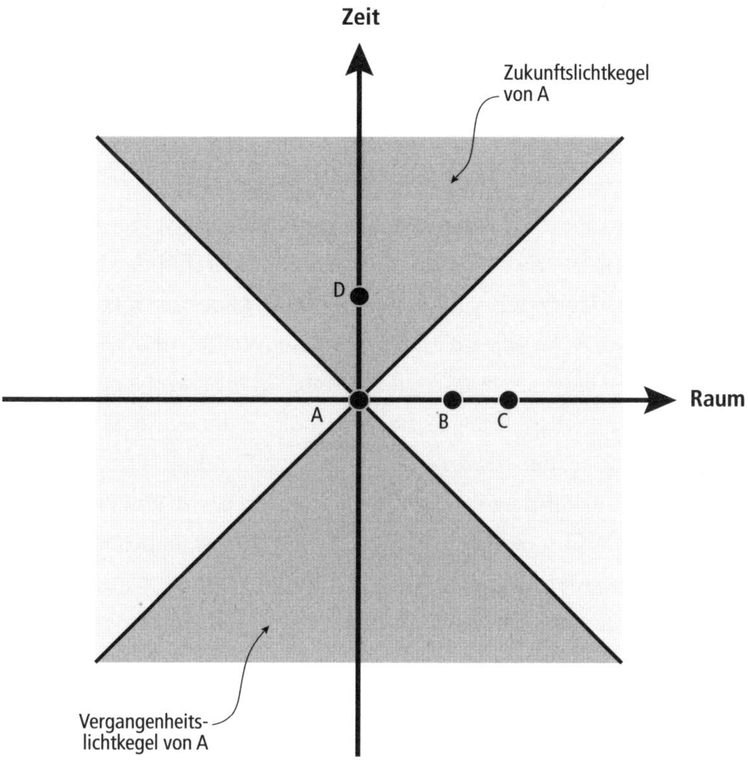

Abbildung 2.2. Ein Ereignis A in der Raumzeit und dessen Umgebung. Die diagonalen Linien sind die Linien, die von Lichtstrahlen beschrieben werden, die durch A verlaufen. Sie bilden die Zukunfts- und Vergangenheitslichtkegel des Ereignisses A.

sen Inhalt sich auf die elektrische Heizung ergießt.[8] Die Hauptsicherung brennt durch und macht die Debatte sinnlos.

Abbildung 2.2 zeigt den Raumzeitbereich um „Weihnachten, 1974“, gezeichnet aus der Perspektive einer Person, die in Ihrem Haus sitzt. Ereignis A ist „Oma berührt das Glas Sherry“ und Ereignis D ist „die

8 Beide Regler sind an, und es gibt Scheuerpulver unterm Spülbecken.

Sicherung brennt durch". Aus dieser Perspektive geschehen Ereignis A und D fast am selben Ort im Raum, aber zu verschiedenen Zeitpunkten; D liegt in der Zukunft von A. Die diagonalen Linien, die von A nach oben und außen abgehen, markieren den Zukunftslichtkegel von A. Wir haben auch diagonale Linien eingezeichnet, die von A in die Vergangenheit verlaufen. Sie werden als Vergangenheitslichtkegel von A bezeichnet. Alle Ereignisse im dunklen Bereich innerhalb des Zukunftslichtkegels sind zeitartig von A getrennt, was bedeutet, dass jeder bei A Anwesende auch bei einem beliebigen Ereignis im Zukunftslichtkegel anwesend sein könnte. Alle Ereignisse innerhalb des Vergangenheitslichtkegels sind ebenfalls zeitartig von A getrennt. Folglich könnte jeder, der an einem beliebigen Ereignis innerhalb des Vergangenheitslichtkegels zugegen war, auch bei A anwesend sein. Der Ausdruck für das Intervall zwischen A und D ist besonders einfach: $(\Delta\tau)^2 = (\Delta t)^2$, wobei Δt die Zeitdifferenz zwischen A und D ist, gemessen mit einer Uhr im Haus.[9]

Wir haben auch zwei weitere Ereignisse im Diagramm markiert, bezeichnet mit B und C. Aus der Perspektive des Hauses geschehen diese Ereignisse gleichzeitig mit Ereignis A, aber an verschiedenen Orten. Sagen wir, es ist eine Alarmanlage, die am anderen Ende der Straße losgeht, und ein Automotor, der in der Nachbarstadt gestartet wird. Das Intervall zwischen A und B ist $(\Delta\tau)^2 = -(\Delta x_{AB})^2$ und das Intervall zwischen A und C ist $(\Delta\tau)^2 = -(\Delta x_{AC})^2$. Das Intervall ist negativ, und somit sind die Ereignisse B und C raumartig vom Ereignis A getrennt; Δx_{AB} und Δx_{AC} sind Abstände, die mit einem Maßstab (z. B. einem Lineal) gemessen werden können.

9 Beachten Sie, dass für so ziemlich alle Ereignisse, mit denen wir es in unserem Alltag zu tun haben, $(\Delta\tau)^2 = (\Delta t)^2$ näherungsweise wahr ist. Denn für gewöhnlich sind wir an Abständen im Raum interessiert, die in der Größenordnung von einigen Metern oder Kilometern oder gar einigen tausend Kilometern liegen, was alles klein ist (gemessen in Lichtsekunden). Dass es sich für uns im Alltag so anfühlt, als ob die Zeit universell gültig wäre, liegt daran, dass Δx sehr viel kleiner als eine Lichtsekunde ist.

Dies ist der springende Punkt: Ereignis A löste Ereignis D (Oma warf ein Glas um und das ließ die Sicherung durchbrennen) aus. Doch Ereignis A konnte nicht Ereignis B und C auslösen. Um das zu ermöglichen, müsste eine Beeinflussung augenblicklich von A auf B und C übertragen werden, da diese Dinge alle gleichzeitig geschahen. Für dieses Aufzeigen kausaler Zusammenhänge ist der Lichtkegel so wichtig. Ereignisse innerhalb der gegenseitigen Lichtkegel können kausal miteinander zusammenhängen, weil es möglich ist, dass ein Signal oder eine Auswirkung zwischen ihnen übertragen wurde. Ereignisse außerhalb der jeweiligen Lichtkegel können nicht in einem kausalen Zusammenhang miteinander stehen. Im Intervall steckt also der Begriff von Ursache und Wirkung. Gewisse Ereignisse können andere auslösen, und die Lichtkegel der einzelnen Ereignisse sagen uns, wo in der Raumzeit die Trennlinie verläuft.

Betrachten wir nun dieselben Ereignisse in der Raumzeit aus zwei verschiedenen Perspektiven. Abbildung 2.3 ist ein Raumzeitdiagramm, das mit den Messungen von Abstand und Zeit durch einen Beobachter entstanden ist, der sich mit konstanter Geschwindigkeit an Ihrem Haus vorbei zum Auto in der Nachbarstadt bewegt. Wie wir bereits diskutiert haben, wird so ein Beobachter andere Zeiten und andere Abstände zwischen den Ereignissen messen, aber die Intervalle zwischen den Ereignissen müssen gleichbleiben, denn das Intervall ist invariant. Die Natur kümmert sich nicht um unsere Perspektive, das Intervall ist eine fundamentale Eigenschaft der Natur. Die Ereignisse B und C geschehen für diesen Beobachter *nach* Ereignis A.

Abbildung 2.4 stellt das Raumzeitdiagramm dar, das durch einen Beobachter entsteht, der mit konstanter Geschwindigkeit in entgegengesetzter Richtung an Ihrem Haus vorbeifährt. Dieser Beobachter sagt, dass die Ereignisse B und C *vor* dem Ereignis A stattfanden.

Auf den ersten Blick sieht es so aus, als ob das Raumzeitdiagramm in die Katastrophe geführt hat. Wie können wir eine Theorie billigen,

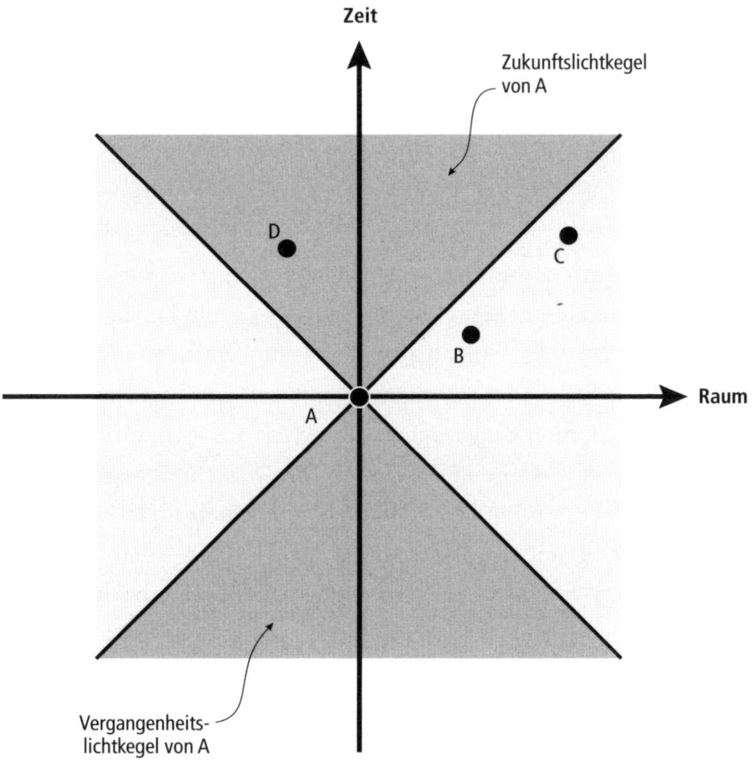

Abbildung 2.3. Die Ereignisse A, B, C und D, wie im Text beschrieben, aus der Sicht eines Beobachters, der sich mit konstanter Geschwindigkeit im Diagramm von links nach rechts an Ereignis A vorbeibewegt.

die es zulässt, die zeitliche Abfolge von Ereignissen umzukehren? Was, wenn diese Ereignisse Ihre Geburt und Ihr Tod wären? Könnte jemand Sie sterben sehen, bevor Sie geboren wären?

Die Auflösung dieses Paradoxons ergibt sich beim Blick auf die Lichtkegel. Sie sind in allen drei Diagrammen genau am selben Platz, und das müssen sie auch, weil die Lichtgeschwindigkeit für alle drei Beobachter die gleiche ist. Beachten Sie, dass die Ereignisse B, C und D sich zwar alle im Raumzeitdiagramm gegenüber A verschieben,

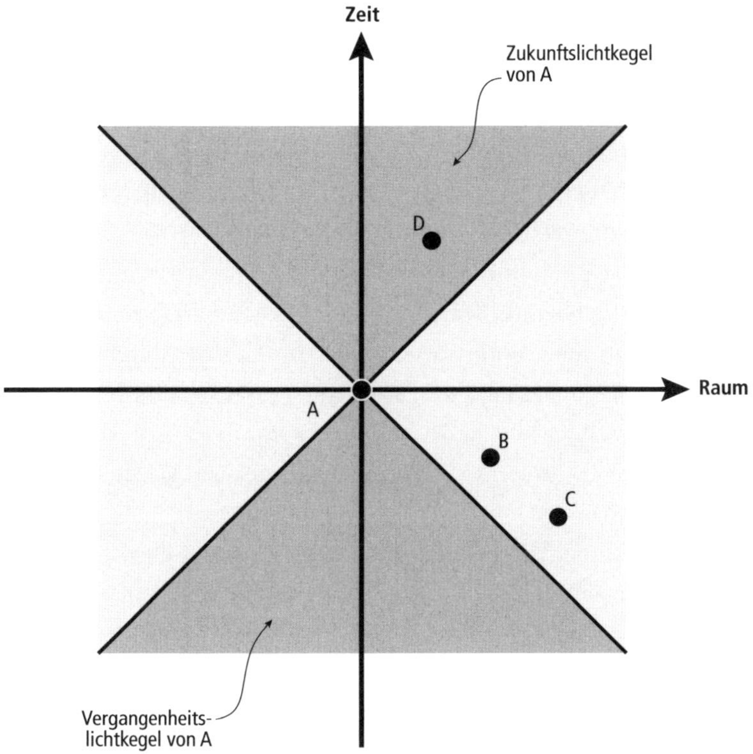

Abbildung 2.4. Die Ereignisse A, B, C und D, wie im Text beschrieben, aus der Sicht eines Beobachters, der sich mit konstanter Geschwindigkeit im Diagramm von rechts nach links an Ereignis A vorbeibewegt.

wenn wir wechselnde Perspektiven einnehmen, trotzdem bleibt das Ereignis D immer innerhalb des Zukunftslichtkegels von A, und die Ereignisse B und C bleiben immer außerhalb des Zukunfts- und Vergangenheitslichtkegels von A. Um zu erkennen, dass dies der Fall sein muss, erinnern wir uns daran, dass das Intervall zwischen zwei Ereignissen invariant ist: Wenn das Intervall aus einer Perspektive zeitartig ist, ist es auch aus allen anderen Perspektiven zeitartig. Das bedeutet, dass für Ereignisse, die einander beeinflussen können, ihre zeitliche Reihenfolge aus allen Perspektiven gewahrt bleibt. Für Ereignisse, die sich nicht gegenseitig beeinflussen können, bleibt die zeitliche Reihenfolge nicht erhalten. Aber das macht nichts, weil es nicht Ursache und Wirkung über den Haufen wirft. Es gibt keinen Widerspruch, wenn jemand die Alarmanlage losschrillen hört oder ein Auto in der nächsten Stadt starten sieht, bevor oder nachdem Oma das Glas umgestoßen hat. Denn diese Ereignisse können sich nie gegenseitig beeinflusst haben – sie sind raumartig getrennt. Natürlich gäbe es einen Widerspruch, wenn die Heizung durchgebrannt wäre, bevor Oma das Glas umgestoßen hat, welches das Durchbrennen auslöste. Aber das kann bei den Ereignissen A und D nicht passieren, weil D immer im Zukunftslichtkegel von A liegt, unabhängig vom Beobachter.

Der Zukunftslichtkegel eines Ereignisses sagt uns also, welche Bereiche der Raumzeit von diesem Ereignis aus zugänglich und welche Bereiche verboten sind. Gleichermaßen verrät uns der Vergangenheitslichtkegel eines Ereignisses, welche Ereignisse in der Raumzeit womöglich jenes Ereignis beeinflusst haben könnten. Wenn Sie sich nochmals die Weltlinie in Abbildung 2.1 anschauen, sehen Sie, dass es unmöglich ist, Augenblicke in Ihrer Vergangenheit erneut zu besuchen, zurückgelassene Menschen und Erinnerungen. Denn wir können uns bei keinem Ereignis unseres Lebens von einem Punkt innerhalb des Lichtkegels zu einem Punkt außerhalb des Lichtkegels bewegen – dafür müssten wir uns schneller als das Licht bewegen. Weil das Intervall aber invariant ist, bleibt uns das verwehrt. In gewisser Weise befinden sich unsere Erinnerungen irgendwo da draußen in der Raumzeit, aber wir können sie nie wieder aufsuchen.

Die Darstellung der Raumzeit, die wir oben beschrieben haben, ist in Einsteins Spezieller Relativitätstheorie enthalten, die 1905 publiziert wurde. Sie beschreibt ein Universum ohne Gravitation, weshalb wir merkwürdigerweise die Gravitation abgeschaltet hatten, bevor wir die Partie England gegen Pakistan in Kapstadt diskutierten. Die Gravitation in die Darstellung der Raumzeit einzugliedern, ist das Anliegen der einsteinschen Allgemeinen Relativitätstheorie, die 1915 veröffentlicht wurde.

VON DER SPEZIELLEN RELATIVITÄT ZUR ALLGEMEINEN RELATIVITÄT

Die zentrale Idee der Allgemeinen Relativitätstheorie lautet, dass die Raumzeit eine Geometrie besitzt, die verzerrt werden kann. Wie wir sehen werden, entspricht das einer Veränderung der Regel für das Intervall zwischen Ereignissen. Materie und Energie verzerren die Raumzeit in ihrer Umgebung. Albert Einstein arbeitete die Gleichungen aus, mit denen wir berechnen können, wie die Raumzeit verzerrt wird. Schematisch dargestellt ist das in Abbildung 2.5. Objekte wie die Internationale Raumstation bewegen sich nahe der Erde und wandern dabei durch einen Bereich verzerrter Raumzeit. Wären wir

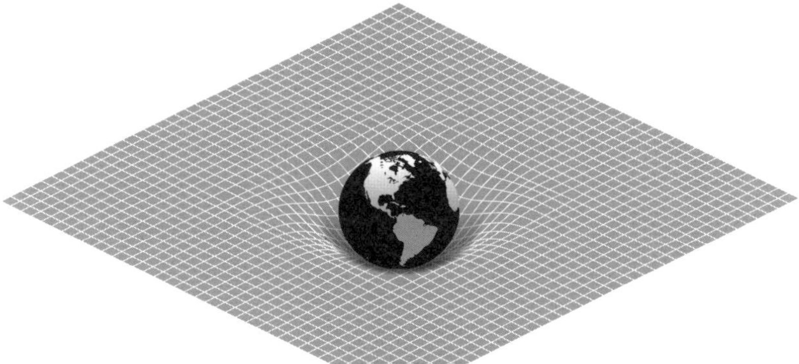

Abbildung 2.5. Schematische Darstellung der verzerrten Raumzeit in der Umgebung der Erde.

Newtonianer, würden wir die Bewegung auf eine Kraft zurückführen, die die Raumstation von einer geraden Linie auf eine Umlaufbahn lenkt. Doch in Einsteins Darstellung gibt es keine Kraft: Die Gravitation ist als rein geometrischer Effekt zu verstehen.

Eine völlig berechtigte Reaktion auf den letzten Absatz ist die Frage, worüber um alles in der Welt wir da reden. Was bedeutet es, wenn wir über die Verzerrung von Raum und Zeit sprechen? Wie sollen wir uns eine verzerrte Raumzeit vorstellen? Bislang haben wir Diagramme wie Abbildung 2.1 gezeichnet, in denen die Zeit nach oben weist und ein oder zwei Raumrichtungen horizontal dargestellt sind. Unsere Welt ist aber nicht so. Wir leben in drei Raumdimensionen: vorwärts und rückwärts, links und rechts, hoch und runter. Wie da eine vierte Dimension – die Zeit – hinzugefügt werden soll, können wir uns nur schwer vorstellen.

Um das Konzept der Raumzeit leichter zu verstehen, treten wir einen Schritt zurück und stellen uns eine zweidimensionale Welt namens Flachland vor, die von flachen Lebewesen bewohnt wird.[10]

Die Flachländer können umherstreifen, vorwärts und rückwärts, links und rechts, aber nie hoch oder runter gehen. Ihre flachen Augen können nur flache Dinge auf der flachen Fläche sehen und ihre flachen Gehirne können nur flache Dinge verstehen. Stellen Sie sich die Reaktionen vor, die der renommierte flache Physiker Flat Albert bekäme, wenn er zu sagen wagte, dass der Raum in Wirklichkeit dreidimensional ist. „Es gibt eine weitere Dimension, eine weitere Richtung, in die wir nicht zeigen können", behauptet er. Mit seinen Berechnungen habe er keine Schwierigkeiten, diese dreidimensionale Welt zu beschreiben.

10 Wir lassen uns von Edwin Abbotts 1884 erschienenem Roman *Flatland: A Romance of Many Dimensions* inspirieren. Und vielleicht von Mr. Oizos „Flat Beat" mit Flat Eric.

Angenommen, Flat Albert hat Recht und die Flachländer leben wirklich auf der Fläche eines großen unordentlichen Tisches in einem Büro, so wie in Abbildung 2.6 dargestellt. Die dritte Dimension ist real. Sie entspricht der Raumrichtung von der Tischfläche nach oben, aber die Flachländer können sie nicht sehen. Ihre Forschung hat noch nicht enthüllt, dass der Raum am Tischrand ein Ende hat. Sie haben allerdings entdeckt, dass es Bereiche gibt, in die sie nicht gelangen können. Sie müssen um die Kaffeetasse und die Lampe und die Bücher herumlaufen, und es bleibt ihnen nichts anderes übrig, als sich zu fragen, warum die verbotenen Regionen manchmal kreisförmig sind, manchmal rechteckig und gelegentlich eine andere, weniger regelmäßige Form haben. Zudem ist das Land mit hellen und dunklen Bereichen bedeckt, die sich verschieben und in Form und Größe verändern.

Wie konnte Flat Albert dann auf eine weitere Dimension in der Welt schließen, wo ihm doch nur die Beobachtungen auf der flachen Tischplatte zur Verfügung standen? „Das hängt alles mit den sich verändernden hellen und dunklen Bereichen zusammen", sagt er. „Ich weiß, was sich dahinter verbirgt. Es sind Schatten."

Albert bediente sich der Mathematik, um herauszufinden, dass die Schatten zweidimensionale Projektionen von Objekten sind, die in drei Dimensionen existieren (Kaffeetassen und Bücher). Auch um die dreidimensionalen Konturen der Objekte abzuleiten, die die Schatten werfen, nutzte er die Mathematik. Dabei hilft, dass die Schatten gelegentlich ihre Form ändern, was Albert richtigerweise als eine Veränderung der höherdimensionalen Lichtquelle interpretiert. Aus unserer dreidimensionalen Perspektive erkennen wir sofort, dass da wohl jemand die Tischlampe bewegt hat.

Vielleicht erkennen Sie die Analogie. Das Intervall – das Ding, das nicht von der Perspektive abhängt – existiert in vier Dimensionen der Raumzeit. Abstände im Raum und Zeitdifferenzen sind bloße Schatten. Sie verändern sich, wenn wir in der dreidimensionalen Welt unserer

Abbildung 2.6. Flachland.

Alltagserfahrung unterschiedliche Perspektiven einnehmen. Wir können uns nichts vorstellen, was in vier Dimensionen lebt, genauso wenig wie Flat Albert sich eine Kaffeetasse oder eine Lampe oder ein Buch vorstellen kann. Aber das hielt ihn nicht davon ab, seinen Blick von der zweidimensionalen Welt seiner Erfahrung zu heben und über die wahre Realität des dreidimensionalen Raums und der unveränderlichen Gegenstände auf der Tischfläche zu staunen.

Treiben wir die Flachland-Analogie noch etwas weiter, können wir auch ein Gefühl dafür entwickeln, wie die Allgemeine Relativitätstheorie in diese Darstellung passt. Die Flachländer dürften zu der Annahme neigen, dass ihre Tischplatte flach ist. Wäre dies der Fall, würden sich parallele Linien in Flachland nie schneiden und die Innenwinkel von Dreiecken würden sich auf 180 Grad summieren. Wir bezeichnen so eine flache Geometrie als „euklidisch“.

Falls der Tisch jedoch leicht verzerrt ist, werden die Flachländer leichte Abweichungen von Euklid feststellen. Verwenden sie präzise

Messgeräte, dann wird es sie bestürzen, dass die Winkelsumme mancher Dreiecke nicht genau 180 Grad ergibt, und dass parallele Linien zusammenlaufen oder ihren Abstand voneinander vergrößern. Genau in diesem Sinne sprechen wir in Einsteins Gravitationstheorie von gekrümmtem oder verzerrtem Raum und das wollen wir in Abbildung 2.5 veranschaulichen.

Das Flachland hilft uns vorzustellen, wie der Raum mehr Dimensionen haben kann, als wir unmittelbar wahrnehmen. Es hilft uns auch vorzustellen, wie der Raum verzerrt sein kann. Indem wir eine Dimension beiseitelassen, können wir das große Ganze bei einem zweidimensionalen Raum (der Tischplatte) erkennen, der in einen dreidimensionalen Raum (dem Zimmer) eingebunden ist. Wir können nicht über uns selbst hinauswachsen und eine vierdimensionale Raumzeit wahrnehmen, weil unsere Vorstellungskraft auf die Dinge in drei oder weniger Dimensionen begrenzt ist. In diesem Sinne sind wir den Flachländern sehr ähnlich und dazu verdammt, die Welt in zu wenigen Dimensionen wahrzunehmen.

Es ist nicht einfach, sich an die Vorstellung eines höherdimensionalen Raums zu gewöhnen, aber falls es ein bisschen hilft: Physiker sind darin nicht besser als Sie, sich eine vierdimensionale Raumzeit vorzustellen. Wenn es um die Raumzeit geht, sind wir alle Flat Albert, der auf Schatten starrt. Zum Glück ist es nicht nötig, sich die Raumzeit in all ihrer vierdimensionalen Pracht anschaulich vorzustellen. Oft können wir für unser geistiges Bild mehrere Dimensionen ignorieren, ohne etwas Wichtiges zu verlieren. Wir sahen das bereits an den Raumzeitdiagrammen, die wir nutzten, um die Grundlagen der Speziellen Relativitätstheorie zu verstehen. Dort (abgesehen von Abbildung 2.1) haben wir nur eine einzelne Raumdimension und die Zeitdimension dargestellt. Unser Verständnis wäre nicht besser geworden, wenn wir den Raum zweidimensional gezeichnet hätten, gleichwohl hätte es unsere Diagramme hübscher ausschauen lassen.

Hätten wir versucht, alle drei Raumdimensionen sowie die Zeitdimension zu zeichnen, dann hätten wir Probleme bekommen.

Wir werden selten mehr als eine Raumdimension bei unserer Untersuchung Schwarzer Löcher betrachten müssen, weil unser Fokus auf dem Fernbereich des Schwarzen Lochs liegt. Wir werden uns vor allem dafür interessieren, wie die Verzerrung der Geometrie Ursache und Wirkung beeinflusst – was bedeutet, die Lichtkegel zu betrachten. Physiker benötigten ein Jahrhundert, um sich ein schönes anschauliches Schema dafür einfallen zu lassen. Das am häufigsten verwendete wurde nach Sir Roger Penrose benannt. In den folgenden beiden Kapiteln werden wir „Penrose-Diagramme" einführen. Ausgerüstet mit diesen Darstellungen der Raumzeit sind wir bereit, über den Horizont hinaus zu steuern.

3
DIE UNENDLICHKEIT AN EINEN ENDLICHEN ORT BRINGEN

Physiker beschreiben die Allgemeine Relativität oft mit kunstvollen Begriffen. Sie ist die Theorie, die am häufigsten mit dem Word „schön" versehen wird. „Schön" unterstellt eine Eleganz und Sparsamkeit, die in der notorisch undurchschaubaren Mathematik nicht leicht zu sehen ist. Es gibt eine wohlbekannte Anekdote über Arthur Eddington. Als man ihm erzählte, dass er einer von nur drei Menschen auf der Welt sei, die Einsteins Theorie verstehen, schwieg er kurz und antwortete dann: „Ich versuche gerade herauszufinden, wer die dritte Person ist." Vielmehr bezieht sich das Adjektiv auf die Eleganz und Sparsamkeit der Ideen, die der Theorie zugrunde liegen, und auf die schöne Idee, dass die Schwerkraft Geometrie *ist.* John Archibald Wheeler formulierte dieses zentrale Dogma der Allgemeinen Relativität in einem einzigen Satz: „Die Raumzeit sagt der Materie, wie sie sich zu bewegen hat; die Materie sagt der Raumzeit, wie sie sich zu krümmen hat." Das Schwierige an der Allgemeinen Relativitätstheorie ist die Berechnung, wie die Raumzeit gekrümmt ist. Und exakte Lösungen für Einsteins Gleichungen lassen sich, abgesehen von sehr einfachen Anordnungen von Materie und Energie, schwer finden. Schwarze Löcher sind eines der wenigen Beispiele in der Natur, für das wir die Raumzeitgeometrie genau berechnen können. Haben wir erst mal die Geometrie, können wir sie bildlich darstellen. Die

Abbildung 3.1. „Hand mit spiegelnder Kugel" von M. C. Escher, 1935.

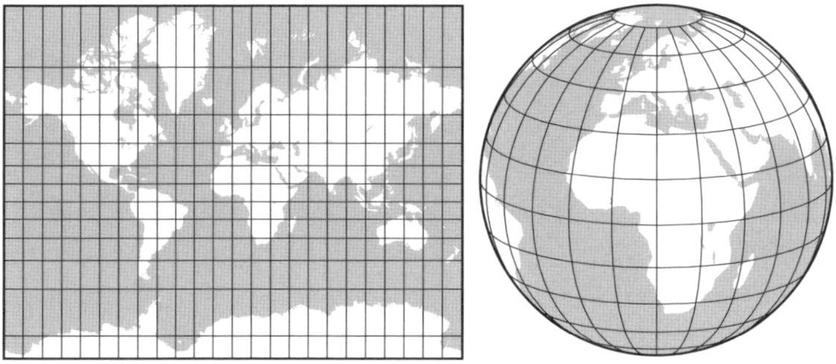

Abbildung 3.2. Mercatorprojektion (links) der Erdoberfläche zwischen 85° Süd und 85° Nord.

Herausforderung besteht darin, die zweckdienlichste grafische Darstellung der Raumzeit um ein Schwarzes Loch auf einem flachen Blatt Papier zu finden. Ein flaches Papier ist zwei- und die Raumzeit vierdimensional – das erschwert eine Zeichnung (gelinde gesagt). Eine gekrümmte Raumzeit erfordert zusätzliches Kopfzerbrechen, dann ist eine Verzerrung unvermeidlich. Der Trick besteht darin, die minimal nötige Zahl an Dimensionen zu zeichnen, was häufig eine einzelne Raum- sowie eine Zeitdimension ist (siehe letztes Kapitel), und die Verzerrung so zu wählen, dass die uns interessierenden Eigenschaften so dargestellt werden, dass sie unser Verständnis erleichtern.

Es gibt ein Bild, mit dem wir alle vertraut sind, das eine Verzerrung auf wohlgewählte Weise einführt, um eine gekrümmte Oberfläche auf einem flachen Blatt Papier darzustellen: eine Karte von der Oberfläche der kugelförmigen Erde. Viele Möglichkeiten zur Darstellung der Oberfläche wurden vorgeschlagen, aber eine von besonderem Interesse ist in Abbildung 3.2 zu sehen. Die Mercatorprojektion, 1569 eingeführt von Gerard de Kremer,[1] wurde speziell für die Navigation

1 De Kremer benannte sich selbst in Gerardus Mercator Rupelmundanus um. Mercator ist die lateinische Übersetzung von Krämer (Kaufmann).

entwickelt. Seefahrer interessieren sich für Kompasspeilungen und vermutlich auch andere Dinge, die für dieses Buch nicht relevant sind. Jedenfalls ist die Mercatorprojektion so definiert, dass die Winkel auf der Karte an jedem Punkt den Kompasspeilungen auf der Erdoberfläche an diesem Punkt entsprechen. Das bedeutet, dass ein Navigator auf der Karte eine gerade Linie zwischen zwei Orten ziehen kann und der Winkel zwischen der Linie und der Senkrechten die Peilung gegen Norden ist, die das Schiff segeln muss, um zwischen diesen Orten zu verkehren. Der Preis, den man dafür bezahlt, sind verzerrte Entfernungen auf der Karte und dass die Verzerrung mit der geografischen Breite zunimmt. Grönland scheint in der Mercatorprojektion die gleiche Größe wie Afrika zu haben, obwohl seine Fläche in Wirklichkeit mehr als 14-mal kleiner ist. Die Verzerrung wird an den Polen unendlich, was sich auf der Karte nicht darstellen lässt. Die Mercatorprojektion ist das Beispiel einer „konformen" (auch „winkeltreu" genannten) Abbildung, das heißt, die Winkel und Formen bleiben auf Kosten von Abständen und Flächen erhalten.

Die von uns im vergangenen Kapitel gezeichneten Raumzeitdiagramme dehnen sich in jede Richtung unendlich weit aus: Die Zeit läuft auf ewig weiter hoch und runter, und der Raum weitet sich ewig nach links und rechts. Das ist nicht unbedingt ein Problem, es sei denn, wir sind an der Darstellung der Physik des Ewigen interessiert. Doch genau das möchten wir gerne tun, wenn wir die Raumzeit in der Umgebung eines Schwarzen Lochs veranschaulichen wollen. Wenn wir ein intuitives Bild eines Schwarzen Lochs entwickeln möchten, brauchen wir also eine Möglichkeit, um die Unendlichkeit an einen endlichen Ort auf einem Blatt Papier zu bringen. Roger Penrose fand dafür eine elegante Methode.[2]

---

2 Sir Roger führte seine schematischen Methoden Anfang der 1960er ein. Später nutzte sie der australische Theoretiker Brandon Carter sehr wirkungsvoll. Heute werden konforme Raumzeitdiagramme oft als Carter-Penrose-Diagramme bezeichnet.

PENROSE-DIAGRAMME

Abbildung 3.3 stellt ein Penrose-Diagramm der „flachen" Raumzeit dar. Mit flacher Raumzeit meinen wir ein Universum ohne Gravitation, was die Raumzeit der Speziellen Relativitätstheorie ist, die wir im vergangenen Kapitel diskutierten. Die flache Raumzeit wird häufig als Minkowski-Raumzeit bezeichnet, benannt nach Hermann Minkowski, der als Erster das Konzept der Raumzeit vorschlug: „Die Anschauungen über Raum und Zeit, die ich Ihnen entwickeln

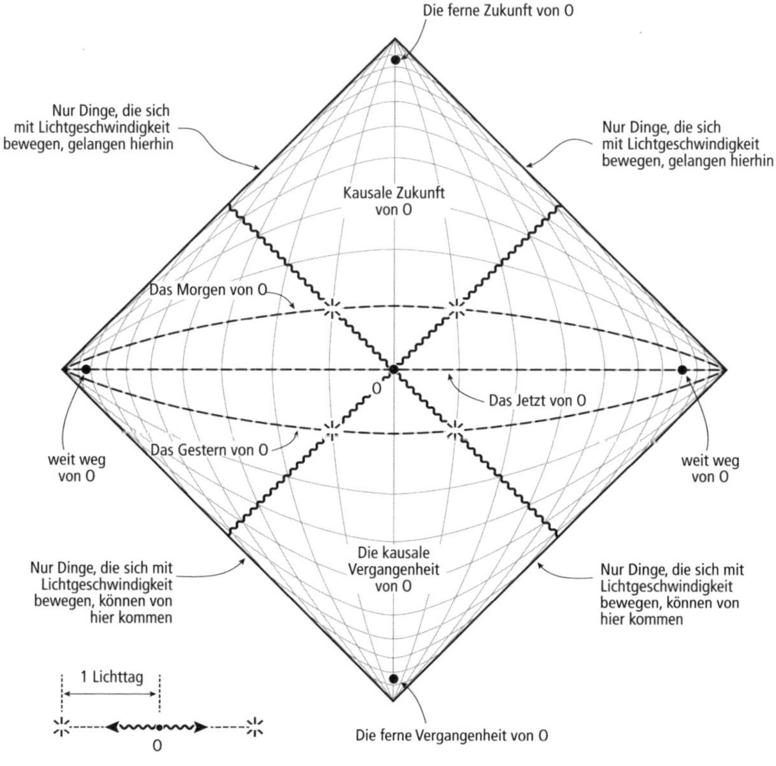

Abbildung 3.3. Das Penrose-Diagramm für eine flache Raumzeit im vereinfachten Fall einer einzigen Raumdimension.

möchte, sind auf experimentell-physikalischem Boden erwachsen. Darin liegt ihre Stärke. Ihre Tendenz ist eine radikale. Von Stund' an sollen Raum für sich und Zeit für sich völlig zu Schatten herabsinken und nur noch eine Art Union der beiden soll Selbständigkeit bewahren."[3] Wie wir bereits gesehen haben, verzerren Materie und Energie die Raumzeit, weshalb sich die Geometrie in der Anwesenheit eines Planeten, Sterns oder Schwarzen Lochs verändert. Doch zum Aufwärmen wollen wir uns zunächst auf die einfache Wald-und-Wiesen-Raumzeit konzentrieren: ein Universum, in dem es nichts gibt, was es verzerren könnte.

Das Penrose-Diagramm einer flachen Raumzeit ist ein Wunderwerk: Der ganze Raum und die gesamte Zeit sind in einen rautenförmigen Bereich von endlicher Größe gepresst worden. Jedes Ereignis in der Vergangenheit und Zukunft eines unendlichen, ewigen Universums befindet sich irgendwo in diesem Diagramm. Die Verzerrung ist extrem, so wie es sein muss (wir haben die Unendlichkeit auf ein einziges Blatt Papier gebannt), aber die Verzerrung wurde sorgfältig gewählt.[4] Genauso wie die Mercatorprojektion ist das Penrose-Diagramm eine konforme Abbildung: Winkel auf dem Blatt bleiben auf Kosten der Entfernung erhalten. Dies bedeutet, dass sich Lichtstrahlen immer entlang von 45-Grad-Linien bewegen und alle Lichtkegel vertikal ausgerichtet sind, genauso wie sie das in den Raumzeitdiagrammen des vergangenen Kapitels waren. An jedem Punkt können wir uns daher vorstellen, wie die Zeit senkrecht nach oben zeigt. Da die Lichtkegel die Vorstellung von Vergangenheit und Zukunft definieren und uns sagen, ob ein bestimmtes Ereignis ein anderes Ereig-

3 Hermann Minkowski in seiner Rede „Raum und Zeit" vor der Gesellschaft Deutscher Naturforscher und Ärzte im Jahr 1908.

4 Die Verzerrung in dem Sinne, in dem sie hier verwendet wird, hat nichts mit der Verzerrung der Raumzeit durch Materie zu tun. Wir sprechen gerade von der Notwendigkeit, die Darstellung zu verzerren, um sie auf einem Blatt Papier unterzubringen.

nis beeinflussen kann, sind sie äußerst wichtig. Wenn wir daran interessiert sind, wie Ereignisse in der Raumzeit in der Nähe eines Schwarzen Lochs zueinander in Beziehung stehen, ist eine einfache und intuitive Regel für Lichtkegel das, was wir suchen. Die andere schöne Eigenschaft des Penrose-Diagramms ist, wie angekündigt, dass es die Unendlichkeit an einen endlichen Ort auf dem Papier bringt – nicht nur an einen, sondern an fünf.

Die Raute in Abbildung 3.3 stellt ein unendliches, flaches Universum dar und hat seine Mitte bei einem einzelnen Ereignis, das wir mit „O“ markiert haben. Dieser zentrale Punkt stellt nichts Besonderes dar. Wir könnten jedes beliebige Ereignis in der Raumzeit auswählen und dafür dann das zugehörige Diagramm konstruieren. Aber natürlich wählen wir für gewöhnlich ein Ereignis, das uns interessiert. Es wäre eine exzentrische Wahl, unsere Untersuchungsobjekte in den am stärksten verzerrten Regionen in den Ecken der Raute anzuordnen, aber wenn wir das wirklich wollten, dann hielte uns nichts davon ab. Vergegenwärtigen Sie sich, dass wir den gesamten Raum und die gesamte Zeit in das Diagramm gepackt haben. Jedes Ereignis, das jemals geschah und geschehen wird, ist hier irgendwo dargestellt. „Der gesamte Raum“ wurde auf eine Dimension eingegrenzt – links und rechts , um die Dinge in der Darstellung zu vereinfachen. Wir hätten eine weitere Raumdimension einzeichnen können, aber das hätte wenig zu unserem Verständnis beigetragen, nur das Diagramm verkompliziert. In Kasten 3.2 zeigen wir, wie eine zusätzliche Dimension das Aussehen verändert. Die freie Wahl der Mitte im Diagramm gibt es auch bei der Mercatorprojektion. Wenn wir an der Navigation in den Polarregionen interessiert wären, könnten wir Singapur als „Pol“ auswählen. Die Verzerrung wäre dann bei Singapur extrem, dafür wäre die Karte gut für Grönland geeignet.

Da wir für die Mitte unseres Diagramms ein beliebiges Ereignis in der Raumzeit auswählen können, lassen Sie uns ein wichtiges nehmen:

Ihre Geburt. Für diese Erörterung, und nur für diese Erörterung, wird sich das ganze Universum – oder zumindest seine Darstellung – um Sie drehen. Die diagonalen Schlangenlinien, die durch O gehen, begrenzen die Zukunfts- und Vergangenheitslichtkegel von O. Wir haben diese beiden Bereiche innerhalb der Lichtkegel als „kausale Zukunft von O" und „kausale Vergangenheit von O" bezeichnet. Jedes Ereignis innerhalb des Zukunftslichtkegels kann von O erreicht werden und jedes Ereignis innerhalb des Vergangenheitslichtkegels kann mit O in Verbindung stehen. Da O Ihre Geburt darstellt, muss Ihre Weltlinie innerhalb des Zukunftslichtkegels verlaufen.

Die Lichtkegel kann man sich als die Pfade zweier Lichtpulse durch die Raumzeit vorstellen, die ihre Reise in der unmittelbaren Vergangenheit begannen und zufällig einander beim Ereignis O begegnen, bevor sie sich auf den Weg in die ferne Zukunft machen. Ein Lichtstrahl kommt von links und der andere von rechts. Denken Sie daran, dass nur eine einzige Raumdimension im Diagramm dargestellt ist. Wir haben das in einem reinen Raumdiagramm unten links in Abbildung 3.3 skizziert. Zwei Lichtstrahlen bewegen sich aus entgegengesetzten Richtungen auf O zu und dann voneinander weg, bei O kreuzen sie sich. Die Blitze, die in beiden Diagrammen dargestellt sind, zeigen uns den Ort der Lichtstrahlen einen Tag, bevor sie O erreichen, und einen Tag, nachdem sie O passiert haben.

Wir haben gesagt, dass die Lichtstrahlen ihre Reise in der fernen Vergangenheit begannen und in die ferne Zukunft laufen. So wie wir sie gezeichnet haben, hat jeder Strahl seinen Ursprung an einem der beiden unteren diagonalen Ränder der Raute und endet an dem entgegengesetzten oberen diagonalen Rand. An den oberen Rändern enden alle Lichtstrahlen, falls sie für immer durch das Universum reisen. Sie können sehen, dass jeder Lichtstrahl, der von irgendeinem Ereignis im Diagramm ausgeht, dort am Rand enden wird, denn alle Lichtstrahlen bewegen sich unter einem 45-Grad-Winkel. Aus diesem

Grund werden die oberen Ränder als *zukünftige lichtartige Unendlichkeit* bezeichnet. Ebenso wird jeder Lichtstrahl, der in der Vergangenheit ausgesandt wurde, seine Reise an einem der unteren Ränder begonnen haben. Diese Ränder werden als *vergangene lichtartige Unendlichkeit* bezeichnet.[5]

Kommen wir nun zu dem Linienraster in der Abbildung. In der Umgebung von O sieht das Koordinatennetz wie kariertes Papier aus, doch in der Nähe der Ränder ist es zunehmend verzerrt. Im Grunde ist das der Effekt eines Fischaugenobjektivs: eine unendliche Menge an Raum und Zeit wird in die Raute gepresst, indem die Raumzeit an verschiedenen Stellen in unterschiedlichem Maße zusammenschrumpft. Je weiter weg wir von der Mitte gehen, desto stärker greift das Schrumpfen. Bei der Mercatorprojektion der Erdoberfläche nimmt die *Dehnung* zu, wenn wir uns vom Äquator entfernen, und an den Polen greift eine unendliche *Dehnung*, weshalb wir die Polregionen nicht darstellen können. Im Penrose-Diagramm wird das *Schrumpfen* stärker, wenn wir uns vom Mittelpunkt der Raute entfernen, und im Unendlichen kommt es zu einer unendlichen *Schrumpfung*, weshalb wir ein komplettes unendliches Universum in einer Raute darstellen können.

Das verzerrte Koordinatennetz ist eine Methode, die Koordinaten von Ereignissen in der Raumzeit darzustellen, genauso wie es das Koordinatennetz der geografischen Breiten- und Längengrade uns erlaubt, die Koordinaten von Orten auf der Erdoberfläche zu messen. Beim Blick auf Abbildung 3.2 können Sie erkennen, wie in der Mercatorprojektion die Verzerrung der Breitengradlinien in Richtung der Pole zunimmt, was sich auf die kartenmäßige Darstellung der Abstände zwischen Punkten auf der Erdoberfläche auswirkt. Es ist

---

5 Die zukünftige lichtartige Unendlichkeit wird häufig als $\mathfrak{I}+$ bezeichnet (ausgesprochen „scri plus“) und die vergangene lichtartige Unendlichkeit als $\mathfrak{I}-$ („scri minus“).

wichtig zu erkennen, dass das Koordinatennetz an sich und die entsprechenden Koordinaten völlig willkürlich gewählt werden. Bei der Erde ist die Wahl zum Teil durch die Erdrotation und die Position der geografischen Pole beeinflusst, aber auch durch die Geschichte. Es gibt bei der Geometrie einer Kugel nichts, was uns dazu zwingt, den Längengrad relativ zu dem Meridian zu messen, der durch das Greenwich Observatory in London verläuft.

Ebenso kann in der Raumzeit jedes beliebige Koordinatennetz verwendet werden, obwohl – genau wie bei der Erde – einige Koordinatennetze nützlicher sind als andere. Zum Beispiel sind nicht rotierende Schwarze Löcher kugelförmig. Wenn wir also die Raumzeit in ihrer Umgebung beschreiben, wählen wir Koordinatennetze, die für eine sphärische Geometrie geeignet sind. Dennoch sollte betont werden, dass die von uns gewählten Koordinatennetze nicht einmal mit irgendeiner Vorstellung von Raum oder Zeit übereinstimmen müssen. Es handelt sich lediglich um ein Koordinatennetz, das über die Raumzeit gelegt wurde, damit wir Ereignisse kennzeichnen können. Wichtig ist nur: Wenn wir den Abstand entlang eines bestimmten Pfades mithilfe des Koordinatennetzes berechnen, dann ist dieser Abstand eine invariante Größe (und somit unabhängig von der Wahl des Koordinatennetzes). Entsprechend ist es auf der Erde: Die Entfernung zwischen London und New York hängt nicht davon ab, wie wir die geografische Breite und Länge definieren.

Das Koordinatennetz des Penrose-Diagramms in Abbildung 3.3 entspricht jedoch der Vorstellung, die jemand von Raum und Zeit hat: Ihrer. Konzentrieren wir uns auf den Augenblick Ihrer Geburt, den wir als Ereignis O in der Mitte der Raute definiert haben. Die waagrechte gestrichelte Linie, die durch O verläuft, repräsentiert für Sie den gesamten Raum im Hier und Jetzt. Jedes Ereignis auf der Jetzt-Linie geschah aus Ihrer Perspektive gleichzeitig mit dem Augenblick Ihrer Geburt.

Wir müssen nun genauer klären, was mit „aus Ihrer Perspektive" gemeint ist. Angenommen die Jetzt-Linie ist mit einer Reihe von Uhren besetzt, die alle mit der Uhr synchronisiert sind, die für Ihre Geburt steht. Diese seien entlang der Linie in gleichen Abständen zueinander angeordnet; wir können sie uns untereinander mit kleinen Linealen verbunden vorstellen. Jede Uhr befindet sich relativ zur Uhr bei O in Ruhe. Während die Zeit vergeht, wandert diese Linie der Uhren im Penrose-Diagramm nach oben in die Zukunft. Die Weltlinien dieser Uhren sind im Diagramm als bogenförmige senkrechte Linien dargestellt. Die Uhr bei O – die Uhr, die bei Ihrer Geburt zugegen war und relativ zu Ihrer Geburt ruhte – steigt direkt entlang der senkrechten Linie nach oben in die Zukunft. Sofern Sie sich nicht bewegen, wird die senkrechte Linie auch Ihre Weltlinie sein. Die anderen Uhren wandern ebenfalls entlang von Weltlinien, die wir als gerade bezeichnen, obwohl sie im Penrose-Diagramm gekrümmt sind.

Sagen wir, „morgen" ist exakt 24 Stunden nach Ihrer Geburt. Die komplette Linie der Uhren wird sich in die Zukunft verschoben haben und nun entlang der gestrichelten Linie mit der Bezeichnung „Das Morgen von O" liegen.[6] Wenn „gestern" genau 24 Stunden vor Ihrer Geburt liegt, dann werden sich alle Uhren gleichfalls entlang der Linie mit der Bezeichnung „Das Gestern von O" befinden. Alle gekrümmten waagrechten Linien im Diagramm sind daher Schnitte des Raums, die aus Ihrer Perspektive zu verschiedenen Zeitpunkten gehören.[7] Nur wenn wir so sorgfältig sind, können wir genau sagen, was wir mit „Das Morgen von O" meinen (der Tag nach Ihrer Geburt). Im Laufe dieses

6 In drei Dimensionen besetzen die Uhren den gesamten Raum, nicht nur eine Linie.

7 Dieses Bild kann auf drei Raumdimensionen erweitert werden. Die Uhren würden ein dreidimensionales Koordinatennetz im gesamten Raum aufspannen, und man kann sich ein Koordinatennetzwerk aus Linealen vorstellen, die alle untereinander verbunden sind.

Buches werden Sie die Bedeutung dieser scheinbaren Pedanterie schätzen lernen. Wenn Sie relativ zu dieser Anordnung von Uhren Ihr gesamtes Leben lang in Ruhe bleiben, sind die waagrechten Linien all Ihre Morgen, eine nach der anderen. Ihre Morgen enden, wenn Ihre Weltlinie mit dem Ereignis Ihres Todes endet, doch die Morgen im Penrose-Diagramm erstrecken sich bis in die unendliche Zukunft. *Morgen, und morgen, und dann wieder morgen, Kriecht so mit kleinem Schritt von Tag zu Tag, Zur letzten Silb' der uns zugemessnen Zeit.*[8]

Wir werden nun im Diagramm die restlichen drei der fünf Unendlichkeiten aufzeigen. Angenommen, unsere imaginären Uhren haben immer existiert und werden immer existieren, dann beginnt die Weltlinie jeder Uhr am unteren Eckpunkt der Raute und endet am oberen Eckpunkt. Wenn Sie sich an das vorherige Kapitel erinnern, muss sich alles, was nicht Licht ist, entlang einer zeitartigen Weltlinie bewegen und kann daher eine Uhr mit sich führen.[9] Jedes (unsterbliche) Objekt, das einer zeitartigen Weltlinie folgt, wird daher am unteren Eckpunkt der Raute beginnen und am oberen Eckpunkt enden. Der untere Eckpunkt wird als *vergangene zeitartige Unendlichkeit* und der obere Eckpunkt als *zukünftige zeitartige Unendlichkeit* bezeichnet: „die *letzte Silb' der uns zugemessnen Zeit*".

Alle waagrechten Jetzt-Linien, die unendliche Raumschnitte repräsentieren, beginnen und enden an den äußersten linken und rechten Eckpunkten der Raute. Die Raumzeitentfernung zwischen zwei beliebigen Ereignissen in einem der Raumschnitte ist der Abstand, wie er mit einem Lineal zwischen den Ereignissen gemessen wird. Die beiden verbleibenden Eckpunkte der Raute sind demnach mit Ereignissen verknüpft, die im Raum eine endliche Entfernung von O haben. Sie werden als *raumartige Unendlichkeit* bezeichnet.

---

8 Shakespeares *Macbeth*.

9 Um genau zu sein, sollten wir sagen: alles, was nicht masselos ist.

Das Penrose-Diagramm hat die Unendlichkeit an einen endlichen Ort gebracht. Diese Fähigkeit, unendlichen Raum und Ewigkeit in einem einzigen Diagramm darzustellen, wird ungemein nützlich sein, wenn wir über Schwarze Löcher nachdenken. Doch zunächst haben wir etwas Spaß mit dem Penrose-Diagramm einer flachen Raumzeit, um einige der berühmten Folgen von Einsteins Spezieller Relativitätstheorie zu erkunden.

DIE UNSTERBLICHEN

Im vergangenen Kapitel wurden wir zum Weihnachtsfest 1974 zurückversetzt und zu den Familienstreitigkeiten vor dem Fernseher, die Sicherungen brannten durch. Wir sahen auch, dass Ereignisse, die aus einer Perspektive gleichzeitig geschehen, aus einer anderen Perspektive nicht gleichzeitig geschehen. Allgemeiner gesprochen, werden Beobachter, die sich relativ zueinander bewegen, hinsichtlich des Abstands im Raum und des Zeitunterschieds zwischen Ereignissen nicht der gleichen Ansicht sein – doch beim jeweiligen Intervall werden sie sich immer einig sein. Bewaffnet mit unserem Penrose-Diagramm können wir eine genauere Darstellung der Geschehnisse ausarbeiten.

Betrachten wir zwei Beobachter namens Schwarz und Grau, die sich relativ zueinander mit konstanter Geschwindigkeit bewegen. Abbildung 3.4 zeigt das Penrose-Diagramm mit den Weltlinien der beiden Beobachter. Diese Unsterblichen bringen ihre unendlichen Leben freiwillig damit zu, eine anschauliche Demonstration zu unserem Nutzen durchzuführen. Da sie unsterblich sind, beginnen ihre (zeitartigen) Weltlinien am unteren Eckpunkt der Raute (vergangene zeitartige Unendlichkeit). Die Unsterblichen tragen identische Uhren und haben sich darauf verständigt, alle drei Stunden in die Hände zu klatschen. Die Punkte entlang ihrer Weltlinien markieren die Ereignisse in der Raumzeit, die ihrem Händeklatschen entsprechen. Was diese Unsterblichen zum pädagogischen Nutzen immer wieder tun, ist edler als das, was Douglas Adams' Figur „Wowbagger der unendlich Verlängerte" macht. Dieser beschloss sich die Langeweile der Unsterblichkeit zu vertreiben, indem er jeden im Universum in alphabetischer Reihenfolge beleidigte. Er nannte Arthur Dent ein „richtiges Arschloch". Wowbaggers Weltlinie würde im Innern der Raute beginnen, nicht bei einer vergangenen zeitartigen Unendlichkeit, denn er wurde zu einer endlichen Zeit in der Vergangenheit unsterblich, mutmaßlich bei einem Unfall mit einem Gummiband, einem Teilchenbeschleuniger und einem flüssigen Mittagessen. Seine Weltlinie wird weiterhin in der künftigen zeitartigen Unendlichkeit enden, sodass ihm eine Menge Zeit bleibt, um seine Aufgabe zu vollenden.

Das Koordinatennetz im Penrose-Diagramm ist das gleiche wie das in Abbildung 3.3. Es entspricht einem System von Uhren und Linealen, die in Bezug auf Schwarz ruhen. Grau bewegt sich relativ zu Schwarz mit konstanter Geschwindigkeit von links nach rechts. Vergewissern wir uns zunächst, dass wir diese Tatsache anhand des Diagramms erkennen können. Schwarz und Grau befinden sich in der Mitte des Penrose-Diagramms am selben Punkt in der Raumzeit, was bedeutet, dass sie sich dort kurz treffen. Lassen Sie uns den Zeitpunkt, zu dem das geschieht, als Tag Null bezeichnen. Aus ihrer Perspektive ruht Schwarz im Raum, sie bewegt sich also entlang einer der senkrecht orientierten Linien des Koordinatennetzes. Da sie sich in der Mitte des Diagramms auf den Weg machte, bewegt sie sich entlang der senkrechten Koordinatenlinie. Wäre sie von einem Punkt irgendwo links oder rechts gestartet, hätte sie stattdessen eine der gekrümmten senkrechten Linien verfolgt, doch in beiden Fällen bleibt sie relativ zum Koordinatennetz in Ruhe. Das gekrümmte Aussehen

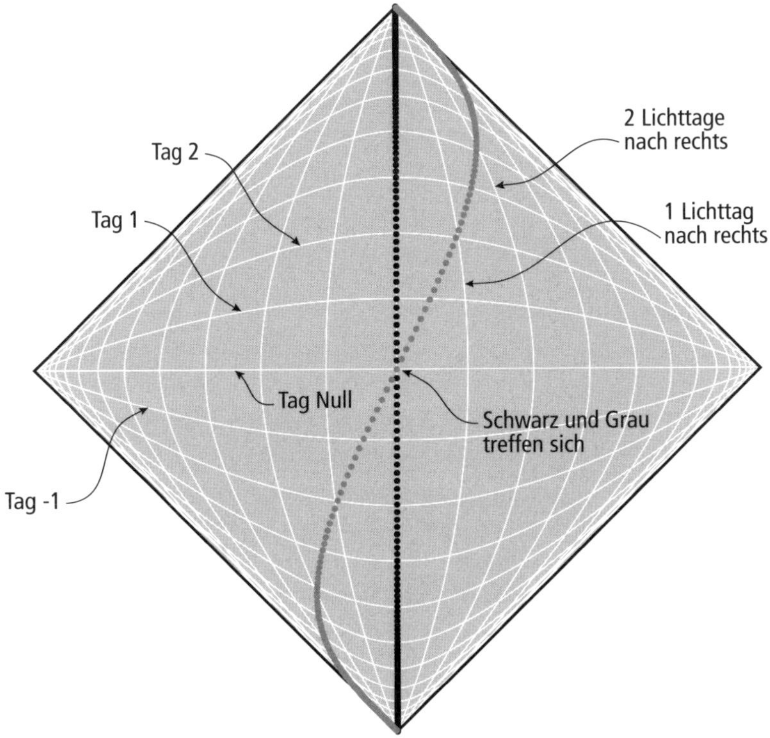

Abbildung 3.4. Die Trajektorien der beiden Beobachter, die sich durch die Raumzeit bewegen. Grau bewegt sich in der Wahrnehmung von Schwarz mit konstanter Geschwindigkeit von links nach rechts. Das Koordinatennetz misst Entfernungen und Zeitpunkte mit einer Reihe von Uhren und Linealen, die relativ zu Schwarz ruhen.

einer geraden Linie ist allen vertraut, denen auf einem Langstreckenflug langweilig genug war, um auf die Karte auf dem Bildschirm im Frontsitz zu starren. Abbildung 3.5 zeigt die Route entlang des „Großkreises“ von Buenos Aires nach Peking in einer Mercatorprojektion. Sie ist eine gerade Linie auf der gewölbten Erdoberfläche – die kürzeste Entfernung zwischen Buenos Aires und Peking. Sie sieht gebogen aus, weil die Karte eine verzerrte Projektion einer Kugeloberfläche auf ein flaches Blatt Papier ist.

Grau hingegen bewegt sich relativ zum Koordinatennetz. Zwei Tage nach dem Zusammentreffen mit Schwarz sehen wir, dass er sich einen Lichttag von ihr entfernt hat (gemäß den Uhren und Linealen von Schwarz, also dem Koordinatennetz von Schwarz). Nach zwei weiteren Reisetagen ist Grau zwei Lichttage von Schwarz entfernt, und so weiter. Wir können folgern, dass Grau sich relativ zu Schwarz mit halber Lichtgeschwindigkeit bewegt.[10] Es lohnt sich zu prüfen, ob Sie das Diagramm gut genug verstehen und dies erkennen können, bevor Sie weiterlesen.

Lassen Sie sich nicht durch den Umstand verwirren, dass es so aussieht, als ob sich Schwarz und Grau in der fernen Vergangenheit und der fernen Zukunft begegneten. Das tun sie nicht, weil an der Spitze und dem unteren Ende der Raute eine unendliche Menge an Raum zusammengepresst ist (Sie sehen dort alle Koordinatenlinien zusammenlaufen). Die Unsterblichen begegnen sich nur einmal, und zwar am Tag Null.

Die nächste Herausforderung besteht nun darin, anhand des Diagramms zu erkennen, dass Graus Uhr langsamer als die von Schwarz geht. Betrachten Sie die Weltlinie von Schwarz. Sie klatscht gemäß ihrer Uhr alle drei Stunden in die Hände, was bedeutet, dass sie an jedem Tag acht Punkte auf ihrer Weltlinie aufzeichnet. Schauen Sie sich nun Graus Weltlinie an. Er macht das gleiche, doch gemäß dem Koordinatennetz von Schwarz (das heißt der Uhr von Schwarz) klatscht er nur siebenmal pro Tag in die Hände. Entscheidend ist, dass es sich hier nicht um eine Art optische Täuschung handelt, verursacht

10 Tatsächlich bewegt sich Grau relativ zu Schwarz mit 48,4 Prozent der Lichtgeschwindigkeit, was Sie gerade noch erkennen können, wenn Sie sich die Abbildung genau anschauen. Wir haben 48,4 Prozent aus Gründen gewählt, die in der nächsten Fußnote klar werden.

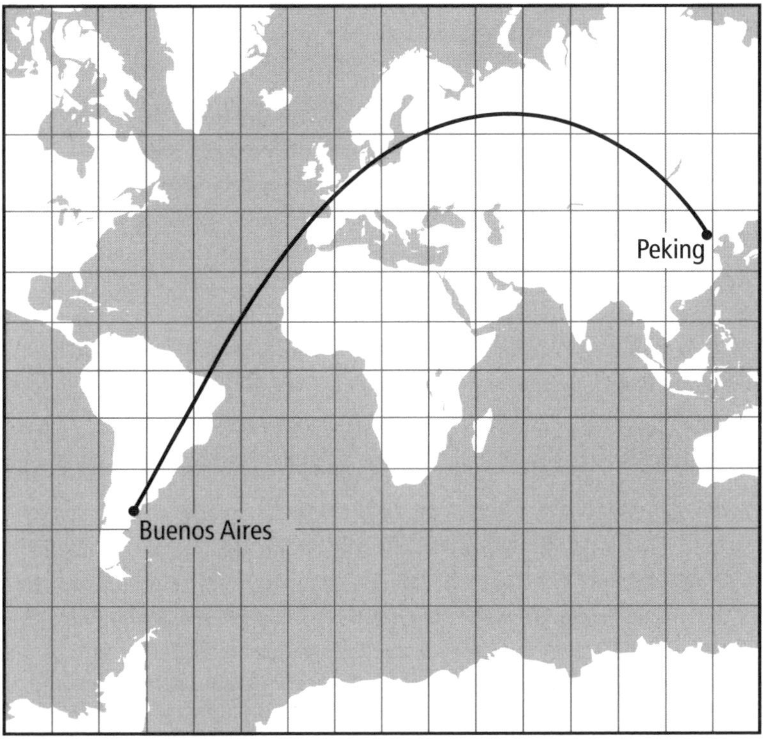

Abbildung 3.5. Die Route entlang des Großkreises von Buenos Aires nach Peking auf einer Karte in Mercatorprojektion. Sie ist eine gerade Linie – die kürzeste Entfernung zwischen den beiden Punkten auf der Erdoberfläche.

durch die Art und Weise, wie wir das Diagramm gezeichnet haben. Alles, was Grau macht, ist gemäß der Messung von Schwarz verlangsamt, und somit läuft Graus gesamtes Leben aus der Perspektive von Schwarz in Zeitlupe ab.[11]

11 Wenn Sie sich ein bisschen mit der Speziellen Relativitätstheorie auskennen (was Sie tun, wenn Sie unser früheres Buch *Warum ist $E = mc^2$* gelesen haben), werden Sie vielleicht feststellen, dass der Faktor $8/7 = 1{,}14$ so groß ist wie $1/\sqrt{(1 - v^2)}$ für $v = 0{,}484$.

KASTEN 3.1. DER RELATIVISTISCHE DOPPLER-EFFEKT

Auf die Gefahr hin Sie zu verwirren, aber um das Verständnis zu vertiefen, sei darauf hingewiesen, dass Schwarz ihre Schlussfolgerungen zieht, indem sie die Ereignisse anhand eines Koordinatennetzes aufzeichnet. Dieses Koordinatennetz können wir uns wie ein Netz aus Uhren und Linealen vorstellen, die relativ zu ihr in Ruhe sind. Ganz wichtig ist, dass sie keine Schlüsse auf der Grundlage dessen zieht, was sie mit ihren Augen sieht. Tatsächlich *sieht* Schwarz das Leben von Grau im Schnelldurchlauf (das Gegenteil von Zeitlupe), bevor sie sich am Tag Null treffen, und in noch langsamerer Bewegung, wenn Grau sie überholt hat. Es ist möglich, dies anhand von Abbildung 3.4 nachzuvollziehen. Der Aufwand lohnt sich wirklich, wenn Sie Lust auf Herausforderungen haben.

Und so funktioniert's: Da sich Licht auf 45-Grad-Linien bewegt und da wir die Dinge mithilfe des Lichts sehen, folgt daraus, dass Schwarz am Tag Minus Eins (dem Tag vor Tag Null) Grau sieht, wenn dieser am Tag Minus Zwei ist. In den nächsten 24 Stunden, in der die Zeit bis zu ihrer kurzen Begegnung am Tag Null verstreicht, zeichnet Schwarz die üblichen acht Punkte auf, während Grau 14 Punkte aufzeichnet, was bedeutet, dass Schwarz Grau schneller klatschen *sieht*. Nachdem Grau vorbeigezogen ist, kehrt sich die Situation um. Schwarz *sieht* Grau langsamer klatschen; sie sieht Grau nur noch knapp fünfmal pro Tag klatschen. Wir überlassen es Ihnen, dies durch Zählen von Punkten und dem Nachdenken über 45-Grad-Lichtstrahlen herauszufinden.

Der Punkt ist, dass es in der Relativitätstheorie sehr wichtig ist, genau anzugeben, wie Zeitunterschiede bestimmt werden. Dinge zu *sehen* (mit Geräten wie Augen), kann etwas ganz anderes sein als das Verstreichen der Zeit mit einem Netz aus Uhren und Linealen zu messen. Der soeben besprochene Effekt wird als relativistischer Doppler-Effekt bezeichnet. Er reagiert empfindlich auf den Standort des Lichtdetektors (das heißt, wo die Augen sind). Deshalb wechselte Grau von Vorspulen auf extra langsame Zeitlupe, als er Schwarz passierte. Es gibt einen vertrauteren, ähnlichen Effekt für den Schall (ebenfalls als Doppler-Effekt bezeichnet). Bei ihm hören wir eine Änderung in der Tonhöhe der Sirene, wenn ein Rettungswagen vorbeifährt. Die entscheidende Botschaft hier lautet, dass wir vorsichtig sein müssen, wenn wir in der Relativitätstheorie das Wort „sehen“ verwenden.

Wechseln wir nun die Perspektive und betrachten alles aus der Sicht von Grau. In Abbildung 3.6 haben wir das Koordinatennetz nun so geändert, dass es den Messungen mit Uhren und Linealen entspricht, die relativ zu Grau ruhen. Die Bezeichnung „Relativitätstheorie“ rührt von diesem relativen Aspekt der Bewegung: Wer ruht und wer sich bewegt, ist eine Frage der Perspektive. Nun bewegt sich Grau nicht, was bedeutet, dass sich seine Weltlinie entlang einer Koordinatenlinie schlängelt. Wie zuvor klatschen Grau und Schwarz gemäß ihren individuellen Uhren einmal alle drei Stunden in die Hände, doch nun ist es Schwarz, die nur siebenmal pro Tag klatscht. Grau kommt zu dem Schluss, dass Schwarz ihr Leben in Zeitlupe verbringt; ihre Rollen sind komplett vertauscht.

An diesem Punkt haben Sie das gute Recht, das laut als Unsinn zu bezeichnen. Wie kann Grau gemäß den Uhren von Schwarz langsamer altern als Schwarz, während Schwarz laut Graus Uhren langsamer altert als Grau? Das klingt unmöglich, aber überraschenderweise gibt es da keinen Widerspruch. Das „Problem“ entsteht, weil wir – auf den Spuren Newtons wandelnd[12] – auf das Konzept von universeller Zeit und universellem Raum fixiert sind. Stattdessen müssen wir unsere Gehirne neu verdrahten und uns auf die Weltlinien konzentrieren – die Pfade, die die Unsterblichen in der Raumzeit hinterlassen – und auf die Koordinatennetze der Lineale und Uhren, die die Unsterblichen eingerichtet haben, um die Welt zu beschreiben. Das Koordinatennetz

12 Zugegebenermaßen schwierig, wenn er selbst auf den Schultern von Giganten steht.

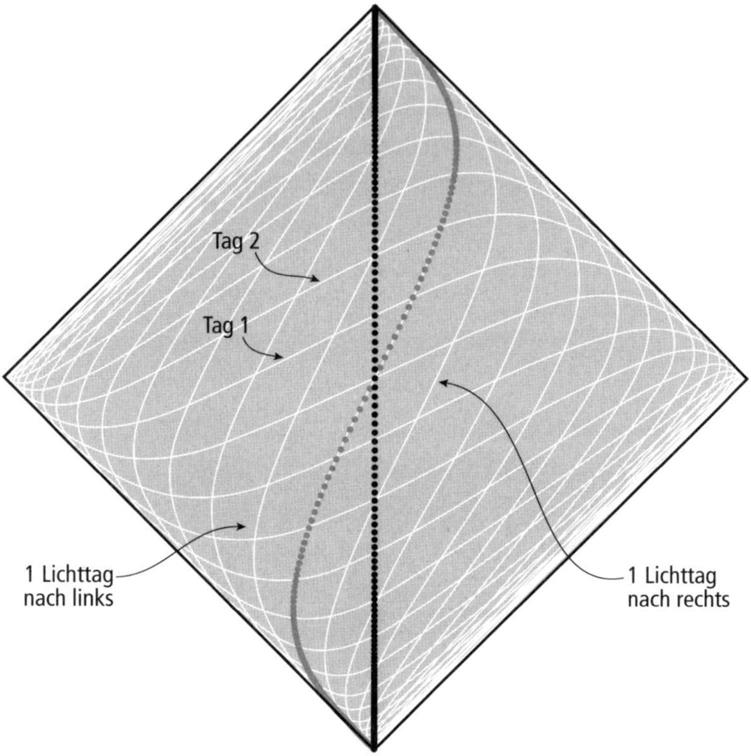

Abbildung 3.6. Die Bahnen zweier Beobachter, die sich durch die Raumzeit bewegen. Aus der Sicht von Schwarz bewegt sich Grau mit konstanter Geschwindigkeit von links nach rechts. Das Koordinatennetz steht nun für eine Reihe von Uhren und Linealen, die relativ zu Grau ruhen.

von Schwarz in Abbildung 3.4 unterscheidet sich von Graus Koordinatennetz in Abbildung 3.6. Die Koordinatenlinien, die ungefähr waagrecht durch das Penrose-Diagramm verlaufen, stellen für jeden Unsterblichen das gesamte „Jetzt" des Raums dar. Die Koordinatenlinien, die senkrecht verlaufen, stellen die gesamte Zeit dar. Doch die Koordinatenlinien sind nicht dieselben. Graus Raum ist eine Mischung aus dem Raum und der Zeit von Schwarz, und umgekehrt. Es ist schwer zu akzeptieren, dass die Abgrenzung zwischen Raum und Zeit subjektiv ist, denn gemäß unserer persönlichen Erfahrung sind es grundlegend verschiedene Dinge, die sich nicht mischen lassen. Doch das stimmt nicht. Die Trennung zwischen ihnen ist beobachtergebunden, sie hängt von unserer Perspektive ab.

DAS ZWILLINGSPARADOXON

Alles schön und gut, sagen Sie womöglich, aber was passiert, wenn die Unsterblichen beschließen, sich in der Zukunft wieder zu treffen? Dann sieht es wirklich so aus, als ob wir ein Paradoxon haben, weil wir dann feststellen könnten, wer stärker gealtert ist. Das wäre eine direkte Beobachtung der Realität, und wir können nicht beides gleichzeitig haben. In der Tat können wir das nicht. Dieses scheinbare Paradoxon wird manchmal als Zwillingsparadoxon bezeichnet.

Um zu erkennen, warum das Zwillingsparadoxon kein Paradoxon ist, lassen Sie uns eine dritte Unsterbliche namens Pink einführen. Ihre Weltlinie haben wir dem Penrose-Diagramm in Abbildung 3.7 hinzugefügt. Nun haben wir ein Drillingsparadoxon. Unsere drei Unsterblichen begegnen sich für einen kurzen Moment am Tag Null. Grau zieht an Schwarz mit halber Lichtgeschwindigkeit vorbei, genauso wie zuvor, und Pink fliegt mit ihrem Raumschiff entlang einer Bahn, auf der sie Grau und Schwarz in der Zukunft erneut trifft. Schauen wir uns Pinks Weltlinie an, um herauszufinden, was sie macht: Nach dem Tag Null entfernt sich Pink immer schneller von Schwarz; zunächst bewegt sie sich langsam, weshalb sich die Weltlinien der beiden für zweimal Händeklatschen fast überlappen. Dann beginnt Pink zu beschleunigen und holt Grau ein. Wenn sich Pink und Grau treffen (am Ende von Tag Eins), können wir eine Frage stellen, auf die wir eine eindeutige Antwort bekommen müssen: Wer ist älter, Pink oder Grau? Durch Zählen der Punkte entlang der je-

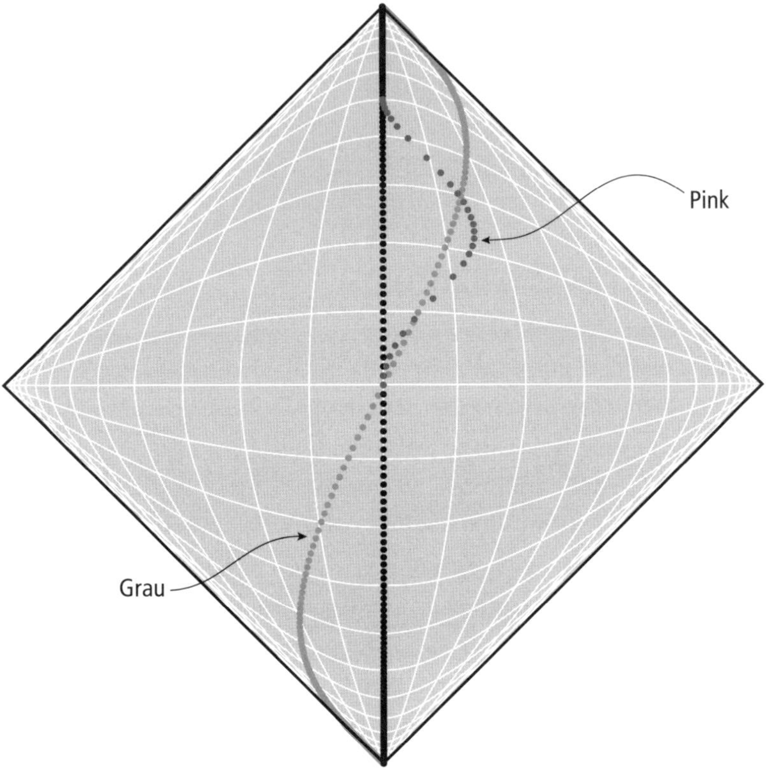

Abbildung 3.7. Das Zwillingsparadoxon. Auch auf Tafel 2.

weiligen Weltlinien erfahren wir, dass Pink sechsmal in die Hände geklatscht hat, Grau dagegen siebenmal: Grau ist somit älter.

Obwohl es sehr der Intuition widerspricht, ist die Vorstellung, dass Grau stärker altert als Pink, einfach zu verstehen, wenn Sie sich an das vorherige Kapitel erinnern: Die Länge einer zeitartigen Weltlinie ist die Zeit, die mit einer Uhr gemessen wird, die sich entlang dieser Weltlinie bewegt. Allein mit dieser Vorstellung ist es einfach einzusehen, dass Pink und Grau unterschiedlich rasch altern, weil Pinks Weltlinie sich von Graus Weltlinie zwischen ihren Begegnungen unterscheidet. Wessen Weltlinie länger ist, ist ohne Rechnung nicht offensichtlich. Sie können das in Erfahrung bringen, indem sie im Diagramm das Händeklatschen zählen; wir haben es unter Verwendung der Raumzeit-Gleichung aus Kapitel 2 für Sie berechnet.

Lassen Sie uns nun Pinks Reise weiterverfolgen. Nach ungefähr einem Tag bewegt sie sich fast mit Lichtgeschwindigkeit, was Sie im Penrose-Diagramm daran erkennen können, dass ihre Weltlinie fast unter einem Winkel von 45 Grad steht. Dann zündet sie ihre Raketentriebwerke, um abzubremsen und schließlich die Flugrichtung ihres Raumschiffs umzukehren. Sie trifft Grau erneut und die beiden Unsterblichen können ihr Alter nochmals vergleichen. Zählen wir wieder, wie oft beide mit den Händen geklatscht haben, so ist Pink um $17 \times 3 = 51$ Stunden gealtert, seit sie einander erstmals am Tag Null trafen, und Grau um $20 \times 3 = 60$ Stunden. Schließlich kehrt Pink zu Schwarz zurück. $28 \times 3 = 84$ Stunden sind auf ihrer Uhr vergangen, und 120 vergingen auf der Uhr von Schwarz (Sie können das erkennen, ohne Punkte zu zählen, weil diese Begegnung auf dem Koordinatennetz von Schwarz, das in der Abbildung dargestellt ist, nach fünf Tagen stattfindet). Dies ist nichts anderes als eine Zeitreise in die Zukunft. Schwarz ist stärker gealtert als Pink, wenn sie sich treffen. Faszinierend ist, dass Sie grenzenlos weit in die Zukunft reisen können, sofern Sie Zugang zu einem ausreichend schnellen Raumschiff haben. Die Andromedagalaxie ist 2,5 Millionen Lichtjahre von der Erde entfernt. Hätte Pink Zugang zu einem Raumschiff, das mit 99,999 999 999 9 Prozent der Lichtgeschwindigkeit reist, würde sie der Hin- und Rückflug zu Andromeda 18 Jahre kosten. Bei ihrer Rückkehr wären auf der Erde jedoch fünf Millionen Jahre vergangen.

Hier kommt ein allgemeines Prinzip zum Tragen, das als Prinzip der maximalen Alterung bekannt ist. Schwarz und Grau werden stärker altern als sonst irgendjemand, der sich am Tag Null aufmacht und eine beliebige Route durch die Raumzeit zurücklegt, bevor er zurückkehrt, um sich wieder mit ihnen zu treffen. Das Besondere bei

Schwarz und Grau ist, dass sie nie ein Raketentriebwerk zünden, um zu beschleunigen oder zu bremsen. Wir werden die Routen von Schwarz und Grau zwischen Ereignissen „gerade Linien" in der Raumzeit nennen, weil sie nicht beschleunigen.[13]

HORIZONTE

Auf unserem letzten Streifzug durch die flache Raumzeit erkunden wir die Beschleunigung, und indem wir das tun, folgen wir Einsteins Spuren auf dem Weg zur Allgemeinen Relativitätstheorie. In Abbildung 3.8 gehört die violette Punktlinie zu einem Unsterblichen, der sich in der fernen Vergangenheit auf den Weg gemacht hat und sich fast mit Lichtgeschwindigkeit von rechts nach links bewegt. Wir nennen diesen Unsterblichen „Rindler", nach dem Physiker Wolfgang Rindler, der als Erster den Begriff „Ereignishorizont" eingeführt hat. Rindler wird immer langsamer, bis er am Tag Null seinen geringsten Abstand zu Schwarz erreicht. Im Diagramm sollten Sie erkennen können, dass Rindler vorübergehend relativ zu Schwarz ruht – in einer Entfernung von etwas mehr als einem halben Lichttag. Seine stetige Beschleunigung bringt ihn dann wieder weg, hinaus in die Unendlichkeit, mit einer Geschwindigkeit, die sich der Lichtgeschwindigkeit immer weiter annähert. Während der ersten Hälfte der Reise bremsen die Triebwerke ihn ab und in der zweiten Hälfte beschleunigen sie ihn relativ zu Schwarz. Rindler beschleunigt immer gleich stark, gemessen anhand von Sensoren an Bord seines

---

13 Nebenbei bemerkt: Der geradlinige Weg zwischen Ereignissen in der Raumzeit ist länger als jede nicht gerade Linie. Das kommt daher, dass die Geometrie der Raumzeit nicht die Geometrie von Euklid ist. Wäre dies der Fall, so wäre das Intervall gegeben durch den Satz des Pythagoras: $(\Delta\tau)^2 = (\Delta t)^2 + (\Delta x)^2$. Aber das Intervall enthält ein Minuszeichen: $(\Delta\tau)^2 = (\Delta t)^2 - (\Delta x)^2$, und das macht den Unterschied. Die Geometrie der flachen Raumzeit ist das, was Mathematiker eine hyperbolische Geometrie nennen.

Raumschiffs, obwohl er keine Instrumente bräuchte, die ihm die Beschleunigung anzeigen. Er spürt die konstante Beschleunigung als Kraft, die ihn in den Sitz drückt. Er ist in seinem Raumschiff nicht „schwerelos". Behalten Sie das im Hinterkopf, denn es wird noch sehr wichtig werden.

Diese Bahn eines gleichmäßig beschleunigten Beobachters ist als Rindler-Trajektorie bekannt. Beachten Sie, dass es Rindlers Weltlinie im Penrose-Diagramm trotz der ewigen Beschleunigung nie ganz auf 45 Grad schafft. Denn egal wie lange er beschleunigt, er kann niemals schneller als mit Lichtgeschwindigkeit reisen. Das Auffälligste an Rindlers Flugbahn ist, dass er immer innerhalb der schattierten rechten Region des Penrose-Diagramms bleibt, die wir mit „1" beschriftet haben. Alles, was im Laufe seiner Reise an einem Punkt in diesem Bereich geschieht, kann er sehen. Mit „sehen" meinen wir das Sehen in dem Sinne, dass Licht von jedem Ereignis innerhalb der Region 1 seine Augen erreichen kann. Um sich davon zu überzeugen, wählen Sie einen beliebigen Punkt im Bereich 1 und prüfen, ob die 45-Grad-Lichtstrahlen, die von diesem Punkt ausgehen, Rindlers Bahn kreuzen. Mit derselben Begründung könnte Rindler während seiner Reise ein Signal an ein beliebiges Ereignis in diesem Bereich der Raumzeit gesendet haben.[14]

Können Sie erkennen, dass Rindler keine Signale aus den Bereichen 2 und 3 empfangen kann? Der Grund dafür ist, dass nichts, was sich höchstens mit Lichtgeschwindigkeit bewegt, irgendwie aus diesen beiden Regionen in die Region 1 gelangen kann. Wir sagen, dass die Bereiche 2 und 3 jenseits von Rindlers Horizont liegen. Tatsächlich ist Bereich 3 besonders isoliert, weil auch niemand in Bereich 3 Signale von Rindler empfangen kann. Diese beiden Bereiche sind kausal

14 Eine andere Sichtweise wäre, dass die gesamte Region 1 für Rindler innerhalb seines zukünftigen Lichtkegels liegt, da er am unteren Ende der Region 1 losfliegt.

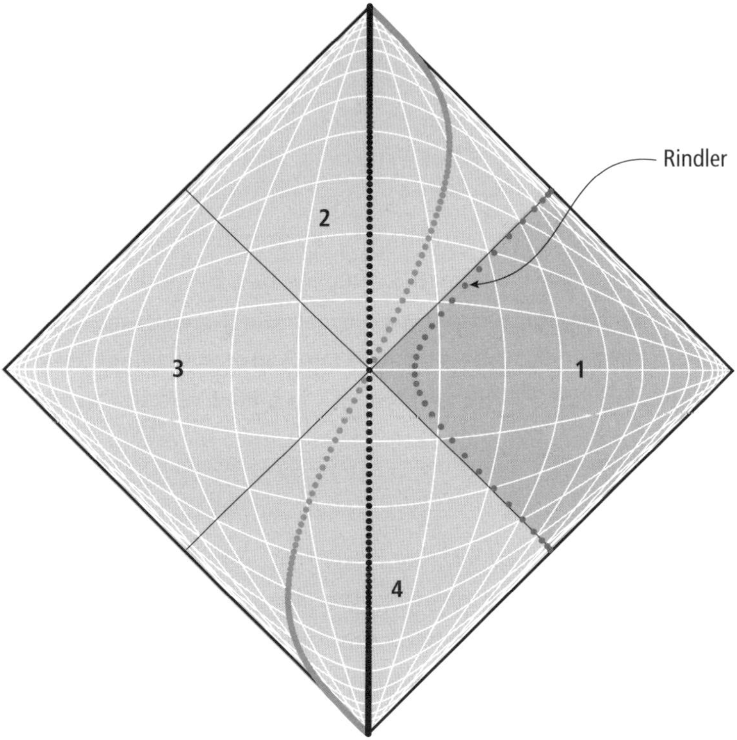

Abbildung 3.8. Ein unsterblicher Rindler-Beobachter, der eine konstante Beschleunigung erfährt. Auch auf Tafel 3.

völlig voneinander getrennt. Mit Bereich 4 verhält es sich anders: Rindler könnte aus diesem Bereich zwar Signale empfangen, aber er könnte keine Signale dorthin senden. Die Situation von Rindler ist ganz anders als die von Schwarz und Grau, für die die Gesamtheit der Raumzeit kausal zugänglich ist. Rindler lebt in einem kleineren Universum als Schwarz und Grau. Aufgrund seiner Beschleunigung hat er sich selbst von einigen Bereichen der Raumzeit abgeschnitten. Die 45-Grad-Grenzlinien für seinen Bereich werden allgemein als „Horizonte" bezeichnet, weil Informationen nicht in beide Richtungen fließen können.

Wir sind Horizonten bereits im Zusammenhang mit der Gravitation und Schwarzen Löchern begegnet. Nun sehen wir, dass sie auch für beschleunigte Beobachter auftreten. Existiert da ein konzeptioneller Zusammenhang zwischen Beschleunigung und Gravitation? Den gibt es tatsächlich. Als Einstein ihn erstmals erkannte, bezeichnete er ihn als den glücklichsten Gedanken seines Lebens.

DER GLÜCKLICHSTE GEDANKE

Wir alle haben Bilder von Astronauten an Bord der Internationalen Raumstation gesehen. Sie schweben. Wenn ein Astronaut einen Schraubendreher loslässt, schwebt er neben ihm. Selbst Wassertropfen schweben ungestört als faszinierende, leicht schwingende Blasen umher. Warum? Die Astronauten, der Schraubendreher, das Wasser und tatsächlich sogar die Internationale Raumstation an sich sind nicht der gravitativen Anziehung der Erde entkommen. Sie sind nur ungefähr 400 Kilometer über der Erdoberfläche: Gerade mal die vierzigfache Höhe eines Verkehrsflugzeugs. Wenn Sie aus einem Flugzeug springen, wäre es unklug anzunehmen, dass Sie der Gravitation entkommen sind, und daher Ihren Fallschirm nicht zu öffnen bräuchten. Die Raumstation fällt genauso Richtung Erde, wie Sie es täten, wenn Sie aus einem Flugzeug springen. Doch die Raumstation bewegt sich schnell genug relativ zur Erdoberfläche, etwa acht Kilometer pro Sekunde, um ständig den Boden zu verfehlen. Auf diese Weise kann sie ihre Umlaufbahn mit sehr wenigen Eingriffen von Raketen beibehalten, denn der Luftwiderstand in 400 Kilometern Höhe ist sehr gering. Wir sagen, die Raumstation befindet sich im freien Fall um die Erde; sie fällt für immer Richtung Boden, ohne ihn jemals zu erreichen. Der entscheidende Punkt ist, dass der freie Fall lokal nicht von einem freien Schweben in den Tiefen des Raums, weit weg von Sternen und Planeten, zu unterscheiden ist – wenn die Astronauten also keine Fenster hätten, dann könnten sie kein Experiment durchführen und keine Beobachtung machen, die ihnen zeigen, dass sie sich im Gravitationsfeld eines Planeten befinden. Dies ist der Grund, warum jeder Gegenstand in der Raumstation schwebt. Es gibt keine Kraft, die ihn stört. Das ist die Vorstellung, die Einstein bekanntermaßen als den „glücklichsten Gedanken meines Lebens" beschrieb. Er legt unmittelbar nahe, dass die Gravitationskraft etwas Interessantes an sich hat, denn sie lässt sich durch den Fallprozess aufheben. Ebenso lässt sich ihre Wirkung durch Beschleunigung nachahmen. Eine Beschleunigung ist lokal ununterscheidbar von der Gravitation, und umgekehrt.[15] Dieser sehr wichtige Gedanke wird als Äquivalenzprinzip bezeichnet.

Nehmen wir an, dass Rindler mit 1g beschleunigt.[16] Im Innern des Raumfahrzeugs wäre Rindlers Wahrnehmung exakt die gleiche, wie wenn er bequem in einem Lehnstuhl säße oder in seiner Kabine auf der Erdoberfläche herumginge. Wenn er keine Fenster hätte, gäbe es kein Experiment und keine Beobachtung, die ihn vom Gegenteil überzeugen könnten. Würde er den Schub seiner Rakete reduzieren und so seine Beschleunigung auf etwa 0,3g senken, könnte er sich vorstellen, dass er gerade auf der Marsoberfläche säße. In der Natur verhält sich keine andere Kraft so. Es ist unmöglich, die Kraft zwischen elektrisch geladenen Objekten durch Beschleunigung oder Bewegung

---

15 Wir sagen, dass der freie Fall *lokal* ununterscheidbar ist, weil das irdische Gravitationsfeld nicht gleichförmig ist, was sich über ausreichend große Distanzen nachweisen lässt. Zum Beispiel fallen Gegenstände Richtung Erdmittelpunkt, was bedeutet, dass zwei Gegenstände in einer bestimmten Höhe anfangs parallel zueinander fallen, sich dann aber auf dem Weg zum Boden einander nähern. Dies wird als Gezeiteneffekt bezeichnet. Wir werden solchen Effekten, die im Zusammenhang mit Schwarzen Löchern zur Spaghettifizierung führen, später im Buch begegnen.

16 Eine Beschleunigung von 1g entspricht der Beschleunigung eines Objekts, das in der Nähe der Erdoberfläche fällt, also 9,8 Metern pro Sekundenquadrat.

Abbildung 3.9. Rindlers Raumschiff.

aufzuheben. Und doch ist es bei der Gravitation möglich. Durch diesen Schlüsselgedanken konnte Einstein seine Theorie der Gravitation allein mit dem geometrischen Begriff der Raumzeit formulieren. Gravitation ist Geometrie. Lassen Sie uns diese erstaunliche Vorstellung näher beleuchten.

KASTEN 3.2. DIE ERWEITERUNG DES PENROSE-DIAGRAMMS AUF ZWEI RAUMDIMENSIONEN

Bislang haben wir in einer Welt mit einer Raumdimension gearbeitet, in der unsere Beobachter sich nur entlang einer Linie bewegen können. Vieles in der Relativitätstheorie lässt sich verstehen, ohne die beiden anderen Raumdimensionen einzubeziehen, in denen wir uns bewegen, so wie wir auch einen Großteil von Newtons Mechanik verstehen, indem wir Dinge betrachten, die

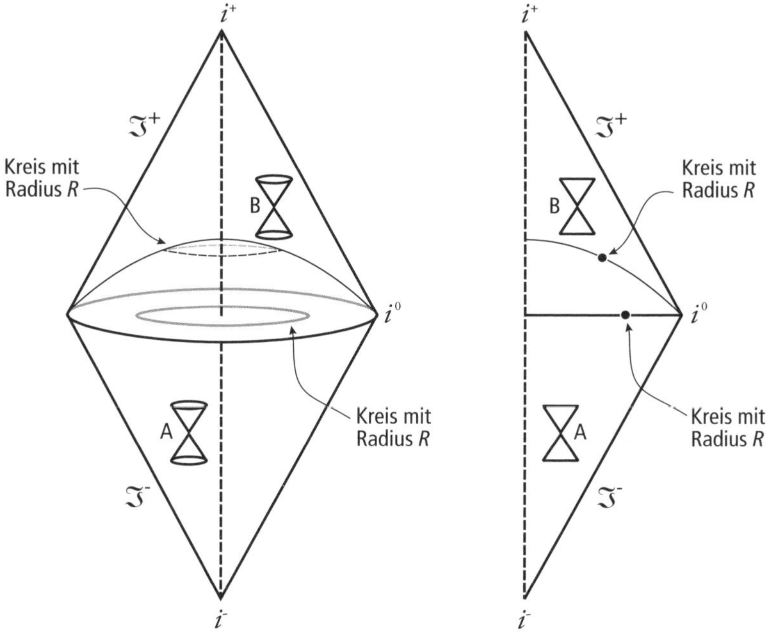

Abbildung 3.10. Erweiterung des Penrose-Diagramms auf zwei Raumdimensionen. Das linke Diagramm erhält man durch Rotation des rechten um die vertikale gestrichelte Linie.

sich entlang von geraden Linien bewegen. Doch wir sollten ein paar Worte über diese beiden anderen Dimensionen verlieren. Das linke Bild in Abbildung 3.10 zeigt das Penrose-Diagramm einer flachen Raumzeit mit 2+1 Dimensionen (das ist die Standardschreibweise für zwei Raumdimensionen und eine Zeitdimension). Es ähnelt zwei Kegeln, die an den Grundflächen zusammengeklebt sind. Zu einem beliebigen Zeitpunkt können wir eine „Jetzt"-Fläche zeichnen, so wie die „Jetzt"-Linien, über die wir in unseren 1+1-dimensionalen Penrose-Diagrammen im gesamten Kapitel nachgedacht haben. Die „Jetzt"-Fläche am Berührungspunkt der beiden Kegel (Zeit Null) ist eine ebene Scheibe. Wenn wir uns in der Zeit vorwärts bewegen, werden „Jetzt"-Flächen zu Kuppeln verzerrt, so wie unsere Linien zu Kurven verzerrt wurden.

Das rechte Diagramm in Abbildung 3.10 hängt enger mit den 1+1-dimensionalen Diagrammen zusammen, die wir das gesamte Kapitel über gezeichnet haben. Die Rauten erhalten wir durch Spiegeln des Dreiecks an der vertikalen gestrichelten Linie. Das vollständige 2+1-Diagramm erhalten wir durch Rotieren des Dreiecks um die vertikale gestrichelte Linie. Das linke Diagramm ist die vollständige Darstellung jedes Raumzeitpunkts in 2+1 Dimensionen. Im rechten Diagramm gehen einige Informationen verloren, da ganze Kreise als einzelne Punkte gezeichnet werden. Nur im 2+1-Diagramm sehen die Lichtkegel tatsächlich wie Kegel aus. Im rechten Diagramm sehen die Lichtkegel in A und B wie zwei einander an einer Spitze berührende gleichseitige Dreiecke aus. Beachten Sie auch, dass die Kuppel des linken Diagramms im rechten als Linie erscheint, und dass der Kreis auf der „Jetzt"-Fläche und der Kreis auf der Kuppel tatsächlich denselben Radius haben. Der auf der Kuppel sieht nur kleiner aus, weil wir den Raum zusammenpressen, wenn die Zeit fortschreitet, um alles im Diagramm unterbringen zu können.

Wir leben in 3+1 Dimensionen. Natürlich können wir das nicht auf ein Blatt Papier zeichnen, aber wir können es uns vorstellen. Den Punkten im rechten Diagramm würden dann ganze Kugeln statt Kreise entsprechen.

Ein letztes Wort zu den Bezeichnungen in Abbildung 3.10: Wir haben die Gelegenheit genutzt, um die Notation für die fünf verschiedenen Arten von Unendlichkeit einzuführen, die im Lauf des Kapitels zur Sprache kamen. Die Scheitelpunkte der beiden Kegel, die mit i^+ und i^- bezeichnet sind, sind zukünftige und vergangene zeitartige Unendlichkeiten – endgültiger Ursprung und endgültiges Ziel von allem, was sich mit weniger als Lichtgeschwindigkeit fortbewegt. Die mit $\mathfrak{I}^+$ und $\mathfrak{I}^-$ bezeichneten Oberflächen des Kegels sind die zukünftigen und die vergangenen lichtartigen Unendlichkeiten, zugänglich nur für Lichtstrahlen oder irgendetwas anderes, das sich mit Lichtgeschwindigkeit bewegen kann. Der mit i^0 bezeichnete Kreis an der Verbindung der beiden Kegel markiert die raumartige Unendlichkeit – die unendlich fernen Raumbereiche zu einem beliebigen Zeitpunkt.

4
GEKRÜMMTE RAUMZEIT

Weniger als fünf Monate vor seinem Tod im Jahr 1916, während er an der Ostfront für die deutsche Armee die Flugbahnen von Artilleriegeschossen berechnete, entdeckte der berühmte Astrophysiker Karl Schwarzschild die erste exakte Lösung für die Gleichungen aus Einsteins Allgemeiner Relativitätstheorie. Nicht weniger bemerkenswert war Schwarzschilds Leistung angesichts des Umstands, dass er diese Lösung nur wenige Wochen nach Veröffentlichung der Theorie hergeleitet und Einstein geschickt hatte. Einstein war beeindruckt und schrieb zurück: „Ihre Arbeit habe ich mit grösstem Interesse durchgelesen. Ich hätte nicht erwartet, dass man so einfach die strenge Lösung der Aufgabe formulieren könne." Schwarzschild hatte eine Gleichung gefunden, welche die Geometrie der Raumzeit um einen Stern mit sehr hoher Genauigkeit beschreibt. Rufen Sie sich John Wheelers Grundsatz ins Gedächtnis: „Die Raumzeit sagt der Materie, wie sie sich zu bewegen hat; die Materie sagt der Raumzeit, wie sie sich zu krümmen hat." Schwarzschilds Lösung beschreibt die Verformung der Raumzeit, womit sich dann relativ einfach berechnen lässt, wie sich die Objekte darin bewegen. Heutzutage ist Schwarzschilds Lösung einer der ersten Inhalte, die Studierende in einer Vorlesung über die Allgemeine Relativitätstheorie lernen. In den meisten Fällen entspricht die Lösung einer winzigen Verbesserung gegenüber den einfacheren newtonschen Vorhersagen für die Planetenumlaufbahnen. Aber nicht unter allen Umständen, denn die Lösung beschreibt auch Schwarze Löcher, was Schwarzschild und Einstein 1916 nicht bekannt war.

Wie sieht Schwarzschilds Lösung für Einsteins Gleichungen aus? Wir konnten einen Blick auf die Antwort erhaschen, als wir über die gekrümmte Tischplatte von Flachland nachdachten. Flat Albert und seine flachen mathematischen Freunde entdeckten, dass die euklidische Geometrie nicht länger anwendbar ist, weil die Tischfläche gekrümmt ist. Die Winkel eines Dreiecks summieren sich nicht auf genau 180 Grad und Abstände zwischen zwei Punkten lassen sich nicht mit dem bekannten Satz von Pythagoras beschreiben. Wenn Flat Albert die Entfernung zwischen zwei Orten im gekrümmten Flachland berechnen möchte, muss er eine Möglichkeit finden, um die Krümmung mathematisch darzustellen.

Lassen Sie uns zum Aufwärmen für einen Moment die Raumzeit vergessen und zur Erde zurückkehren. Die Erdoberfläche ist gekrümmt, das heißt, wir können nicht einfach den Satz von Pythagoras verwenden, um die Entfernung zwischen den Städten Buenos Aires und Peking zu berechnen. Dies ist leicht einsichtig, weil wir dreidimensionale Wesen sind; wir wissen, wie eine Kugel aussieht. Wenn wir zum Beispiel ein 19 267 Kilometer langes Lineal besorgen und es in der Innenstadt von Buenos Aires platzieren, würde seine Spitze nicht in Peking landen. Denn das Lineal ist flach, die Erde aber nicht. Das Lineal würde in die dritte Dimension hinausragen – seine Spitze würde weit weg von der Oberfläche enden, draußen im Weltraum. Wir könnten uns jedoch vorstellen, 20 Millionen Ein-Meter-Lineale zu kaufen und sie aneinandergereiht entlang der Großkreislinie zwischen den beiden Städten zu legen. Die Lineale könnten der gekrümmten Kontur der Erdoberfläche folgen. (In Wirklichkeit müssten wir Berge durchtunneln, um unsere Kette aus Linealen auf Meereshöhe zu halten, also stellen wir uns eine vollkommen glatte, kugelförmige

Erde vor.) Auf einige Meter genau könnten wir so die Entfernung auf der gekrümmten Erdoberfläche bestimmen. Wenn wir es besser hinbekommen wollten, könnten wir jedes Lineal auf einen Zentimeter oder noch weniger verkürzen. Kleinere Lineale haben den Vorteil, dass sie der gekrümmten Erdoberfläche genauer folgen.

Die Vorstellung, dass wir eine gekrümmte Oberfläche aus vielen kleinen flachen Stücken aufbauen können, wird durch die Biosphère Montréal schön illustriert, die Buckminster Fuller für die Weltausstellung 1967 entworfen hat. Aus der Ferne betrachtet ist die Biosphère eine perfekt aussehende Kugel, doch aus der Nähe können wir erkennen, dass sie aus vielen kleinen flachen Dreiecken besteht, die „zusammengeheftet" und leicht gegeneinander geneigt sind. Jede Form lässt sich auf diese Weise bauen; die Geometrie ist festgelegt durch die Art und Weise, wie die Teile zusammengesetzt werden.

Auf die gleiche Weise lässt sich die gekrümmte Raumzeit in der Allgemeinen Relativitätstheorie aufbauen. Viele kleine Stücke flacher Raumzeit können zusammengeheftet werden, um eine gekrümmte Raumzeit zu erhalten. Schwarzschilds Lösung für Einsteins Gleichungen beschreibt, wie diese in der Umgebung eines Sterns zusammengeheftet werden. Auf jedem kleinen flachen Stück lässt sich die Entfernung zwischen zwei Ereignissen in der Raumzeit durch eine Anordnung aus Uhren und Linealen bestimmen, das heißt mit dem Intervall $(\Delta\tau)^2 = (\Delta t)^2 - (\Delta x)^2$. Wir erhalten eine sehr genaue Beschreibung, indem wir die Raumzeitflicken so klein wählen, dass die Formel des Intervalls für den flachen Raum eine gute Näherung für jeden einzelnen Flicken darstellt. Dies entspricht der Aussage, dass die Entfernung zwischen zwei Punkten auf einem der kleinen Dreiecke an Buckminster Fullers Biosphère mit dem Satz von Pythagoras ermittelt werden kann, obwohl die Entfernung zwischen zwei Punkten, die durch viele kleine Dreiecke getrennt sind, wegen der gekrümmten Oberfläche schwieriger zu berechnen ist.

Abbildung 4.1. Die Biosphère Montréal, erbaut für die „Expo 67". Auch auf Tafel 4.

Wir haben diese Vorstellung der Raumzeit als Stückwerk in Abbildung 4.2 dargestellt. Wären wir fünfdimensionale Wesen mit einem angeborenen Sinn für hyperbolische Geometrie, könnten wir uns bildlich vorstellen, wie die zusammengehefteten kleinen Stücke eine „Oberfläche" bilden, die in eine fünfte Dimension gekrümmt wäre. Viel Glück damit, wobei die grundlegende Idee allerdings recht einfach ist. Wir müssen uns die gekrümmte Raumzeit so vorstellen, als ob sie aus vielen kleinen flachen Stücken der Raumzeit gefliest worden ist, wobei jedes Stück leicht gegenüber seinen Nachbarn geneigt und jeweils mit eigenen Koordinatennetzen aus Uhren und Linealen ausstaffiert ist. Die Herausforderung bei der Allgemeinen Relativität besteht in der Festlegung, wie die Stücke zusammengeheftet werden. Wenn wir das wissen, können wir das Intervall zwischen weit auseinanderliegenden Ereignissen auf einer gekrümmten Oberfläche berechnen, indem wir alle Intervalle auf jedem Stück zusammenaddieren, genauso wie wir die kleinen Lineale hinlegten, um die Entfernung zwischen Buenos Aires und Peking zu messen.

Die Idee, dass sich die gekrümmte Raumzeit über hinreichend kleine Entfernungen und Zeitintervalle gut durch die flache Raumzeit annähern lässt, genauso wie die Erde über hinreichend kleine Entfernungen flach ist, entspricht genau dem, was Einstein im Sinn hatte, als er seinen glücklichsten Gedanken hatte:

„Da kam mir der glücklichste Gedanke meines Lebens in folgender Form ... für einen vom Dache eines Hauses frei herabfallenden Beobachter existiert während seines Falles – wenigstens in seiner unmittelbaren Umgebung – kein Gravitationsfeld. Lässt der Beobachter nämlich irgendwelche Körper los, so bleiben sie relativ zu ihm im Zustande der Ruhe bzw. gleichförmigen Bewegung, unabhängig von ihrer besonderen chemischen und physikalischen Natur. Der Beobachter ist also berechtigt, seinen Zustand als ‚Ruhe' zu deuten."

Dieses Zitat ist wundervoll, weil es Einsteins Denkweise verdeutlicht. Er dachte nicht mathematisch, zumindest anfangs nicht. Er dachte in einfachen Bildern und stellte einfache Fragen. Was sagt mir die Tatsache, dass sich die Gravitation durch Fallen aufheben lässt? Wenn die Gravitation in der unmittelbaren Umgebung eines frei fallenden Beobachters nicht festgestellt werden kann, muss auch die Raumzeit in der unmittelbaren Umgebung flach sein. Lassen Sie sich übrigens nicht von der Frage verwirren, wie es sich anfühlt, tatsächlich von einem Dach zu fallen – wir betrachten einen idealisierten Fall im Vakuum und vernachlässigen den Luftwiderstand. Vereinfachen Sie das Problem auf das Wesentliche. Für theoretische Physiker sind alle Kühe kugelförmig, deshalb sind sie klare Denker, aber miese Bauern. Die Gravitation ist eine sonderbare Kraft, weil sie sich durch den freien Fall aufheben lässt. Einsteins Genialität bestand darin, diese Vorstellung mit einem geometrischen Bild der Schwerkraft als gekrümmter Raumzeit zu verbinden. Die Gravitation entsteht nicht,

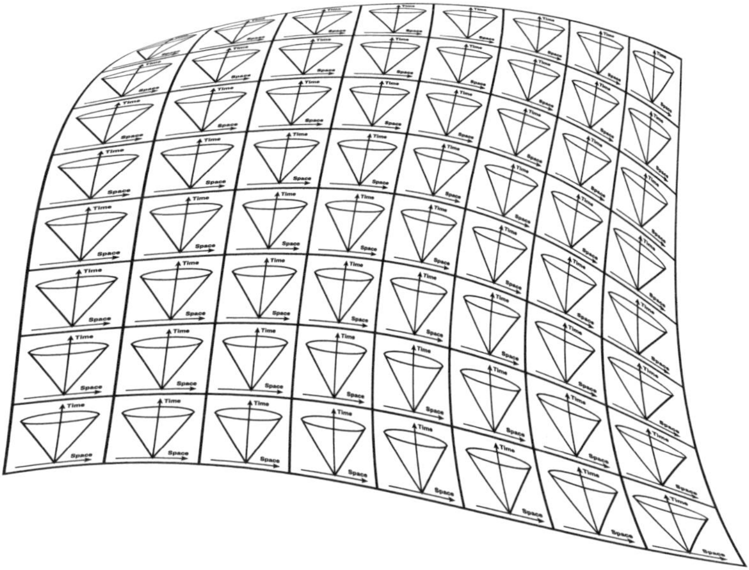

Abbildung 4.2. Aufbau einer Raumzeit durch das Zusammenheften eines Flickenteppichs aus winzigen Bereichen, von denen jeder flach ist.

weil es eine fundamentale Anziehungskraft zwischen Dingen gibt, wie wir in der Schule lernen, sondern weil in der Nähe massebehafteter Objekte kleine Bereiche der Raumzeit gegenüber ihren Nachbarn geneigt sind.

Wenn es keine Gravitationskraft gibt, warum fällt dann eine Person vom Dach und schlägt auf dem Boden auf, oder warum läuft der Mond um die Erde? Die Antwort lautet, dass die Person und der Mond beide auf geraden Linien in der gekrümmten Raumzeit fallen. Wir können das präzisieren, wenn wir uns das Zwillingsparadoxon aus dem vorherigen Kapitel ins Gedächtnis rufen. Dort begegneten wir dem Prinzip der maximalen Alterung. Ein Astronaut, der nicht beschleunigt, nimmt zwischen zwei Ereignissen einen Pfad durch die Raumzeit, der die Zeit maximiert, die er auf seiner Armbanduhr zwischen den Ereignissen misst. In der Allgemeinen Relativitätstheorie steht das Prinzip der maximalen Alterung im Mittelpunkt als ein fundamentales Naturgesetz, das die Weltlinie eines frei fallenden Objekts in der gekrümmten Raumzeit festlegt. Wie Einstein in seinem Zitat schrieb, ist ein Beobachter im freien Fall „berechtigt, seinen Zustand als ‚Ruhe' zu deuten." Daher muss der Pfad, den ein frei fallendes Objekt durch die gekrümmte Raumzeit nimmt, derjenige Pfad sein, der die Zeit auf der mitgeführten Armbanduhr maximiert. Auf jedem kleinen flachen Flicken wird dieser Pfad eine gerade Linie durch den Flicken sein, doch in der gekrümmten Raumzeit sind die Flicken zusammengeheftet und bilden eine Kurve. Das Ergebnis ist völlig analog zum Fall der kleinen flachen Lineale auf der Erde. Die geraden Linien müssen an ihren Enden aneinanderpassen, doch die resultierende Bahn ist gekrümmt. Das Ergebnis in der Raumzeit ist das, was wir als eine Umlaufbahn sehen – die Bahnen der Planeten um die Sonne. Oder als Sturz, wenn jemand unglücklich vom Dach abrutscht. In gewisser Weise ist die Bahn, die der unglücklich Fallende Richtung Boden nimmt, völlig logisch – sie maximiert die Zeit, die ihm verbleibt.

Schwarzschilds Lösung für die Krümmung der Raumzeit ist in Verbindung mit dem Prinzip der maximalen Alterung alles, was wir benötigen, um die Weltlinie eines beliebigen fallenden Objekts in der Nähe eines Planeten, Sterns oder Schwarzen Lochs zu berechnen.

Die Gelegenheit für ein tieferes Verständnis der Allgemeinen Relativitätstheorie und Schwarzschilds Lösung ist für uns nun zum Greifen nahe. Daher wäre es eine Schande, nicht den ganzen Weg zu gehen, nachdem wir so weit gekommen sind. Deshalb gibt es auf den nächsten paar Seiten etwas mehr Mathematik als im restlichen Buch. Nichts davon ist arg viel komplizierter als der Satz von Pythagoras, doch wenn sie Mathe wirklich nicht mögen, dann machen Sie sich keine Sorgen: Der normale Diagramm-Service wird in Kürze wieder aufgenommen.

DIE METRIK: BERECHNUNG VON ENTFERNUNGEN AUF GEKRÜMMTEN FLÄCHEN

1908 hatte Einstein die grundlegende Idee einer Gravitation als gekrümmte Raumzeit, doch er brauchte weitere sieben Jahre, um sie mathematisch in Form der Allgemeinen Relativitätstheorie umzusetzen. Sein Problem bestand darin, ein Berechnungsverfahren für die Entfernung zwischen zwei Ereignissen zu finden, wenn die Raumzeit gekrümmt ist. Auf die Frage, warum dies so lange gedauert hatte, antwortete er: „Der Hauptgrund liegt in dem Umstand, dass es nicht so einfach ist, sich von der Vorstellung zu lösen, dass Koordinaten eine unmittelbare metrische Bedeutung haben."[i]

Um zu verstehen, was Einstein meinte, verlassen wir für einen Moment die Raumzeit und kehren zur zweidimensionalen euklidischen Geometrie zurück. Lassen Sie uns zwei Punkte A und B wählen und eine gerade Linie zwischen ihnen ziehen, so wie im linken Diagramm von Abbildung 4.3 dargestellt. Die Linie wird eine Länge haben, die wir mit Linealen messen können. Nennen wir diese Länge Δz. Die Linie mit der Länge Δz ist zugleich die Hypotenuse eines rechtwinkligen Dreiecks mit den Seitenlängen Δx und Δy. Der Satz des Pythagoras setzt diese drei Längen in einen Zusammenhang:

$$(\Delta z)^2 = (\Delta x)^2 + (\Delta y)^2$$

In dieser Gleichung sind alle Größen Entfernungen, die sich mit Linealen messen lassen. Zufällig entsprechen sie auch der Differenz der Koordinaten in dem Koordinatennetz, das im Hintergrund liegt. Genauer gesagt befindet sich A bei $x = 3$ und $y = 2$, was wir als (3,2) schreiben, und B liegt bei (9,7), sodass $\Delta x = 9 - 3 = 6$ und $\Delta y = 7 - 2 = 5$. Mit dem Pythagoras erhalten wir $\Delta z = \sqrt{61}$.

Schauen Sie nun auf das rechte Diagramm von 4.3. Es handelt sich um dasselbe Punktpaar, A und B, nun aber mit einem anderen Ko-

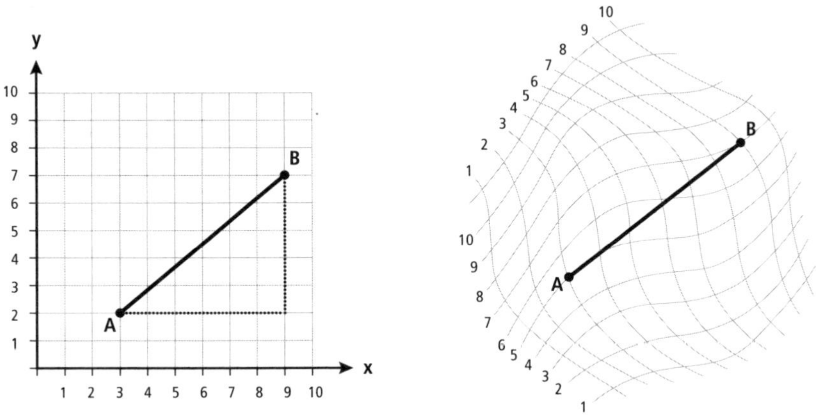

Abbildung 4.3. Links: Der Abstand zwischen A und B hängt mit den Koordinaten von A und B über den Satz des Pythagoras zusammen. Rechts: Dieselben beiden Punkte A und B lassen sich auch in einem wellenförmigen Koordinatennetz verorten, doch ihr Abstand hängt nicht mit den Koordinaten über den Satz des Pythagoras zusammen.

ordinatennetz. Das neue Koordinatennetz eignet sich hervorragend zur Kennzeichnung von Punkten: A liegt bei (5,3) und B bei (7,9). Doch die Differenzen dieser Koordinaten können hier nicht in den Satz des Pythagoras eingesetzt werden. Dies veranschaulicht die Willkür von Koordinatennetzen auf eine sehr schöne Weise. Für die Kennzeichnung von Punkten ist jedes Koordinatennetz geeignet, doch einige Koordinatennetze erweisen sich nützlicher als andere. Hier vereinfacht das rechtwinklige Koordinatennetz die Berechnung der Strecke von A nach B. Auf einer flachen Fläche können wir immer ein rechtwinkliges Koordinatennetz wählen, um uns das Leben zu erleichtern. Doch auf einer gekrümmten Fläche ist es unmöglich, ein einziges Koordinatennetz auszuwählen, sodass der Pythagoras auf jeden Abstand zwischen beliebigen Punktpaaren angewandt werden kann. Diesen Unterschied zwischen einem Koordinatennetz als Gitter zum Kennzeichnen von Punkten und als Hilfsmittel zur Berechnung von Abständen zwischen Punkten meinte Einstein, als er sagte, dass es „nicht so einfach ist, sich von der Vorstellung zu lösen, dass Koordinaten eine unmittelbare metrische Bedeutung haben". Wir sollten seine warnenden Worte beherzigen und nicht zu sehr an den Koordinatennetzen hängen, die wir über die Raumzeit legen.

Es stimmt allerdings, dass es immer eine Möglichkeit gibt, Abstände unter Verwendung eines beliebigen Koordinatennetzes zu berechnen. Nur ist die Formel eben nicht jene von Pythagoras. Wenn X und Y die Koordinaten sind, die das gewellte Koordinatennetz rechts in Abbildung 4.3 kennzeichnen, dann lässt sich für zwei beliebige Punkte, die ausreichend nahe beisammen liegen, der Abstand immer schreiben als:

$$(\mathrm{d}z)^2 = a(\mathrm{d}X)^2 + \mathrm{b}(\mathrm{d}Y)^2 + \mathrm{c}(\mathrm{d}X)(\mathrm{d}Y)$$

wobei a, b, und c Zahlen sind, die im Koordinatennetz von Ort zu Ort variieren. Wir haben die Schreibweise geändert und $\mathrm{d}z$ statt Δz geschrieben. Die beiden Größen haben dieselbe Bedeutung, nämlich die Differenz zwischen zwei Koordinaten, doch wir werden die d's für den besonderen Fall reservieren, dass solche Abstände klein sind. Diese Formel ist für jedes Koordinatennetz gültig und eine vergleichbare Formel lässt sich für mehr als zwei Dimensionen niederschreiben. Für jede gekrümmte Fläche ist die Regel zur Berechnung von Entfernungen durch eine Reihe von Zahlen wie a, b und c festgelegt. Die Gesamtheit dieser Zahlen (wie a, b und c) wird als die „Metrik" der Oberfläche bezeichnet. Sobald wir die Metrik für ein gewähltes Koordinatennetz kennen, können wir Entfernungen berechnen. In der Allgemeinen Relativität besteht ein Großteil der Arbeit in der Herleitung der Metrik für eine spezielle Situation. Das tat Schwarzschild für die Raumzeit um einen (nicht rotierenden) Stern.

DIE SCHWARZSCHILD-LÖSUNG

Kehren wir nun zur Raumzeit und zur Allgemeinen Relativität zurück. Schwarzschilds Lösung liefert uns die Metrik in der Nähe jeder kugelsymmetrischen Materieverteilung, z. B. eines Sterns oder eines Schwarzen Lochs. Unter Verwendung des Raumzeitkoordinatennetzes, das Schwarzschild nutzte (gleich mehr dazu), ist das zugehörige Intervall (die Entfernung) zwischen zwei nahegelegenen Ereignissen außerhalb des Sterns beziehungsweise Schwarzen Lochs gegeben durch:

$$\mathrm{d}\tau^2 = \left(1 - \frac{R_S}{R}\right) \mathrm{d}t^2 - \frac{1}{\left(1 - \frac{R_S}{R}\right)} \mathrm{d}R^2 - \mathrm{d}\Omega^2$$

Gemäß Kapitel 1 ergibt sich der Schwarzschild-Radius durch die Formel:

$$R_S = \frac{2GM}{c^2}$$

wobei G die newtonsche Gravitationskonstante, M die Masse des Sterns und c die Lichtgeschwindigkeit ist. So ziemlich alles, was wir über nicht rotierende Schwarze Löcher in der Allgemeinen Relativität wissen wollen, steckt in dieser einzigen Zeile Mathematik. Wir sehen, dass Schwarzschild ein Koordinatennetz wählte, das eine Zeitkoordinate t und eine Entfernungskoordinate R hat. Ignorieren Sie den Term $\mathrm{d}\Omega^2$ zunächst, er wird nicht weiter wichtig sein. Warum, werden wir gleich erklären.

Da die Raumzeit gekrümmt ist, ist es unmöglich, ein einziges Koordinatennetz zu finden, in dem überall die flache (Minkowski-) Formel für das Intervall gilt. Das ist der Grund für die Faktoren vor $\mathrm{d}t^2$ und $\mathrm{d}R^2$. Begrifflich unterscheiden sich diese Faktoren nicht von jenen, die wir oben im einfacheren zweidimensionalen Fall eingeführt haben: In ihnen steckt die Information über die Krümmung. Die

Formel sagt uns, dass die Raumzeitkrümmung an einem bestimmten Ort davon abhängt, wie nahe dieser Ort dem Stern und wie massereich der Stern ist. Das von Schwarzschild gewählte t-R-Koordinatennetz muss nicht unmittelbar mit etwas übereinstimmen, das sich mit Uhren und Linealen messen lässt. Allerdings haben die R- und t-Koordinaten eine physikalische Bedeutung, dank der wir ein intuitives Bild von Schwarzschilds Raumzeit entwickeln können.

In Abbildung 4.4 haben wir etwas gezeichnet, das wir als „Raumdiagramm“ von Schwarzschilds Raumzeit bezeichnen könnten. Der Stern befindet sich im sogenannten „Zentrum der Anziehungskraft“. Wir haben zwei Schalen gezeichnet, die den Stern umgeben. Jede Schale befindet sich bei einer festen Schwarzschild-Koordinate R, gemessen vom Zentrum der Anziehungskraft bei $R = 0$. Die R-Koordinate wird durch die Oberfläche dieser Schalen definiert. Im flachen Raum ist die Oberfläche einer Kugel $A = 4\pi R^2$, mit R als der Entfernung zum Mittelpunkt der Kugel, gemessen mit einem Maßstab (z. B. einem Lineal). Im gekrümmten Raum um einen Stern (oder ein Schwarzes Loch) gilt das nicht länger. (Für ein Schwarzes Loch ist es sogar unmöglich einen Maßstab anzulegen, der beim Zentrum der Anziehungskraft beginnt – der Singularität). Wir können jedoch immer die Flächen der runden Schalen im Diagramm ausmessen, wobei R der Radius einer Schale wäre, wenn die Raumzeit flach ist. So wählte Schwarzschild diese Koordinaten.

Egal wie die Raumzeit gekrümmt ist: Die Krümmung muss an jedem Punkt auf diesen Kugelschalen die gleiche sein, denn Schwarzschild ging bei der Herleitung seiner Gleichung von einer perfekten Kugelsymmetrie aus. Stellen Sie sich eine perfekte Kugel vor: Jeder Punkt auf der Oberfläche ist genauso beschaffen wie jeder andere Punkt dort. Der Term $d\Omega^2$ in der Gleichung bezieht sich auf den Abstand zwischen Ereignissen auf einer bestimmten Schale: Er entspricht genau dem Term aus der Metrik, die zur Berechnung von

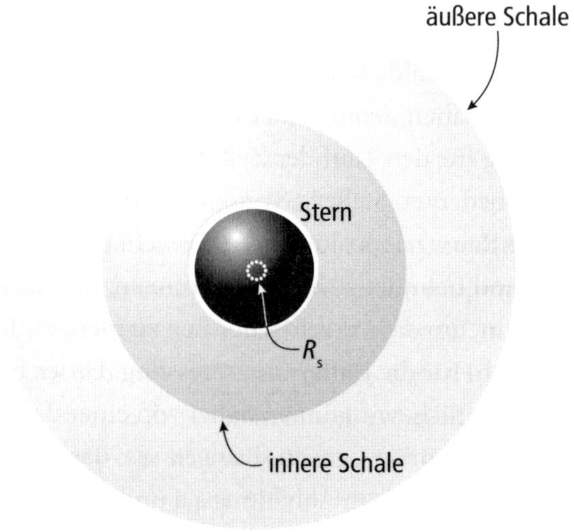

Abbildung 4.4. Schwarzschilds „Raumdiagramm". Der Stern befindet sich im Mittelpunkt. Zwei imaginäre kugelförmige Schalen umgeben ihn.

Entfernungen auf der Oberfläche der (kugelförmigen) Erde verwendet wird. Etwas ausführlicher haben wir dies in Kasten 4.1 diskutiert. Wir brauchen diesen Term, wenn wir die Umlaufbahnen um einen Stern beziehungsweise um ein Schwarzes Loch exakt berechnen wollen. Aber im Folgenden werden wir immer nur Objekte betrachten, die sich nähern oder entfernen. Dies vereinfacht die Angelegenheit und erfasst dennoch den physikalischen Kern der Sache.

Schwarzschilds Zeitkoordinate hat ebenfalls eine einfache Definition: t entspricht der Zeit, die mit einer Uhr weit weg vom Zentrum der Anziehungskraft gemessen wird, wo die Raumzeit flach ist. Während wir uns auf den Stern zu bewegen, krümmt sich die Raumzeit immer stärker, weshalb wir die Faktoren vor dR^2 und dt^2 brauchen. Diese Faktoren werden umso wichtiger, je näher wir dem Zentrum kommen, und sind bei großem Abstand ungefähr 1. Das ist insbesondere deswegen sinnvoll, weil das Intervall somit in weiter Entfernung zum Stern das gleiche ist wie im flachen Raum.

Dass Schwarzschilds Koordinaten weit weg vom Stern eine einfache Bedeutung haben, ermöglicht es uns zu verstehen, was die Raumzeitkrümmung für den Lauf der Zeit und die Messung von Längen weiter innen bedeutet. Stellen wir uns ein kleines Labor vor, das wir überall in der Raumzeit positionieren können. Unser Labor hat keine Triebwerke und befindet sich daher im freien Fall. Innen im Labor gibt es eine Uhr, um das Vergehen der Zeit zu messen, und ein Lineal (einen Maßstab) für die Entfernungsmessung. Unser Labor ist klein, räumlich wie zeitlich, wir können daher von einer flachen Raumzeit im Innern des Labors ausgehen. Bringen wir das Labor nun in die Nähe der äußeren Schale in Abbildung 4.4 und schauen der Uhr beim Ticken zu. Falls die Zeitspanne zwischen den einzelnen Ticks so kurz ist, dass unser Labor währenddessen bei ungefähr derselben R-Koordinate bleibt, dann folgt aus Schwarzschilds Gleichung für das Raumzeitintervall während dieser Zeitspanne:

$$d\tau^2 \approx \left(1 - \frac{R_S}{R}\right) dt^2$$

Wir haben das „Ungefähr"-Zeichen verwendet, um zu betonen, dass wir hier eine Näherung machen. In diesem Fall ist $dR \approx 0$ zwischen den Ticks, sodass wir den Term dR in Schwarzschilds Gleichung ignorieren können.

Diese Gleichung ist der Ursprung unserer Behauptung aus Kapitel 1, dass die Zeit für einen Astronauten langsamer vergeht, wenn er sich nahe bei einem Stern oder Schwarzen Loch befindet. dt^2 ist das Zeitintervall (zum Quadrat), das wir zwischen den Ticks unserer Laboruhr mit einer Uhr messen würden, die weit entfernt vom Stern ruht, wo die Raumzeit nicht gekrümmt ist. Der Faktor $(1 - R_S/R)$ berücksichtigt den Umstand, dass dies nicht unserer Zeit im Labor entspricht, die mit der Laboruhr gemessen wurde. Die Krümmung hat die Zeit verzerrt, weshalb wir für einen Tick der Laboruhr weitere Ticks der fernen Uhr brauchen. Die Zeit läuft am Ort des Labors langsamer als an einem Punkt weit draußen. Auf der inneren Schale in Abbildung 4.4 ist R noch kleiner. Wenn wir unser Labor dorthin setzen, wird die Zahl vor dt^2 noch kleiner, und daher gehen Uhren auf der inneren Schale noch langsamer.

Was ist nun mit der Raumkrümmung? Stellen Sie sich vor, dass Sie auf der äußeren Schale im Labor sitzen und die Entfernung zu einer nahen inneren Schale mit einem Lineal messen. Befindet sich die innere Schale in direkter Nähe, so ist der mit dem Lineal gemessene Abstand zwischen den beiden Schalen gegeben durch den zweiten Term in der Schwarzschild-Gleichung:

$$d\tau^2 \approx -\frac{dR^2}{\left(1-\frac{R_S}{R}\right)}$$

Dabei wäre dR der Abstand zwischen den Schalen, wenn der Raum flach wäre. Da der Faktor $(1 - R_S/R)$ nun im Nenner steht, ist der Abstand zwischen den nahen Schalen – gemessen von einem Beobachter auf einer der Schalen – größer, als er es in einem flachen Raum wäre. Folglich wird der Raum gedehnt und die Zeit verlangsamt, während wir uns dem Stern nähern.

Um ein Gefühl für das Ausmaß dieser Effekte zu bekommen, können wir Zahlen für den Fall der Sonne einsetzen. Der Schwarzschild-Radius der Sonne beträgt ungefähr drei Kilometer und ihr Radius ungefähr 700 000 Kilometer. Das ergibt einen Krümmungsfaktor von 1,000 002 an der Sonnenoberfläche. Dementsprechend wäre der gemessene Abstand zweier Schalen von Sonnengröße, deren Radien sich im flachen Raum um einen Kilometer unterscheiden, um zwei Millimeter länger als ein Kilometer. Ebenso würde eine Uhr auf der Sonnenoberfläche für einen Beobachter, der sich weit weg von der Sonne befindet, um zwei Mikrosekunden pro Sekunde langsamer gehen, was etwa einer Minute pro Jahr entspricht.

SCHWARZSCHILDS SCHWARZES LOCH: EINFACH DEN STERN ENTFERNEN

Schwarzschilds Lösung diente ursprünglich dazu, den Bereich außerhalb eines Sterns oder Planeten zu untersuchen (der Bereich innerhalb des Sterns ist mit Materie gefüllt und Schwarzschilds Lösung ist dort ungültig). Bemerkenswerterweise kann dieselbe Lösung auch verwendet werden, um ein Schwarzes Loch zu beschreiben. Wir brauchen nur den Stern zu ignorieren. Schwarzschilds Lösung beschreibt dann ein unendliches, ewiges Universum, in dem die Raumzeit immer stärker gekrümmt wird, je weiter wir uns der Singularität bei $R = 0$ nähern: ein perfektes, ewiges Schwarzes Loch.

In Abbildung 4.5 haben wir Schwarzschilds Raum ohne Stern dargestellt. Die beiden gedachten Schalen, die wir zuvor betrachtet haben, sind noch immer da, doch der Stern ist verschwunden, sodass nur die leere Schwarzschild-Raumzeit übrigbleibt. Beim Schwarzschild-Radius haben wir auch eine Schale eingezeichnet, die zuvor im Innern des Sterns lag. Schauen wir nun zurück auf unsere Gleichung, passiert auf der Schale beim Schwarzschild-Radius etwas sehr Merkwürdiges: der Faktor $(1 - R_S/R)$ ist gleich null. Und was noch dramatischer ist: Sobald wir nach innen fortschreiten, wird dieser Faktor negativ. Was bedeutet das? Aus der Perspektive einer Person, die im freien Fall die Schale quert, besagt das Äquivalenzprinzip, dass beim Schwarzschild-Radius nichts Ungewöhnliches passiert. Und doch ist diese Schale aus einer entfernten Perspektive ein Ort, an dem Uhren stehen bleiben und der Raum eine unendliche Ausdehnung annimmt.

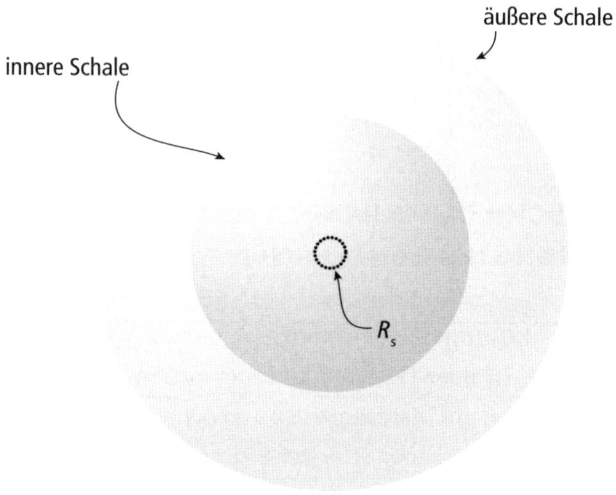

Abbildung 4.5. Schwarzschilds „Raumdiagramm", der Stern wurde entfernt. Nirgends gibt es Materie.

Um zu verstehen, was hier passiert, hilft es, ein paar Bilder zu zeichnen. Bevor wir uns auf Penrose-Diagramme stürzen, können wir etwas aus Raumzeitdiagrammen lernen. Wie bei den Diagrammen der flachen Raumzeit, denen wir bereits begegnet sind, gibt es viele Möglichkeiten, diese Diagramme zu konstruieren (je nach Wahl des Koordinatennetzes). Wir werden Schwarzschilds Koordinatennetz verwenden, da wir gerade gesehen haben, dass am Schwarzschild-Radius etwas Interessantes passiert. Abbildung 4.6 stellt die Lichtkegel an jedem Punkt der Schwarzschild-Raumzeit dar. Dies sollten wir mit dem entsprechenden Diagramm der flachen Raumzeit vergleichen. Falls die Raumzeit flach ist, sind die Lichtkegel alle senkrecht nach oben ausgerichtet. In der Schwarzschild-Raumzeit ist dies nicht so: Weit weg vom Schwarzschild-Radius sehen die Lichtkegel wie jene der flachen Raumzeit aus, doch wenn wir uns dem Schwarzschild-Radius nähern, werden die Kegel immer schmaler. Am Schwarz-

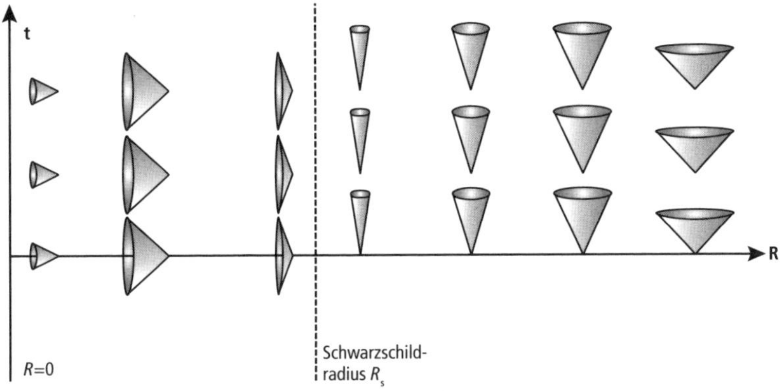

Abbildung 4.6. Die Schwarzschild-Raumzeit. Die *t*- und *R*-Koordinaten sind die von Schwarzschild verwendeten. Beachten Sie, dass die Lichtkegel bei Werten von *R* kleiner als der Schwarzschild-Radius umkippen.

schild-Radius sind die Lichtkegel unendlich schmal, was bedeutet, dass sich ein ausgehender Lichtstrahl nur in die Zeitrichtung bewegen kann und niemals dem Schwarzen Loch entkommt.[1] Nun können wir verstehen, dass der Schwarzschild-Radius auch der Ereignishorizont ist: Ein Lichtstrahl, der am Schwarzschild-Radius nach draußen ausgestrahlt wird, steht still.

Innerhalb des Horizonts haben sich die Lichtkegel umgedreht. Dies liegt daran, dass der Faktor $(1 - R_S/R)$ negativ geworden ist: Der Faktor vor dt^2 bekommt demzufolge ein Minuszeichen und dR^2 ein Pluszeichen. Es ist, als ob Raum und Zeit die Rollen getauscht hätten;

1 Man könnte meinen, dass die einfallenden Strahlen auch für immer am Horizont festsitzen. Das stimmt aus der Perspektive einer Person, die weit vom Loch entfernt ist (für die also die eigene Uhrzeit der Schwarzschild-Zeit entspricht). Trotzdem können Objekte aus deren eigener Perspektive ins Schwarze Loch hineinfallen. Mehr dazu in Kapitel 5.

was aber tatsächlich die Rollen getauscht hat, ist unsere Interpretation der Schwarzschild-Koordinaten *t* und *R*. Da sich die Lichtkegel um die Schwarzschild-Richtung *R* öffnen, ist dies die Richtung der „Zeit" für alles innerhalb des Horizonts, und die Schwarzschild-Richtung *t* ist nun „Raum". Da die Schwarzschild-Koordinaten Messungen entsprechen, die mit Uhren und Linealen für eine Person in großer Entfernung zum Schwarzen Loch gemacht wurden, bedeutet dies: Was für jemanden innerhalb des Schwarzen Loches Zeit ist, ist für jemanden in großer Entfernung Raum, und umgekehrt. Wie gesagt: Die von uns verwendeten Koordinaten müssen keiner Vorstellung von Raum und Zeit entsprechen. Oder um noch einmal Einstein zu zitieren, müssen sie „keine unmittelbare metrische Bedeutung haben". Weit weg von einem Schwarzen Loch lassen sich die Schwarzschild-Koordinaten *R* und *t* zufälligerweise sehr schön deuten, doch innerhalb des Horizonts vertauschen sie ihre Rollen. Die verblüffende Folge ist, dass sich ein Objekt innerhalb des Horizonts unvermeidlich auf das Zentrum der Anziehungskraft bei $R = 0$ zubewegt, so wie Sie sich unaufhaltsam auf den morgigen Tag zubewegen.

Bislang haben wir noch nicht viel über das Zentrum der Anziehung gesagt. Im Innern eines Schwarzen Lochs ist das die Singularität, der „Ort", an dem Einsteins Theorie und Schwarzschilds Lösung versagen. Die Anführungszeichen sind angemessen, weil die Singularität vielmehr ein Augenblick in der Zeit ist: Das Ende der Zeit, das für alle in der Zukunft liegt, die es wagen, den Horizont zu überqueren. Abbildung 4.6 veranschaulicht sehr schön, dass die Singularität in der Zukunft von allem liegt, was sich innerhalb des Horizonts befindet, denn alle Lichtkegel sind auf sie gerichtet. Aus Abbildung 4.6 ist auch ersichtlich, dass die Singularität kein Punkt im Raum ist, was man vielleicht meinen könnte, wenn man sich Abbildung 4.5 anschaut. Die Umkehr der Rollen von Zeit und Raum bedeutet, dass die Singularität eine unendliche Fläche zu einem bestimmten Zeitpunkt darstellt. Lassen Sie uns diese bemerkenswerte Behauptung genauer untersuchen, indem wir ein Penrose-Diagramm für Schwarzschilds Schwarzes Loch zeichnen.

DAS PENROSE-DIAGRAMM FÜR SCHWARZSCHILDS EWIGES SCHWARZES LOCH

Das Penrose-Diagramm für Schwarzschilds ewiges Schwarzes Loch ist in Abbildung 4.7 dargestellt. Es besteht aus zwei Bereichen: Die Rautenform rechts entspricht dem Universum außerhalb des Schwarzen Lochs. Das Dreieck oben entspricht dem Innern des Schwarzen Lochs und die Trennlinie zwischen den beiden ist der Ereignishorizont. Es handelt sich um eine 45-Grad-Linie, weil der Horizont lichtartig ist; Licht kann also auf ihm „hängenbleiben". Die Singularität ist die waagrechte Linie am oberen Rand des Dreiecks. Sie ist waagrecht, weil sie der unvermeidlichen Zukunft von allem entspricht, was in den Horizont hineinfällt. Erinnern Sie sich zum besseren Verständnis daran, dass Lichtkegel in einem Penrose-Diagramm immer senkrecht nach oben gerichtet sind und Weltlinien immer in die Zukunftslichtkegel eintreten.

Wir haben ein Koordinatennetz ins Diagramm eingezeichnet, so wie wir es bei der flachen Raumzeit getan hatten. Dieses Koordinatennetz ist Schwarzschilds Koordinatennetz. Ungefähr waagrechte Linien im Bereich der Raute sind Linien einer festen Größe t und die ungefähr senkrechten Linien sind Linien einer festen Größe R. Der Ereignishorizont liegt bei $R = 1$.[2] Im Innern des Schwarzen Lochs

2 Weil wir festgelegt haben, R in Einheiten des Schwarzschild-Radius anzugeben. Mit dieser Wahl wird ein Objekt, das so beschleunigt wird, dass es sich zum Schwarzen Loch in einem festen Abstand vom doppelten Schwarzschild-Radius befindet, durch eine Weltlinie dargestellt, die entlang der Gitterlinie $R = 2$ verläuft.

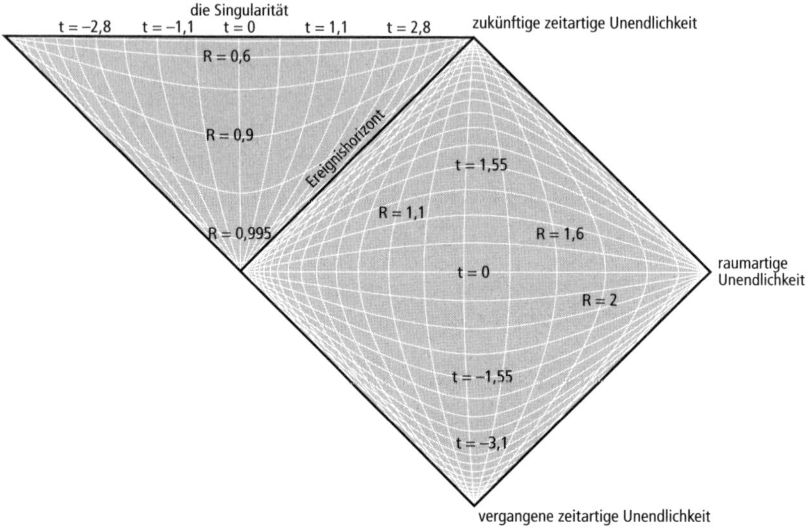

Abbildung 4.7. Das Penrose-Diagramm von Schwarzschilds ewigem Schwarzen Loch. Das Koordinatennetz entspricht Linien fester Schwarzschild-Koordinaten (jede Ähnlichkeit zum Koordinatennetz des Penrose-Diagramms im vergangenen Kapitel ist zufällig).

können wir die Rollenumkehr von Raum und Zeit erkennen, weil die Linien für konstante Schwarzschild-t nun senkrecht und die Linien für konstante Schwarzschild-R horizontal verlaufen. Anders als in Abbildung 4.6 ist das Penrose-Diagramm so angelegt, dass die Zukunftslichtkegel immer senkrecht nach oben weisen, demnach verläuft die Zeit an jedem Punkt immer nach oben und der Raum befindet sich für jeden Punkt in der Waagrechten.

Eine hübsche Eigenschaft dieses Diagramms ist, dass wir damit ein Schwarzes Loch beliebiger Masse beschreiben können. Das supermassereiche Schwarze Loch in M 87 zum Beispiel hat einen Schwarzschild-Radius von etwa 19 Milliarden Kilometern, entsprechend sechs Milliarden Sonnenmassen. Ein Objekt bei $R = 2$ schwebt dann 19

Milliarden Kilometer über dem Ereignishorizont. Wenn wir stattdessen ein Schwarzes Loch mit der Masse unserer Sonne beschreiben wollen, würde ein Objekt bei $R = 2$ bloß drei Kilometer über dem Ereignishorizont schweben. Das funktioniert genauso für die Schwarzschild-Zeit, wobei die Einheit von t bei M 87 etwa 18 Stunden entspricht beziehungsweise – wenn wir diesen Wert durch sechs Milliarden teilen – zehn Mikrosekunden für ein Schwarzes Loch mit einer Sonnenmasse.

Um ein besseres Gefühl für die Schwarzschild-Raumzeit zu bekommen, können wir die Ränder des Penrose-Diagramms klassifizieren, so wie wir das bei der flachen Raumzeit taten. Die beiden rechten 45-Grad-Ränder der Raute entsprechen der vergangenen und zukünftigen lichtartigen Unendlichkeit. Nur was sich mit Lichtgeschwindigkeit bewegt, kann von diesem Ort kommen oder diesen erreichen. Der rechte Eckpunkt der Raute, bei dem sich die beiden Linien treffen, entspricht der raumartigen Unendlichkeit. Die unteren und oberen Eckpunkte der Raute sind die vergangene und die zukünftige zeitartige Unendlichkeit. Alles ähnelt sehr dem Penrose-Diagramm der flachen Raumzeit. Das neue Element ist die waagrechte Linie oben im Diagramm, die mit „die Singularität" bezeichnet ist. Wir können eine Menge Einblicke gewinnen, wenn wir die Dienste von zwei weiteren unerschrockenen Astronauten in Anspruch nehmen, die das Schwarze Loch im Zentrum von M 87 erforschen. Deren Weltlinien sind in Abbildung 4.8 dargestellt. In der Abbildung ist zu sehen, dass beide Astronauten ihre Forschungsreise bei $R = 1{,}1$ beginnen; es ist, als hätten wir die beiden sanft in die Raumzeit eingepflanzt. Blau ist ein sehr entspannter Astronaut – er hat sich entschieden, überhaupt nichts zu tun. Er verfügt über Raketentriebwerke, schaltet sie aber nicht ein und stürzt im freien Fall durch den Horizont ins Schwarze Loch hinein. Rot ist vernünftiger. Sie bedient sofort den Schalter ihres Raketentriebwerks und beschleunigt weg vom Schwarzen Loch. Ihre

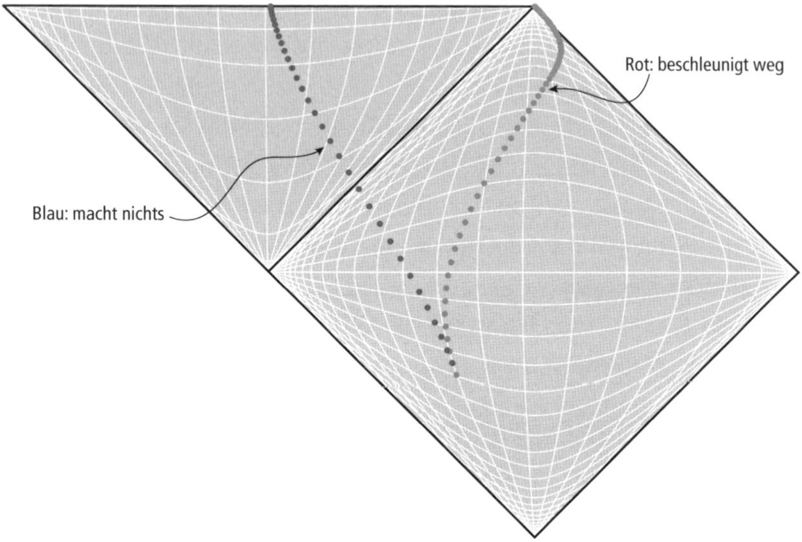

Abbildung 4.8. Die Reisen von Blau und Rot in der Nähe eines Schwarzschild-Lochs. Die Punkte liegen auf ihren Weltlinien und liegen eine Stunde auseinander, wie hier für den Fall des Schwarzen Lochs im Zentrum von M 87. Auch auf Tafel 5.

Beschleunigung reicht aus, um der Anziehung des Schwarzen Lochs zu entkommen. Später schaltet sie ihr Triebwerk wieder aus und treibt fröhlich in eine zukünftige zeitartige Unendlichkeit.

Genauso wie in Kapitel 3 haben wir die Reisen der Astronauten mit Punkten markiert, und die Abstände zwischen den Punkten entsprechen einer Stunde, gemessen mit ihren eigenen Uhren. Entlang von Rots Weltlinie existiert eine unendliche Anzahl von Punkten, weil sie unsterblich ist und bis in die unendliche Zukunft lebt. Doch für Blau liegen die Dinge anders: Ohne Beschleunigung fühlt er sich zunächst so, als ob er schwebe. In Übereinstimmung mit dem Äquivalenzprinzip könnte er im Innern seines Raumschiffs kein Experiment durchführen, um seine Nähe zu einem Schwarzen Loch zu erkennen. Doch

Blaus Zukunft hält einen Schock für ihn bereit. Nach dem Überqueren des Horizonts befinden sich nur 20 Punkte auf seiner Weltlinie. Zu irgendeinem Zeitpunkt während der zwanzigsten Stunde passiert etwas Schlimmes: Die Weltlinie des entspannten Unsterblichen gelangt an ihr Ende. Er erreicht die Singularität. Wie Sie am Penrose-Diagramm erkennen können, ist die Singularität unvermeidlich.

In der flachen Raumzeit leben alle Unsterblichen unendlich, egal wie sie sich bewegen. In der Schwarzschild-Raumzeit endet jede Weltlinie, die in das obere Dreieck gelangt, zwingend an der Singularität. Niemand ist unsterblich, wenn er erst einmal den Horizont des Schwarzen Lochs überschritten hat. Das Innere eines Schwarzen Lochs ist ein faszinierender Ort, ein danteskes Wunderland, in dem alle Hoffnung aufgegeben zu sein scheint, während Raum und Zeit die Rollen tauschen und das Ende der Zeit bevorsteht. Doch dazu gibt es sehr viel mehr zu sagen. Lassen Sie uns daher den Horizont überqueren und diesen Ort erkunden.

KASTEN 4.1. DIE OBERFLÄCHE DER ERDE

Eine gute Möglichkeit, den Unterschied zwischen Koordinaten- und Linealabständen auf einer gekrümmten Fläche zu verstehen, bietet die Erdoberfläche. Die Koordinaten, die wir häufig wählen, um Punkte auf der Erdoberfläche zu bezeichnen, sind geografische Breite und Länge, beide hängen nicht auf einfache Weise mit den Längenmessungen von Linealen zusammen. Die geografische Breite von London ist ungefähr 51 Grad Nord. Calgary in Kanada liegt ebenfalls etwa auf 51 Grad Nord, die geografische Länge dieser Stadt ist 114 Grad westlich von London. Wenn wir einen Piloten auffordern, zwischen den beiden Städten identischer geografischer Breite zu fliegen, wird die vom Flugzeug zurückgelegte Distanz ungefähr 8000 Kilometer betragen, was einer Reise von 114 Grad in unserem gewählten Koordinatensystem entspricht. Machen wir dieselbe 114-Grad-Reise von Longyearbyen, dem nördlichsten Ort der Erde, innerhalb des nördlichen Polarkreises auf 78 Grad Nord gelegen, so würden wir nur ungefähr 2600 Kilometer zurücklegen. Daher brauchen wir eine Metrik, die Koordinatendifferenzen in Distanzen zwischen Orten auf der Erdoberfläche umwandelt.

Stellen Sie sich die Metrik als eine kleine Maschine vor, die Koordinatendifferenzen zwischen zwei Punkten schluckt und reale Maßstabsdistanzen zwischen diesen Punkten auf der gekrümmten Oberfläche ausspuckt. Die Metrik kodiert zwei Dinge: Sie weiß, wie sie mit unserer – völlig beliebigen – Koordinatenwahl umgehen muss, und sie verschlüsselt die Geometrie der Oberfläche, in diesem Fall einer Kugel, die etwas Reales ist. Auf diese Weise wird die Krümmung und Verzerrung einer Fläche mathematisch behandelt.

5 HINEIN INS SCHWARZE LOCH

Im Film *Interstellar* begibt sich Matthew McConaughey in ein Schwarzes Loch namens Gargantua und taucht im Innern einer mehrdimensionalen Rekonstruktion der Bücherregale seiner Tochter auf. So etwas passiert in der Natur nicht.[1] Was aber ist das Schicksal eines Astronauten, der sich zu einer Reise hinter den Horizont ins Innere eines Schwarzen Lochs entschließt? Wir sind nun in der Lage, diese Frage für nicht rotierende Schwarze Löcher zu beantworten – gemäß der Allgemeinen Relativitätstheorie. In Kapitel 7 werden wir noch die Rotation hinzufügen und das Innere von sogenannten Kerr-Löchern erkunden. Dies wird uns in die Lage versetzen, noch fantastischere Reisen ins Wunderland der Wurmlöcher und anderer Universen anzutreten. Aber eins nach dem anderen.

Für unsere Zwecke werden wir drei weitere Astronauten anwerben, die Rot und Blau aus dem vorigen Kapitel bei deren Erkundung des supermassereichen Schwarzen Lochs in M 87 begleiten. Ihre Reisen

1 Unser Doktorand Ross Jenkinson hat das anders verstanden: „Meine Interpretation war, dass die 5D-Wesen ihn in einer 5D-Kiste abholten und vor dem Schwarzen Loch retteten, indem sie ihn durch eine unsichtbare Dimension transportierten, die sie so darstellten, dass er in der Lage war, durch die Zeit zu reisen, als ob sie eine Raumdimension wäre. Vergleichbar damit, dass man einen Flachländer in irgendeine Tupperbox steckt, wenn er durch ein Schwarzes Loch in drei Dimensionen fällt." Auch das passiert in der Natur nicht.

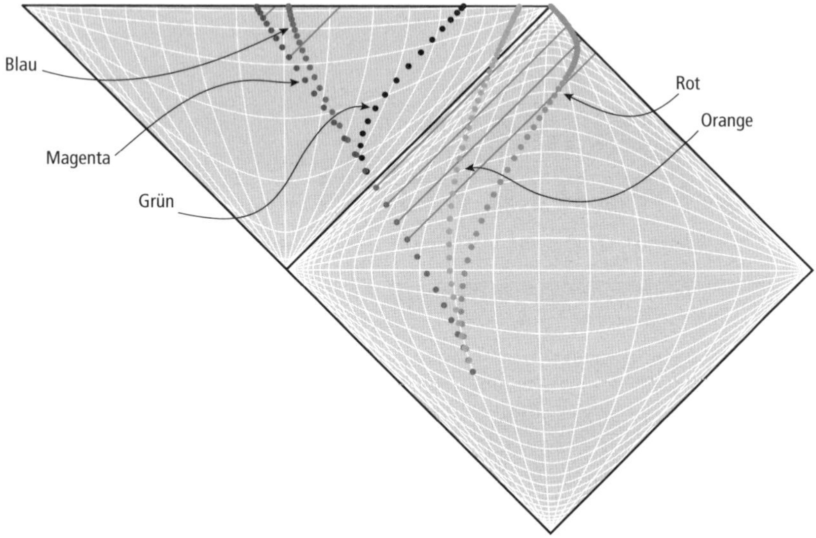

Abbildung 5.1. Das Penrose-Diagramm eines ewigen Schwarzschild-Lochs. Fünf Astronauten starten aus der Ruhe bei $R = 1{,}1$. Vier von ihnen steuern aufs Schwarze Loch zu. Blau befindet sich im freien Fall. Grün ist wie Blau im freien Fall, sie zündet aber ihre Triebwerke nach dem Überqueren des Horizonts und versucht, von der Singularität weg zu beschleunigen. Magenta bewegt sich ebenfalls gemeinsam mit Blau und Grün, bis sie den Horizont erreicht, ab dem sie Richtung Singularität beschleunigt. Rot beschleunigt zu Beginn ihrer Reise weg vom Schwarzen Loch, und es gelingt ihr, in die Unendlichkeit zu entkommen. Orange beschleunigt ebenfalls weg vom Schwarzen Loch, jedoch nicht stark genug, um zu entkommen. Auch auf Tafel 6.

durch die Raumzeit sind in Abbildung 5.1 dargestellt. Wir haben ihre Positionen im Verlauf der Zeit mit farbigen Punkten markiert.

Blau sind wir im vorigen Kapitel gefolgt. Er startete aus der Ruhe bei $R = 1{,}1$ im freien Fall ins Schwarze Loch und endete in der Singularität. Seine Weltlinie ist gemäß seiner Uhr im Abstand von einer Stunde markiert und am Ereignishorizont geschieht aus seiner Perspektive nichts Ungewöhnliches – er gleitet über ihn, ohne etwas zu bemerken. Es befinden sich 20 Punkte entlang seiner Weltlinie im

Innern des Horizonts, was fast einem Tag im Innern des Schwarzen Lochs vor dem Ende der Zeit entspricht.[2]

Grüns Reise beginnt genauso wie die von Blau im freien Fall zum Horizont, doch beim Überqueren des Horizonts gerät sie in Panik, schreit „Burma“[3] und schaltet, in einem vergeblichen Versuch zu entkommen, ihr Raketentriebwerk an. Es liegen nur 16 Punkte entlang ihrer Weltlinie, nachdem sie den Horizont überquert hat – der Beschleunigungsvorgang hat also dazu geführt, dass das Ende der Zeit schneller kam.[4]

Magenta scheint eine auf den ersten Blick fatalistischere Perspektive zu wählen. Sie entscheidet sich zusammen mit Grün und Blau für den freien Fall bis zum Horizont und beschleunigt dann sanft bis zum Ende der Zeit mit 480g (was eine fünfmal geringere Beschleunigung als bei Grün ist). Sie drückt die Play-Taste bei Joy Divisions „Unknown Pleasures“ und legt den Triebwerksschalter um. Vielleicht irritiert sie das, aber dadurch verlängert sich ihr Aufenthalt innerhalb des Horizonts und sie lebt länger als Grün – ihre Weltlinie besteht aus 17 Punkten. Die Raumzeitgeometrie im Innern eines Schwarzen Lochs widerspricht zweifellos dem gesunden Menschenverstand.

Die maximale Zeit, die man innerhalb des Horizonts eines Schwarzen Lochs zubringen kann, erreicht jemand, der aus der Ruhe am

2 Wenn das Schwarze Loch eine Sonnenmasse hat, bleiben Blau nach dem Überqueren des Horizonts nur 14 Mikrosekunden, bevor er die Singularität erreicht. Falls Sie also das Innere eines Schwarzen Loches erkunden wollen, sollten Sie ein massereiches wählen, sonst ist das Abenteuer rasch vorbei.

3 Dies ist ein verworrener Monty-Python-Bezug. Jedes populärwissenschaftliche Buch sollte einen enthalten.

4 Die hier für Grün abgebildete Beschleunigung beträgt knochenbrechende 2400g. Wäre es ein Schwarzes Loch von einer Sonnenmasse, wäre Grün 15 Billionen g ausgesetzt, was noch unangenehmer wäre. Gut also, dass unsere Astronauten unsterblich sind. Um 1 g zu erfahren, müsste Grün in ein Schwarzes Loch mit der 2400-fachen Masse von M 87* stürzen. Das massereichste Schwarze Loch, das zum Zeitpunkt des Schreibens bekannt war, hat die zehnfache Masse von M 87*.

Horizont startet und absolut nichts unternimmt, außer frei zur Singularität zu fallen. Apathie zahlt sich aus. Dies entspricht etwas mehr als einem Tag (28 Stunden) innerhalb des Horizonts des supermassereichen Schwarzen Lochs in M 87.

Beim Queren des Horizonts beschleunigen Grün und Magenta weg vom apathischen Blau, der sich womöglich zu Miles Davis entspannt. Grün beschleunigt weg von der Singularität und Magenta auf diese zu. Blau sieht, wie Grün über ihm in Richtung des Horizonts zurückweicht, und Magenta entfernt sich in Richtung der Singularität. Beide werden aus Blaus Perspektive kleiner und kleiner, während sie in entgegengesetzten Richtungen in der Ferne verschwinden. So weit, so normal. Gewiss sieht es so aus, als ob Magenta auf ihr Ende in der Singularität zusteuert, während Grün alles versucht, um nahe am Horizont zu bleiben. Nichts davon scheint anders zu sein, als es in beliebigen anderen Bereichen der Raumzeit wäre.

In Abbildung 5.1 haben wir zwei Lichtstrahlen eingezeichnet, die von Magenta ausgehen. Der erste wird knapp neun Stunden ausgesendet, nachdem sie den Horizont überquert hat, der andere nach knapp 14 Stunden. Diese Zeichnungen sind notwendig um zu untersuchen, was jeder unserer Astronauten tatsächlich sieht. Erinnern wir uns: Die Schönheit der Penrose-Diagramme besteht darin, dass alle Lichtkegel senkrecht nach oben zeigen und sich um 45 Grad öffnen. Beachten Sie, dass der erste Lichtstrahl die Bahn von Blau kreuzt. Blau sieht also, wie Magenta den Lichtstrahl aussendet (er empfängt das Licht an dem Punkt seiner Bahn, wo der Strahl diese kreuzt). Jetzt kommt der Spaß: Schauen Sie sich den zweiten Strahl an, den Magenta aussendet. Zu keinem Zeitpunkt schneidet er Blaus Bahn und daher sieht Blau niemals, wie Magenta ihre Taschenlampe anschaltet, um diesen zweiten Strahl abzugeben. Mit anderen Worten: Blau sieht niemals Magentas letzte Momente, während sie sich immer schneller von ihm entfernt. Das Licht von Magentas vier letzten Punkten hat einfach nicht genügend Zeit, um in Blaus Augen zu gelangen, bevor er das Ende der Zeit erreicht. Er würde sie weit unter sich sehen, während ihn das letzte Licht erreicht, bevor seine Existenz ein Ende findet.

Dreht sich Blau um, sieht er Grün weit über sich, wie diese versucht, weg von der Singularität zu beschleunigen. Wieder wird er das Ende der Zeit erreichen, bevor er sieht, wie Grüns Tage enden. Interessanterweise macht jeder Astronaut die gleiche Erfahrung: Keiner beobachtet jemals einen der anderen beiden beim Erreichen der Singularität. Der Grund ist die waagrechte Eigenart der Singularität im Penrose-Diagramm. Sie ist ein Zeitpunkt und wir können niemals Ereignisse sehen, die simultan mit einem anderen Zeitpunkt stattfinden. Wir sehen die Dinge immer geringfügig in der Vergangenheit, weil das Licht Zeit benötigt, um zu unseren Augen zu gelangen. Demzufolge sieht niemand, der in ein Schwarzes Loch fällt, wie irgendeine andere Person die Singularität erreicht, bevor er sie selbst erreicht – buchstäblich sieht sie also niemand kommen. Wenn Sie sich schwertun, das zu verstehen, stellen Sie sich überall im Diagramm eingezeichnete 45-Grad-Linien vor. Diese verraten Ihnen, was jeder Astronaut sehen kann und was nicht.

Die Singularität kommt allerdings nicht völlig unangekündigt über die ahnungslosen Astronauten, denn während sie sich ihr nähern, werden sie durch Gezeitenkräfte gestreckt: Sie werden spaghettifiziert. Stehen Sie auf der Erde, ist die Anziehung der Gravitation an Ihren Füßen etwas stärker als an Ihrem Kopf, allerdings nicht so stark, als dass Sie bemerken würden, dass Sie gedehnt werden. Die Gravitationsanziehung des Mondes auf die Erde bewirkt einen ähnlichen Dehnungseffekt und erzeugt zweimal am Tag die auffälligeren Gezeiten mit Ebbe und Flut. Mit dem Penrose-Diagramm in Abbildung 5.2 können wir verstehen, wie Gezeitenkräfte entstehen.

Die gepunkteten Linien entsprechen den Weltlinien zweier Kugeln, die in das Loch fallen. Eine Kugel startet bei $R = 2$ und die andere etwas näher bei $R = 1{,}8$. Auch hier entsprechen die Punkte dem regelmäßigen Ticken einer Uhr (stellen Sie sich eine Uhr vor, die auf jede Kugel geklebt ist). Die Punkte sind dicht beisammen, damit wir die Gezeiteneffekte leichter erkennen können (obwohl es damit schwieriger wird, die Punkte zu zählen). Die 45-Grad-Linien gehören zu einem Lichtstrahl, der zwischen den beiden Kugeln hin und her reflektiert wird. Wir können das reflektierte Licht als Maßstab nutzen, um den Abstand zwischen den Kugeln zu messen, so wie Sie zu Hause vielleicht ein Lasermaßband verwenden, wenn Sie gerne Regale aufstellen. Die Ziffern entsprechen der Anzahl von Ticks zwischen aufeinanderfolgenden Reflexionen, gemessen mit der Uhr, die an der unteren Kugel befestigt ist. Diese Zahlen entsprechen der Umlaufreisezeit der Lichtblitze. Das Wichtigste ist, dass die Zeit zwischen den Reflexionen zunimmt, wenn die beiden Kugeln Richtung Horizont fallen. Die Kugeln bewegen sich also auseinander, während sie Richtung Schwarzes Loch fallen.

Stellen Sie sich nun vor, dass Sie mit den Füßen voraus in ein Schwarzes Loch fallen. Kopf und Füße versuchen auseinanderzudriften, doch weil sie über Ihren Körper verbunden sind, fühlen Sie sich stattdessen gedehnt. Beim Schwarzen Loch in M 87 wären die Gezeitenkräfte am Horizont nicht zu spüren, doch im Innern bei etwa $R = 5$ Millionen Kilometern würden Sie sich so langsam unwohl fühlen. Irgendwo bei etwa drei Millionen Kilometern würde sich Ihr Kopf ablösen – Sie wären spaghettifiziert worden. In noch geringerem Abstand zur Singularität würden die Atome, aus denen Sie bestehen, auseinandergerissen werden. Weit dramatischer ist, dass Sie bei einem typischen stellaren Schwarzen Loch schon vor dem Erreichen des Horizonts spaghettifiziert wären.

Kehren wir nun zu Abbildung 5.1 zurück und fragen, wie die Dinge einem Beobachter erscheinen, der außerhalb des Schwarzen Lochs verbleibt. Rot macht sich gemeinsam mit Blau, Grün und

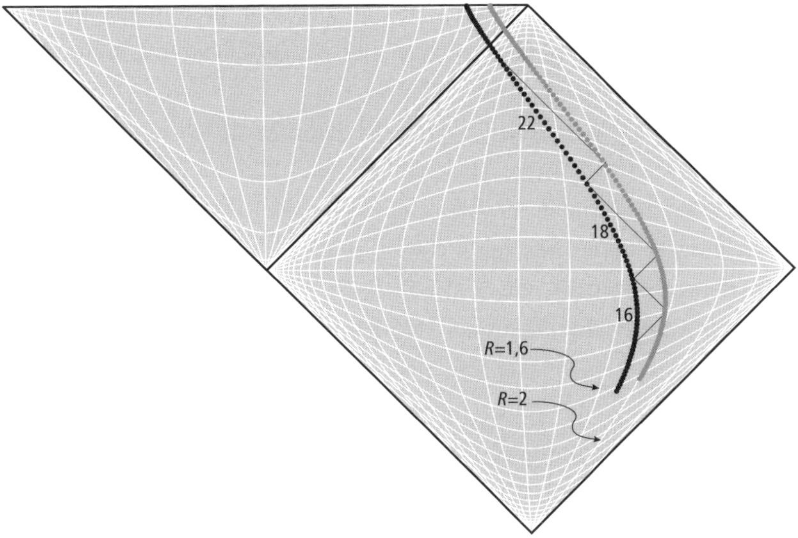

Abbildung 5.2. Spaghettifizierung. Auch auf Tafel 7.

Magenta auf den Weg, entscheidet sich jedoch klugerweise dazu, ihre Triebwerke rechtzeitig anzuschalten und weg vom Schwarzen Loch zu beschleunigen. Rechtzeitig ist ein „relativer" Ausdruck – sie beschleunigt mit 864g bis zum Schwarzschild-t = 1,5, dann beschließt sie „genug ist genug" und schaltet ihr Raketentriebwerk ab. Rots 864g-Beschleunigung sollte wahrscheinlich von Kenny Loggins' „Danger Zone" begleitet werden. Sie erkennen den Zeitpunkt, in dem Rot ihre Triebwerke ausschaltet, da ihre Weltlinie dann eine abrupte Linkskurve beschreibt und Richtung Eckpunkt der Raute verläuft. Rot ist dem Schwarzen Loch entkommen, und da sie unsterblich ist, wird ihre Weltlinie sich zur zukünftigen zeitartigen Unendlichkeit am oberen Eckpunkt des Penrose-Diagramms fortsetzen. Erinnern Sie sich daran, dass niemandem irgendetwas Besonderes passiert, bevor sich die Gezeitenkräfte bemerkbar machen – beziehungsweise es Rot gelingt, diese zu umgehen. Sie spürt die Beschleunigung ihres

Triebwerks im ersten Teil der Reise, aber sobald dieser überstanden ist, schwebt sie glücklich in ihrem Raumschiff herum, während sie Richtung Unendlichkeit davontreibt.

Was sieht Rot, während sie ihre Kolleginnen und Kollegen beobachtet, die ins Schwarze Loch eintauchen? Bevor Blau, Grün und Magenta den Horizont erreichen, haben wir noch ein paar 45-Grad-Linien eingezeichnet. Mit deren Hilfe können wir nun überprüfen, dass Rot die anderen sieht, wie sie sich in Zeitlupe bewegen, und dies umso ausgeprägter, während sie sich dem Horizont nähern. Um den Weg des Lichts auf seinem Weg von Blau zu Rots Augen nachzuvollziehen, folgen Sie den 45-Grad-Linien von Blau zur Weltlinie von Rot. Sehen Sie, dass die beiden Punkte auf Blaus Weltlinie sehr vielen Punkten auf Rots Weltlinie entsprechen? Das bedeutet, dass Rot viele Stunden während jeder einzelnen Stunde von Blau erlebt. Noch dramatischer ist, dass Rot niemanden sieht, der den Horizont überquert, weil Licht, das sehr nahe am Horizont ausgestrahlt wurde, unter einem Winkel von 45 Grad startet und Rot somit erst in der fernen Zukunft erreicht. Das bedeutet, dass sie Licht von den anderen Astronauten auf ewig empfängt. Sie sieht, dass die aufs Schwarze Loch fallenden Objekte sich immer langsamer bewegen, während diese sich dem Horizont annähern, bis sie sich dort schließlich nicht mehr bewegen. Im Prinzip kann Rot alles sehen, was jemals ins Schwarze Loch gefallen ist.

Es gibt eine zweite wichtige Folge des Umstands, dass Rot die ins Schwarze Loch Fallenden in immer stärkerer Zeitlupe wahrnimmt, während sich diese dem Horizont nähern. Wie wir betont haben, beschränkt sich die Verlangsamung der Astronauten und Uhren nicht auf Astronauten und Uhren. Alles verlangsamt sich, von der Alterung der Zellen in den Körpern der Astronauten bis zum Innenleben der Atome. Die Zeit ist verzerrt und das bedeutet, dass jeder physikalische Prozess ebenfalls verzerrt ist. Das betrifft auch das Licht. Licht ist eine Welle und besitzt eine Frequenz, so wie der Schall oder die Wellen auf einer Wasseroberfläche. Wasserwellen sind vielleicht der beste Weg, um sich eine Welle vorzustellen, sollten Sie nicht mit der Begrifflichkeit vertraut seien. Wenn Sie einen Stein in einen ruhenden Teich werfen, gehen Wellen von dem Stein aus. Wenn Sie ruhig im See stehen, spüren Sie eine Abfolge von Bergen und Tälern, während die Welle vorbeiläuft. Der Abstand zwischen zwei Bergen wird als Wellenlänge bezeichnet, und die Zahl der Berge, die pro Sekunde vorbeizieht, wird als Frequenz bezeichnet. Beim sichtbaren Licht nehmen wir die Frequenz als Farbe war. Hochfrequentes sichtbares Licht ist blau und niederfrequentes sichtbares Licht rot. Jenseits des Sichtbaren am niederfrequenten Ende des Spektrums liegen Infrarotlicht, Mikro- und Radiowellen. Jenseits des oberen Endes liegen Ultraviolettlicht, Röntgen- und Gammastrahlen.

Eine weit entfernte Beobachterin wie Rot sieht die ins Schwarze Loch Fallenden über das Licht, das sie abstrahlen, und dessen Frequenz sinkt, während die Zeit sich verlangsamt. Die Bilder der hineinfallenden Astronauten werden deshalb röter, während sie sich dem Horizont nähern, und verblassen schließlich, wenn die Frequenz aus dem sichtbaren Bereich in den Mikrowellen- und Radiobereich rutscht. Dieser Effekt ist als Rotverschiebung bekannt. Rot sieht, wie sich ihre ins Schwarze Loch fallenden Kolleginnen und Kollegen nicht mehr bewegen *und* wie diese verblassen, wenn sie sich dem Horizont nähern.

Wir beenden unsere Betrachtung eines Schwarzschild-Lochs mit dem Kommentar zu einem scheinbaren Paradoxon, das in der Vergangenheit viele Menschen verwirrt hat. Wir haben nun verstanden, dass niemand außerhalb des Schwarzen Lochs jemals irgendjemanden durch den Horizont fallen sieht. Aber wir haben auch gesagt, dass die Astronauten hineinfallen und einander innerhalb des Horizonts sehen können. Wie passt das zusammen? Sollte es nicht eher so sein, dass Astronauten, die in Richtung Horizont fallen, niemals ihre Kolleginnen und Kollegen vor ihnen hindurchfallen sehen? Oder noch schlimmer: Wenn sie mit den Füßen voraus eintauchen, würden ihre Füße nicht scheinbar unter ihnen erstarren? Fielen sie durch ihre eigenen Füße? Die Antwort lautet, dass niemand irgendeine Person sieht, solange er sich nicht selbst im Innern befindet. Und noch skurriler: Keiner sieht die eigenen Füße den Horizont überqueren, solange es die eigenen Augen nicht getan haben. Betrachten wir das Penrose-Diagramm, um herauszufinden, wie das sein kann und warum es in Wahrheit nicht ansatzweise skurril ist.

In Abbildung 5.1 gibt es eine Astronautin, die wir Orange genannt haben und noch nicht kennen. Sie hört sich Monty Python an. Sie startet mit unseren anderen Astronauten und versucht, nicht zu fallen, aber weil sie sich etwas dumm anstellt, beschleunigt sie zu langsam weg vom Schwarzen Loch und überquert schließlich den Horizont. Während sie sich dem Horizont nähert, sieht sie, wie sich Blau, Grün und Magenta dem Horizont in Zeitlupe nähern. Aber weil der Horizont ebenfalls eine 45-Grad-Linie ist, sieht sie niemanden den Horizont überqueren, bis zu dem Moment, in dem ihn ihre Augen überqueren. Dies gilt auch für ihre eigenen Füße. Sie sieht nicht, wie diese den Horizont überqueren, bis zu dem Augenblick, in dem ihn ihre Augen überqueren. Das klingt merkwürdig, als ob sich alles am Horizont auftürmt und als ob Orange durch eine Art geisterhafte Fata Morgana all dessen fällt, was jemals ins Loch gestürzt ist.

Das ist aber nichts Ungewöhnliches. Orange fällt ebenso wenig durch ihre eigenen Füße, wie Sie durch Ihr eigenes Gesicht fallen, wenn Sie auf einen Spiegel zugehen. Betrachten wir diese Aussage etwas näher.

Abbildung 5.3 stellt Orange zu zwei Zeitpunkten auf ihrer Reise über den Horizont dar: den Augenblick, in dem ihre Füße ihn queren, und den Augenblick, in dem ihre Augen ihn queren. Der Blitz symbolisiert Licht, das von ihrem Fuß ausgeht, sobald er den Horizont erreicht. Dieses Licht bleibt am Horizont hängen, während sie fällt.

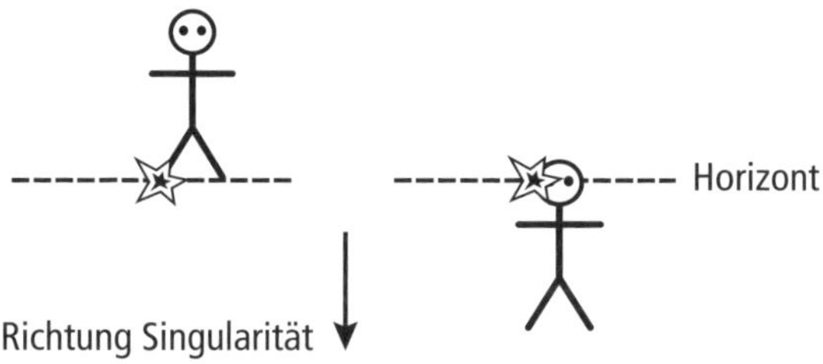

Abbildung 5.3. Orange fällt nicht durch ihre eigenen Füße.

Aus der Sicht von Orange huschen der Horizont und das Licht an ihren Augen vorbei. Sie sieht ihre Füße, aber erst dann, wenn ihre Augen den Horizont erreichen. Doch das ist immer so, wenn Sie zu Ihren Füßen hinabschauen: Das Licht bewegt sich von den Füßen hinauf zu Ihrem Kopf und Sie sehen diese, nachdem das Licht ausgestrahlt worden ist.

Was ist nun aber mit dem Licht von allen anderen, die den Horizont überquert haben? All dieses Licht wartet einfach am Horizont, bis Oranges Augen vorbeikommen und es einfangen. Auch daran ist nichts Ungewöhnliches. Vermutlich verwirrt es Sie auch nicht, wenn Sie Kühe auf einer Weide gleichzeitig in der Ferne und der Nähe sehen können.

Zur Verdeutlichung dieser ungewohnten Vorstellungen werden wir noch einen weiteren Ansatz einführen, wie man sich die Raumzeit um ein Schwarzes Loch vorstellen kann: das Flussmodell. Es wurde von Andrew Hamilton und Jason Lisle entwickelt und ist von tadelloser Herkunft:[i] 1921 formulierte es Allvar Gullstrand, der bereits 1911 den Medizinnobelpreis für seine Arbeiten über die Optik des Auges verliehen bekommen hatte. Der französische Mathematiker Paul Painlevé erarbeitete 1922 das Modell davon unabhängig– zwischen seinen beiden Amtszeiten als Premierminister Frankreichs. (Angesichts der intellektuellen Fähigkeiten einiger der jüngsten Inhaber hoher

Ämter in Großbritannien und anderswo bekommt der vorangegangene Satz eine fast komödiantische Qualität.) 1933 zeigte Georges Lemaître, dass das Flussmodell ein Schwarzschild-Loch korrekt beschreibt, jedoch mit einem anders festgelegten Koordinatennetz.

Im Flussmodell können wir uns ein Schwarzschild-Loch in Analogie zu Wasser vorstellen, das in einen Abfluss fließt, so wie in Abbildung 5.4 dargestellt. Das Wasser stellt den Raum dar, der mit ständig zunehmender Geschwindigkeit in das Loch strömt. Licht, und auch alles andere, bewegt sich im Einklang mit den Gesetzen der Speziellen Relativitätstheorie mit dem strömenden Fluss des Raums. Wir können uns vorstellen, dass unsere Astronauten im strömenden Fluss des Raums herumschwimmen. Weit weg vom Schwarzen Loch ist die Strömung behäbig, sodass die Astronauten leicht gegen den Strom anschwimmen können. Kommen sie dem Schwarzen Loch näher, wird die Strömung schneller und es wird immer schwieriger zu entkommen. Am Horizont erreicht der Fluss die maximale Geschwindigkeit, mit der etwas schwimmen kann (die Lichtgeschwindigkeit), und da sich nichts schneller als das Licht bewegen kann, ist dies der Punkt ohne Wiederkehr. Innerhalb des Horizonts strömt der Fluss schneller als mit Lichtgeschwindigkeit und wird immer noch schneller, wenn er sich der Singularität nähert. Alles, was sich innerhalb des Horizonts bewegt, wird von der überlichtschnellen Strömung erfasst und unaufhaltsam ins Verderben gerissen. Etwas, das am Horizont mit Lichtgeschwindigkeit radial nach außen schwimmt, gelangt genau nirgendwo hin. Es wird für immer bewegungslos am Horizont verharren.

Diese Vorstellung verdeutlicht Oranges Erfahrung beim Überqueren des Horizonts. Sie treibt unbeweglich im Fluss des Raumes, aber der Fluss strömt über den Horizont und schwemmt sie nach innen. Lichtteilchen (Photonen), die von ihren Füßen ausgehen, bewegen sich wie immer mit Lichtgeschwindigkeit nach außen, aber da der

Abbildung 5.4. Das Flussmodell eines Schwarzen Lochs. Auch auf Tafel 8.

Fluss mit Lichtgeschwindigkeit nach innen strömt, verharren die Photonen ihrer Füße, die in ihre Augen gelangen werden, bewegungslos am Horizont. Der Kopf von Orange wird im Fluss mit Lichtgeschwindigkeit über den Horizont gespült, wo sie dann diesen Photonen begegnet und ihre Füße sieht. So gelangen die Photonen von ihren Füßen in ihre Augen, nachdem sie ausgesandt wurden, und zwar genau mit Lichtgeschwindigkeit. Wenn Sie nun hinunter zu Ihren Füßen schauen, passiert genau das gleiche. Wenn Orange den Horizont überquert, nimmt sie die Welt genau so wahr, wie Sie es nun tun.

Wir können das Flussmodell zur Veranschaulichung weiterer Phänomene heranziehen, die wir zuvor anhand des Penrose-Diagramms beschrieben hatten. Gezeiteneffekte treten auf, weil der Fluss in der Nähe des Lochs schneller strömt – was zwei Astronauten auseinandertreiben lässt, die gleich schnell, aber in unterschiedlichen radialen Abständen schwimmen, während sie nach innen fallen. In unserem Penrose-Diagramm haben wir nur eine einzige Raumdimension dargestellt – die radiale Richtung. Das Flussmodell ist zweidimensional, was uns ermöglicht, einige weitere Effekte zu erkennen. Weil die Strömung nach innen zur Singularität hin zusammenläuft, werden Objekte in der Nähe des Lochs in tangentialer Richtung zusammengedrückt und in radialer Richtung gedehnt. Zwei nach innen fallende Astronauten nähern sich tangential einander an, werden aber radial auseinandergezogen – was einer Art von doppelter Spaghettifizierung gleichkommt. Wenn Sie mit den Füßen voraus auf ein Schwarzes Loch zufallen, werden Sie dünner und länger.

Wir können uns auch vorstellen, warum ein weit vom Loch entfernter Beobachter niemals irgendetwas den Horizont überqueren sieht. Stellen Sie sich die Photonen als Fische vor. Nehmen Sie an, dass jemand in einem Kanu auf dem Weg Richtung Horizont einmal pro Sekunde gemäß seiner Uhr Fische über Bord wirft. Die Fische schwimmen gegen den Strom zu einem Boot, das weit weg in vergleichsweise ruhigem Wasser liegt. Zunächst können die Fische leicht gegen den Strom anschwimmen und fast im Sekundenabstand das Boot erreichen. Doch wenn das Kanu weiter auf den Horizont zutreibt, haben die Fische Mühe, gegen den schneller werdenden Strom anzuschwimmen, weshalb sie verspätet am Boot ankommen. Dies ist die Rotverschiebung, die wir oben behandelt hatten. Am Horizont fallen die vom Kanu geworfenen Fische in einen Fluss, der mit der maximalen Geschwindigkeit strömt, mit der sie schwimmen können. Sie kommen nie gegen die Strömung an und erreichen nie das Boot, sodass der Beobachter im Boot niemals sieht, wie das Kanu den Horizont überquert.

In diesem Kapitel haben wir die verkehrte Welt in einem Schwarzschild-Loch und in seiner Umgebung erkundet. Wir erfuhren, wie es sich anfühlt, in ein Schwarzes Loch zu springen oder anderen dabei zuzuschauen, wie sie springen. Jetzt ist es an der Zeit, den nächsten Schritt zu machen und eine Eigenschaft der Allgemeinen Relativität vorzustellen, die bei Science-Fiction-Autoren beliebt ist. Sie könnte sich letztlich als Schlüsselidee erweisen, um zu verstehen, was der Raum wirklich ist: Wurmlöcher.

KASTEN 5.1. KLEIN. WEIT WEG.

Warum sieht ein Astronaut seine Kollegen scheinbar in so weiter Entfernung, wenn sie den Horizont überqueren, wenn deren Licht am Horizont eingefroren ist?

Stellen wir uns vor, dass Orange mit den Füßen voraus durch den Horizont fällt. Im Flussmodell würden wir uns vorstellen, dass sie mit den Füßen stromabwärts gerichtet schwimmt. In dem Augenblick, in dem ihre Füße den Horizont erreichen, machen sich zwei lichtschnelle Fische auf den Weg. Nennen wir diese lichtschnellen Fische „Photonen", denn genau die stellen sie dar. Diese speziellen Photonen bewegen sich im genau richtigen Winkel, um zu Oranges Augen zu gelangen. Natürlich gibt es Photonen, die von ihren Füßen in sämtliche Richtungen ausgehen, so wie es gerade Photonen gibt, die von Ihren Füßen in alle Richtungen reflektiert werden. Doch nur jene, die sich in die korrekte Richtung bewegen, gelangen zu Ihren Augen.
Die Photonen, die wir betrachten, werden genau im richtigen Winkel emittiert, sodass sie sich weit genug nach innen bewegt haben, um Oranges Augen zu treffen, sobald diese vorbeiziehen. Es hilft, sich die Photonen als Fische vorzustellen, wie sie gegen

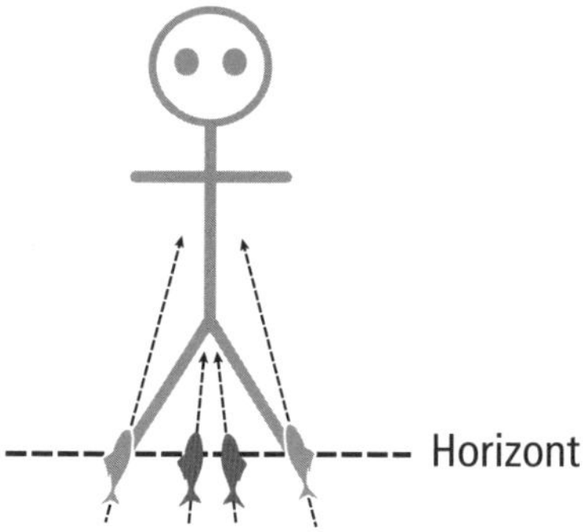

Abbildung 5.5. Photonenfische von Blaus Füßen erreichen Oranges Augen unter einem engeren Winkel als die Photonenfische von Oranges eigenen Füßen. Alle treten gleichzeitig in ihre Augen ein, doch Orange sieht ihre eigenen Füße normal groß und Blau weit weg und klein. Auch auf Tafel 8.

Abbildung 5.6. Klein. Weit weg.[5]

den Fluss anschwimmen, der in Abbildung 5.5 senkrecht nach unten fließt. Wenn sie senkrecht mit derselben Geschwindigkeit wie der Fluss schwimmen, werden sie Oranges Augen verpassen. Aber wenn ihre Bahn leicht nach innen geneigt ist, schaffen sie es hinein.[6] Und genau das müssen sie tun, um Oranges Augen zu erreichen.

In dem Moment, in dem Oranges Augen den Horizont erreichen, treffen sie auch auf die Photonen, die von Blaus Füßen kommen und am Horizont eingefangen wurden, als er durch diesen hindurchfiel. Diese Photonen befanden sich dort länger als die Photo-

5 Anmerkung der Redaktion: Dieses Standbild bezieht sich auf eine legendär gewordenen Szene aus der in Irland und dem Vereinigten Königreich äußerst populären Sitcom „Father Ted", in der der namensgebende Priester seinem weniger intelligenten Kollegen Dougal den Unterschied zwischen Spielzeugkühen und scheinbar gleich großen, echten Kühen zu erklären versucht: Die einen seien klein, die anderen weit weg.

6 Dementsprechend wurden die Photonen, die Oranges Augen erreichen, von ihren Füßen abgestrahlt, ganz kurz bevor die Füße den Horizont überquerten.

nen von Oranges Füßen. Sie hatten daher auch mehr Zeit, um in Oranges Augen zu gelangen. Somit müssen die Photonen von Blaus Füßen, die sich zufällig in der richtigen Position befinden, um in Oranges Augen zu gelangen, während sie vorbeizieht, unter einem steileren Winkel abgestrahlt worden sein – näher an der Senkrechten – als die Photonen von ihren eigenen Füßen. Folglich sieht Orange Blau kleiner und damit weiter entfernt, denn die Größe, in der wir etwas wahrnehmen, wird von der Winkelverteilung des Lichts bestimmt, das unsere Netzhaut erreicht. Wenn wir zum Beispiel auf eine Weide blicken, erscheinen die fernen Kühe kleiner als die nahen, denn sie nehmen einen kleineren Winkel ein.

6 WEISSE LÖCHER UND WURMLÖCHER

Penrose-Diagramme bringen die Unendlichkeit an einen endlichen Ort auf einer Seite. In Kapitel 3 haben wir untersucht, wie die verschiedenen Arten der Unendlichkeit an den Rändern und Punkten der rautenförmigen Darstellung der flachen Raumzeit dargestellt werden. Um Ihre Erinnerung aufzufrischen, haben wir links in der Abbildung 6.1 nochmals das Diagramm der flachen Raumzeit gezeichnet. Oberer und unterer Eckpunkt der Raute stellen die ferne Vergangenheit und die ferne Zukunft von allem dar, was sich entlang zeitartiger Weltlinien bewegt. Wir bezeichneten sie als vergangene beziehungsweise zukünftige zeitartige Unendlichkeit. Die Weltlinien von Unsterblichen beginnen und enden dort. Ewige Lichtstrahlen beginnen ihre Reise an einem der unteren Ränder und enden an den entgegengesetzten oberen Rändern. Diese sind vergangene und zukünftige lichtartige Unendlichkeit. Alle unendlichen „Jetzt"-Schnitte des Raums erstrecken sich vom linken Eckpunkt zum rechten Eckpunkt der Raute. Diese stehen für die raumartige Unendlichkeit. Jeder Eckpunkt und Rand des Penrose-Diagramms stellt auf die eine oder andere Art Unendlichkeit dar.

Schauen Sie sich nun das Penrose-Diagramm des ewigen Schwarzschild-Lochs rechts in Abbildung 6.1 an. Wie beim Diagramm für die flache Raumzeit stellt es eine unendliche Raumzeit dar. Wir könnten annehmen, dass jeder Eckpunkt und Rand des Diagramms

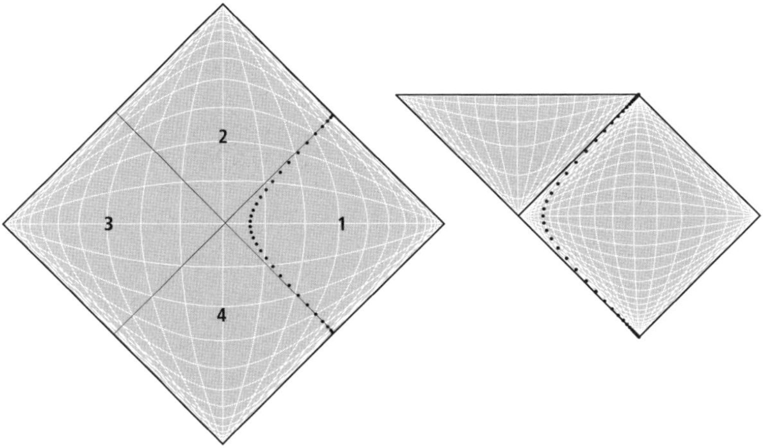

Abbildung 6.1. Die Penrose-Diagramme der Minkowski-Raumzeit (links) und des ewigen Schwarzschild-Lochs (rechts). Rindler beschleunigt links in der Raumzeit und Punkt schwebt rechts außerhalb des Schwarzen Lochs (bei $R = 1{,}01$).

entweder im Unendlichen oder in der Singularität liegt. Aber dem ist nicht so. Was stellt der gesamte linke Rand des Penrose-Diagramms dar? Er liegt nicht im Unendlichen, sondern bei der R-Koordinate 1. Dies ist der Horizont des Schwarzen Lochs. Bislang haben wir uns auf den Bereich des Horizonts konzentriert, der entlang des oberen linken Rands der rautenförmigen Region verläuft, hinter dem das Innere des Schwarzen Lochs liegt. Denn dieser Bereich bildete das Zugangstor für unsere mutigen Astronauten. Doch was ist mit dem linken Rand? Um den haben wir uns noch nicht gekümmert, weil nichts, was sich innerhalb der Raute bewegt, ihn überqueren kann. Doch da er nicht im Unendlichen liegt – könnte es vielleicht etwas geben, das sich jenseits davon versteckt?

Ins Diagramm der flachen Raumzeit in Abbildung 6.1 haben wir die Weltlinie von Rindler eingezeichnet, den ständig beschleunigenden Astronauten aus Kapitel 1. Wegen seiner Beschleunigung war er von Horizonten eingeengt und lebte in einer kleineren Region der

Raumzeit als die anderen Unsterblichen. Betrachten Sie nun die Astronautin, deren Weltlinie im Schwarzschild-Raumzeitdiagramm dargestellt ist. Nennen wir Sie Punkt. Sie beschleunigt ebenfalls durchgängig, aber in einer gekrümmten Raumzeit in der Umgebung eines Schwarzen Lochs. Das bedeutet, dass sie in einem konstanten Abstand von $R = 1{,}01$ knapp außerhalb des Horizonts schwebt. Trotzdem ähnelt ihre Wahrnehmung innerhalb des Raumschiffs sehr stark der von Rindler. Sie kann Signale über den Ereignishorizont des Schwarzen Lochs schicken, aber keine aus dem Innern empfangen. Ebenso kann Rindler Signale in den Bereich 2 senden, aber keine Signale aus dieser Region empfangen. Bei Rindler erkennen wir auch die Anwesenheit eines Horizonts, der ihn von Bereich 4 isoliert. Er kann nicht in Bereich 4 reisen, doch er kann Signale von dort empfangen. Welche Bedeutung hat der linke untere Rand von Punkts Raute? Gilt das, was für Rindler gilt, auch für sie? Kann sie Signale von jenseits des unteren Horizonts empfangen, und wenn ja, woher kommen sie? Diese Linie hat etwas Merkwürdiges an sich. Sie bildet den Rand des Schwarzschild-Penrose-Diagramms, liegt aber nicht im Unendlichen. Warum kann da auf der anderen Seite nichts sein? 1935 erkannten Albert Einstein und Nathan Rosen als Erste, dass da sehr wohl etwas auf der anderen Seite sein kann.[1] In ihren Worten: „Der vierdimensionale Raum wird mathematisch durch zwei … Blätter beschrieben … die durch eine Hyperebene verbunden sind … Wir nennen eine solche Verbindung zwischen den beiden Blättern eine Brücke."[i] Heute wird diese „Einstein-Rosen-Brücke" auch als Wurmloch bezeichnet.

Es zeigt sich, dass wir nur die Hälfte der Schwarzschild-Lösung von Einsteins Gleichung dargestellt haben. Die Lösung ist Teil eines

1 Bereits 1916 hatte Ludwig Flamm in seiner Veröffentlichung „Beiträge zu Einsteins Gravitationstheorie" vieles von der Einstein-Rosen-Lösung vorweggenommen. Die „Brücke" scheint er aber nicht erkannt zu haben.

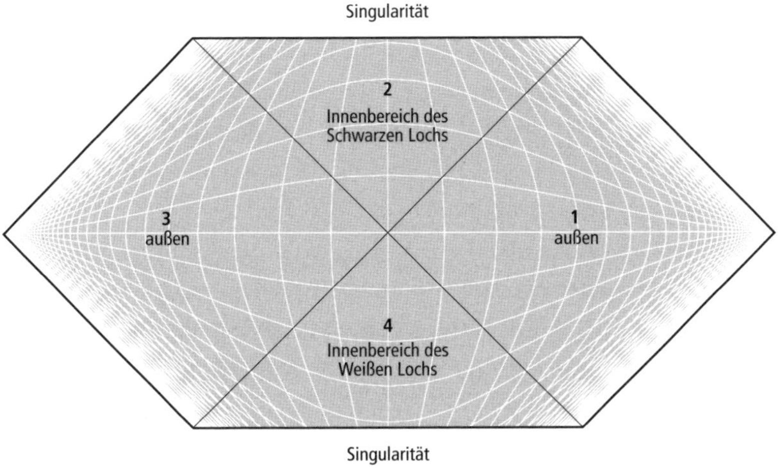

Abbildung 6.2. Das Penrose-Diagramm der „maximal erweiterten" Schwarzschild-Raumzeit. Die Koordinatenlinien entsprechen sogenannten Kruskal-Szekeres-Koordinaten, die in Kasten 6.1 beschrieben werden.

umfassenderen Raumes, der als maximal erweiterte Schwarzschild-Raumzeit bezeichnet wird, was ein ziemlicher Zungenbrecher ist. Das ewige Schwarzschild-Loch verhält sich zur maximal erweiterten Schwarzschild-Raumzeit wie Rindlers Quadrant zur Minkowski-Raumzeit: als Teil eines größeren Ganzen. Wir haben die maximal erweiterte Schwarzschild-Raumzeit in Abbildung 6.2 dargestellt.

Das Auffälligste an Abbildung 6.2 sind die völlig neuen Bereiche der Raumzeit, die hier auftauchen: die Bereiche 3 und 4. Da die Region 1 das gesamte unendliche Universum außerhalb des Schwarzen Lochs und die Region 2 den Bereich innerhalb des Schwarzen Lochs darstellt, die das Ende der Zeit enthält, kann man sich fragen, was denn die Regionen 3 und 4 sein könnten. Finden wir's heraus.

In einem Penrose-Diagramm läuft die Zeit nach oben und alle Lichtstrahlen bewegen sich unter 45 Grad. Daher können wir an beliebigen Punkten im Diagramm Lichtkegel einzeichnen und sofort sehen, wie die verschiedenen Bereiche miteinander zusammenhängen. Dinge können sich von Bereich 4 in die Regionen 1, 2 und 3 bewegen, umgekehrt ist das aber unmöglich. Bereich 3 ist von Bereich 1 aus unzugänglich, und umgekehrt. Das bedeutet, dass die 45-Grad-Linien, die sich in der Mitte des Diagramms kreuzen, Horizonte sind. Ein Astronaut aus Bereich 1 könnte in den Bereich 2 springen, ins Innere des Schwarzen Lochs, und ein anderer Astronaut könnte aus dem Bereich 3 hereinspringen. Sie könnten sich treffen und im Innern des Schwarzen Lochs vor der Begegnung mit der Singularität am Ende der Zeit (die waagrechte Linie oben) miteinander plaudern. Wir sehen, dass Region 3 ein ganz anderes unendliches Universum darstellt, das völlig getrennt von Region 1 ist, aber irgendwie mit dem Innern des Schwarzen Lochs in Verbindung steht.

Ein weiteres auffälliges neues Merkmal ist die waagrechte Linie am unteren Ende des Diagramms, die ebenfalls eine Singularität darstellt. Nichts fällt jemals in diese Singularität, und alles innerhalb des Bereichs 4, das lange genug existiert, überquert schließlich einen der Horizonte und erreicht Region 1 oder 3. Irgendwer in den „Universen" 1 und 3 könnte daher auf Materie treffen, die aus den Horizonten auftaucht und aus Bereich 4 stammt. Das ist die Umkehr eines Schwarzen Lochs. Es wird als Weißes Loch bezeichnet. Das Schwarze Loch liegt für Astronauten in den beiden unendlichen Universen in der Zukunft. Sie haben die Wahl, ob sie in das Loch stürzen oder nicht. Umgekehrt liegt das Weiße Loch in der Vergangenheit dieser Astronauten. Sie können von ihm Signale empfangen, aber sie können es niemals besuchen. Dies ist eine ziemlich dramatische Wendung der Ereignisse.

Wir haben dieses Diagramm als die maximal erweiterte Schwarzschild-Raumzeit bezeichnet. Der Ausdruck „maximal" hat eine technische Bedeutung, die – anders als die vieler technischer Begriffe – ziemlich erhellend ist. Die Astronauten, denen wir auf ihren Reisen um das Schwarze Loch und in das Schwarze Loch hinein gefolgt sind, sind unsterblich, was bedeutet, dass ihre Weltlinien unendlich lang sind, zumindest solange sie auf keine Singularität treffen. Sie leben ewig, solange sie nicht den Horizont eines Schwarzen Lochs überqueren. Ihre Weltlinien müssen also im Unendlichen oder in einer Singularität beginnen beziehungsweise enden. Eine Raumzeit ist maximal, wenn sie diese Eigenschaft besitzt. Die Raumzeit, die in Abbildung 6.1 das ewige Schwarzschild-Loch repräsentiert, besitzt diese Eigenschaft nicht, da wir eine Weltlinie einzeichnen können, die am linken Rand in das Diagramm eintritt. Bei der maximal erweiterten Schwarzschild-Raumzeit ist das anders. Jeder Rand des Diagramms liegt entweder im Unendlichen oder an einer Singularität. Für die Schwarzschild-Raumzeit zeigt dieses Diagramm alles, was existieren kann.

KASTEN 6.1. KRUSKAL-SZEKERES-KOORDINATEN

Das in Abbildung 6.2 dargestellte Koordinatennetz unterscheidet sich vom Schwarzschild-Koordinatennetz, das wir bislang benutzt haben. Denken Sie daran, dass wir jedes beliebige Koordinatennetz nehmen können, das uns genehm ist. Die Natur kennt keine Koordinatennetze. Die nun verwendeten Koordinatennetzlinien beruhen auf den Kruskal-Szekeres-Koordinaten, die 1960 unabhängig von Martin Kruskal und George Szekeres entdeckt worden sind.[2] Die Kruskal-Szekeres-Koordinatennetzlinien entsprechen raumartigen (ungefähr waagrecht) und zeitartigen (ungefähr senkrecht) Schnitten der Raumzeit. Beachten Sie, dass die

2 Kruskal erzählte John Wheeler von seinen Koordinaten, die die Gesamtheit der maximal erweiterten Schwarzschild-Raumzeit abdeckten, machte sich aber nicht die Mühe, seine Idee zu veröffentlichen. Wheeler verfasste eine kurze Abhandlung über das Thema und reichte sie zur Veröffentlichung ein, mit Kruskal als alleinigem Autor und ursprünglich ohne Kruskals Wissen. George Szekeres entdeckte das gleiche Koordinatensystem, ebenfalls 1960.

Verdichtung der Schwarzschild-Koordinatennetzlinien an den Horizonten in Kruskal-Szekeres-Koordinaten vermieden wird, was eher der Zeitwahrnehmung der Astronauten entspricht, wenn sie durch den Horizont fallen, ohne etwas Seltsames zu bemerken. Dabei ist zu bedenken, dass uns das Verhalten der Schwarzschild-Zeit am Horizont etwas Wichtiges verrät – nämlich dass entfernte Beobachter außerhalb des Schwarzen Lochs sehen, wie einfallende Objekte am Horizont erstarren. Um es nochmals zu betonen: Das von uns gewählte Koordinatennetz, um Ereignisse zu verorten, ist frei wählbar. Unterschiedliche Koordinatennetze sind für verschiedene Beobachter mal mehr, mal weniger nützlich. Das Schwarzschild-Koordinatennetz ist nützlich, um die Erfahrung von Beobachtern außerhalb des Schwarzen Lochs zu beschreiben, weil die Schwarzschild-Zeitkoordinate direkt mit etwas Messbarem korrespondiert: Sie ist die Zeit, wie sie von Uhren gemessen wird, die sich weit weg vom Schwarzen Loch befinden. Auf die Kruskal-Szekeres-Zeit trifft diese Interpretation nicht zu. Doch wenn wir über Reisen über Horizonte hinweg nachdenken wollen, eignet sich das Kruskal-Szekeres-Koordinatennetz besser.

INS WURMLOCH

Untersuchen wir nun die Verbindung zwischen den beiden Universen in der maximal erweiterten Schwarzschild-Raumzeit. Bislang haben wir die Raumzeit meistens mit Penrose-Diagrammen veranschaulicht, die nur eine einzige Raumdimension zeigen. Diese Diagramme liefern eine großartige Methode, um den Zusammenhang zwischen Ereignissen in verschiedenen Bereichen der Raumzeit zu veranschaulichen: Wer kann wen beeinflussen und wann? Aber sie eignen sich nicht so gut, um die Krümmung der Raumzeit abzubilden. Wir können eine intuitivere bildliche Darstellung mithilfe von sogenannten „eingebetteten Diagrammen“ erreichen.

Um die Einbettung von Diagrammen zu verstehen, kehren wir am besten zur Erdoberfläche zurück. Wir löschen aus unseren Köpfen die Vorstellung, dass die Erde eine Kugel in drei Dimensionen ist, und denken *nur* an ihre zweidimensionale Oberfläche. Malen Sie sich die Oberfläche als eine Art Flachland aus, wie jenes, dem wir in Kapitel 2 begegnet sind. Flat Albert und seine flachen Begleiter sind nun mit all den Dingen beschäftigt, die Landvermesser so machen: Sie zeichnen Kreise auf die Oberfläche und berechnen den Wert von π, der – so ihre Entdeckung – vom Wert der euklidischen Geometrie abweicht. Sie entdecken, dass sie, wenn sie nur weit genug über das Flachland reisen, wieder an ihren Ausgangspunkt zurückkommen. Wenn sie eine Karte in Mercatorprojektion zeichnen, verbinden sie die Punkte entlang der linken und rechten Ränder miteinander. Vielleicht erkennen sie auch, dass sie durch die Wahl ihrer Koordinaten oben und unten auf der Karte eine ziemliche Verzerrung erzeugt haben. Zweifellos motiviert sie das, neue, alternative Koordinaten zu finden, um die Polarregionen besser zu verstehen. Der wichtige Punkt ist, dass all diese Beobachtungen und Eigenschaften das Merkmal eines zweidimensionalen Universums ohne dritte Dimension sein könnten. Wir sind dreidimensionale Wesen und können uns eine dritte Dimension vorstellen. Infolgedessen bemerken wir, dass es einen eleganten Weg gibt, diese Geometrie darzustellen, indem sie in drei Dimensionen „eingebettet" wird. Flachland würde dann als zusammengerollte Oberfläche einer Kugel dargestellt werden. Das Wichtigste ist, dass die dritte Dimension nicht notwendig ist, ja gar nicht existieren muss. Der dreidimensionale Raum, in den Flachland in unserer Vorstellung eingebettet ist, könnte ein hypothetischer Raum sein (Hyperraum). Flache Philosophen mögen darüber diskutieren, ob eine dritte Dimension tatsächlich existiert, doch flache Seefahrer kümmern sich nicht darum, ob es nun so ist oder anders. Wir dreidimensionalen Wesen können diese dritte (hypothetische) Dimension dank unserer Vorstellungskraft nutzen, um uns die Krümmung der zweidimensionalen Fläche von Flachland auszumalen und eine neue Sicht auf die Geometrie zu gewinnen. Bevor manche Verfechter einer flachen Erde diese Analogie missverstehen, wollen wir klarstellen, dass die Erde tatsächlich eine Kugel im dreidimensionalen Raum ist. Dies war nur eine Analogie, um unser Verständnis zu fördern – und hoffentlich auch ihres. Der Punkt, den wir betonen möchten, ist: Die „Krümmung", die Flat Albert und seine Gefährten beobachten, könnte eine intrinsische Eigenschaft ihres zweidimensionalen Raums sein und keine Existenz einer dritten Dimension erfordern. Soweit wir das beurteilen können, ist in unserem realen Universum die „Krümmung" unserer vierdimensionalen Raumzeit (die wir als Schwerkraft erfahren) nicht darauf zurückzuführen, dass wir auf einer Oberfläche leben, die in eine reale fünfte Dimension gekrümmt ist. Wir glauben nicht, dass wir wie die Flachländer sind und ein höherdimensionales Universum einfach nicht wahrnehmen, in das unsere Raumzeit gekrümmt ist.

In diesem Sinne ist das Wort „Krümmung" in der Allgemeinen Relativitätstheorie etwas irreführend, weil es zu der Vorstellung verleitet, dass eine Oberfläche in eine zusätzliche Dimension gekrümmt wird. Aber die Krümmung ist eine Größe, die sich unmittelbar aus der Metrik berechnen lässt, ohne Bezug zu irgendwelchen „zusätzlichen" Dimensionen. John Wheeler ist es in einem Titelabschnitt seines Buches mit Edwin F. Taylor gelungen, all das, was wir gerade gesagt haben, mit nur vier Worten auszudrücken:[ii] „Abstände bestimmen die Geometrie." Die Autoren fordern uns auf, uns einen „fantasievoll geformten Eisberg" vorzustellen, der in einem „wogenden Meer" treibt. Um seine geschwungene Kontur nachzubilden, können wir tausende Kletterhaken in das Eis treiben und daran Seile entlangspannen. Dann notieren wir die Positionen der Haken[3] und die

3 Wir könnten sie als rechtwinkliges Koordinatennetz anordnen.

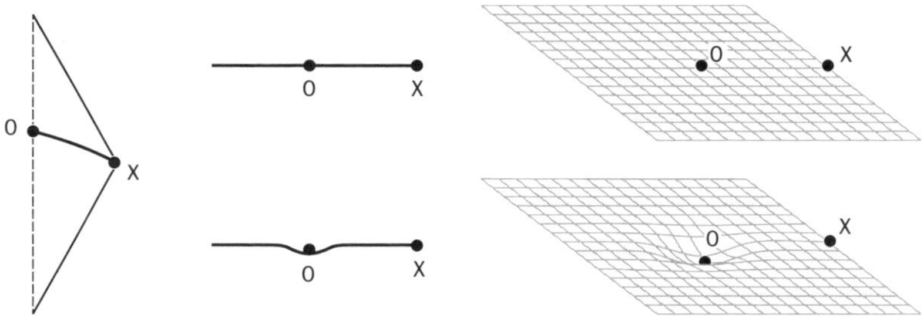

Abbildung 6.3. Darstellung eines raumartigen Schnitts durch die Raumzeit.

Längen der Seilabschnitte in einem Buch. Dieses Buch enthält sämtliche Informationen, die für die Rekonstruktion der Eisberggeometrie erforderlich ist, inklusive der Krümmung der Oberfläche. In der Raumzeit sind die Haken ein Analogon zu den Ereignissen – „die stählernen Vermessungspfähle der Raumzeit". Die Abstände zwischen benachbarten Ereignissen sind die Intervalle. Das Buch ist die Metrik. Nirgendwo gibt es einen Hinweis auf eine zusätzliche Dimension, in die der Eisberg gekrümmt ist. Da wir dreidimensionale Wesen sind, können wir uns die Krümmung zweidimensionaler räumlicher Schnitte der Raumzeit vorstellen, so wie wir uns die Geometrie des Flachlands als die Oberfläche einer Kugel vorstellen können. Das ist das Schöne an eingebetteten Diagrammen.

Bevor wir uns mit dem Schwarzen Loch befassen, wollen wir uns zunächst mit der Raumzeit in der Nähe der Erde beschäftigen. Außerhalb des Planeten wird sie durch die Schwarzschild-Metrik beschrieben, die drei räumliche Dimensionen und eine zeitliche Dimension hat. Stellen Sie sich einen Schnitt des Raums durch den Erdäquator zu einem bestimmten Zeitpunkt vor. In der Sprache der Relativitätstheorie ist das eine zweidimensionale raumartige Fläche. Links in Abbildung 6.3 haben wir ein Penrose-Diagramm mit einem solchen Schnitt gezeichnet. Die Erde befindet sich im Punkt O und der Schnitt verläuft von der Erde zu X. Ohne Erde wäre dies ein Penrose-Diagramm für die flache Raumzeit. Wir haben den Schnitt OX durch die flache Raumzeit als eine gerade Linie oben im Diagramm dargestellt. Wenn wir diese Linie um O drehen, erzeugen wir ein Blatt des zweidimensionalen Raums (den Schnitt durch den Äquator), in dessen Mitte O liegt. Das ist unser eingebettetes Diagramm, und für den zweidimensionalen flachen (euklidischen) Raum sieht es wie ein Bogen Millimeterpapier aus.

Wenn wir nun die Erde in O platzieren, wird die Raumzeit gekrümmt und die Krümmung außerhalb des Planeten lässt sich mit der Schwarzschild-Metrik beschreiben. Ein Astronaut im erdnahen Raum könnte die Krümmung nachweisen, indem er den Abstand zwischen benachbarten Ereignissen mit einem Lineal misst, so wie sich die Oberfläche von Wheelers Eisberg mit den Längen der Seile beschreiben lässt, die zwischen den Haken gespannt sind. Wie Sie sich erinnern, ist der mit dem Lineal des Astronauten gemessene Abstand zwischen zwei Ereignissen, von denen eines etwas näher an der Erde liegt als das andere, entsprechend größer, als wenn der Raum flach wäre. Wie im Fall des „gekrümmten" Flachlands könnten wir diese Krümmung ohne jeglichen Bezug zu einer zusätzlichen Dimension erklären. Oder wir könnten fragen, welche Form der Raumschnitt haben müsste, um die gemessene Krümmung zu erzeugen, *wenn er in eine zusätzliche Dimension gekrümmt wäre*. Dies ist das Koordinatennetz, das wir in Abbildung 6.3 gezeichnet haben. So betrachtet verursacht die Erde eine Vertiefung in der Struktur des Raums. Lassen Sie uns nun einige eingebettete Diagramme erstellen, um die Geometrie des Schwarzen Lochs zu erkunden.

In Abbildung 6.4 haben wir fünf raumartige Schnitte in die maximal erweiterte Schwarzschild-Raumzeit eingezeichnet. Sie alle erstrecken sich über das Diagramm von X bis Y (die beiden raumartigen Unendlichkeiten). Diese Schnitte sind Momentaufnahmen der

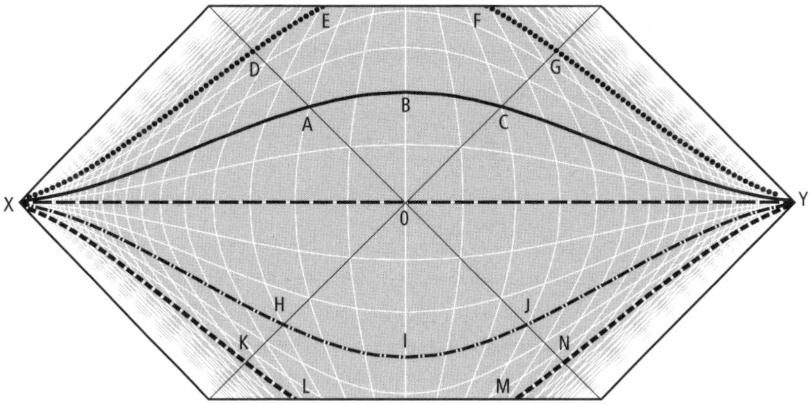

Abbildung 6.4. Fünf verschiedene Schnitte durch die maximal erweiterte Schwarzschild-Raumzeit. Jeder Schnitt lässt sich als der gesamte Raum zu einem gegebenen Zeitpunkt auffassen.

Geometrie zu verschiedenen Zeitpunkten,[4] wobei frühere Zeitpunkte im unteren Teil des Diagramms liegen, spätere im oberen. Behandeln wir zunächst den Schnitt, der (von rechts nach links) mit YJIHX bezeichnet ist. Wir haben diesen Schnitt in Abbildung 6.5 als Linie dargestellt, so wie wir das in Abbildung 6.3 für die Raumzeit um die Erde getan haben. Die Kreise regen Sie dazu an, über die entstehende Oberfläche nachzudenken, wenn wir die Linie schwenken, aber be-

4 Diese Zeitabschnitte entsprechen nicht den konstanten Zeitabschnitten, für die eine Reihe identischer Uhren verwendet wird, die alle relativ zueinander ruhen. Es ist ein Merkmal der flachen Raumzeit, dass man sich ein solches Netzwerk aus Uhren vorstellen kann. Doch die Krümmung der Raumzeit macht es im Allgemeinen unmöglich, dieses Netzwerk anzuordnen. Vielmehr handelt es sich dann um Schnitte konstanter „Kruskal“-Zeit. Dennoch sind die Schnitte raumartig in dem Sinne, dass sie die Eigenschaft haben, dass kein Objekt sich entlang einer der fünf Kurven bewegen kann (sie sind überall um weniger als 45 Grad zur Waagrechten geneigt). Diese Schnitte durch die Raumzeit sind die beste Möglichkeit, um den Begriff einer Momentaufnahme des Raums zu einem bestimmten Zeitpunkt zu definieren.

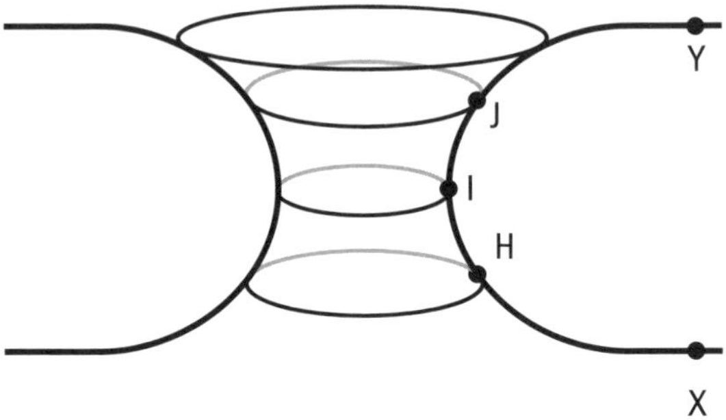

Abbildung 6.5. Ein eingebettetes Diagramm des raumartigen Schnitts YJIHX durch ein ewiges Schwarzschild-Loch, wie im Text beschrieben. Wir können dies Wurmloch erkennen.

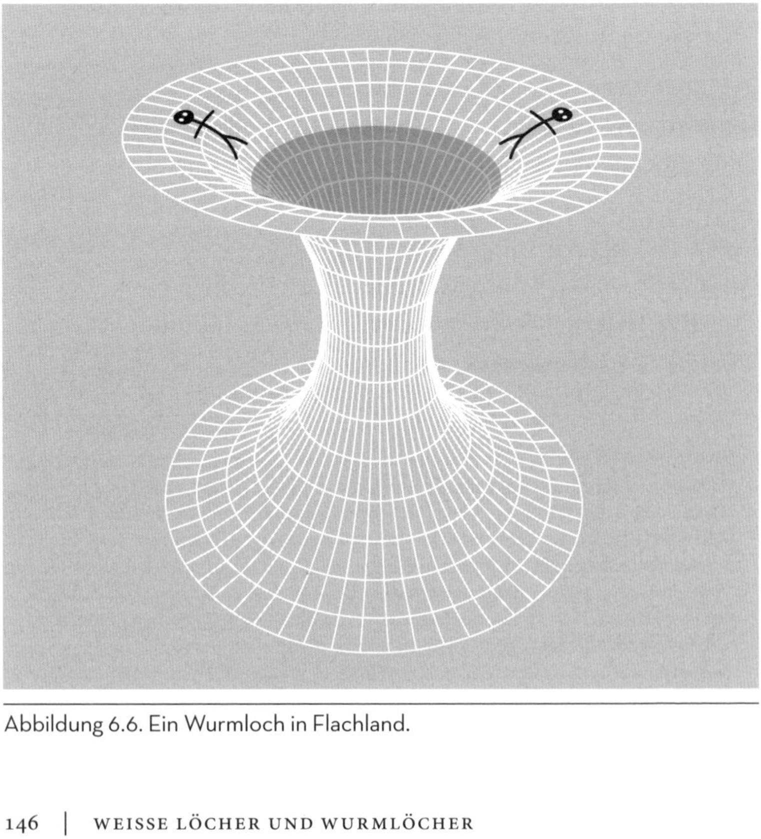

Abbildung 6.6. Ein Wurmloch in Flachland.

halten Sie das im Hinterkopf und konzentrieren Sie sich zunächst auf die Linie. Die Linie verläuft flach Richtung Y, weil der Raum in weiter Entfernung zum Schwarzen Loch flach ist. Wenn wir uns von Y nach innen zum Ereignishorizont J bewegen, beginnt der Raum sich zu krümmen. So weit, so normal. Doch beim Überqueren des Horizonts krümmt sich die Linie weiter, bis sie den zweiten Horizont bei H überquert. Dann verläuft sie mit Annäherung an X immer flacher. Jetzt können wir diese Linie wie in Abbildung 6.3 drehen und sehen dann, was dieser interessanten Geometrie entspricht. Bemerkenswerterweise haben wir hier zwei flache Bereiche des Raums, die durch das verbunden sind, was John Wheeler den „Schlund eines Wurmlochs" nannte und Einstein und Rosen eine Brücke. Die flachen Bereiche kann man sich als zwei getrennte Universen vorstellen, die über ein Wurmloch miteinander verbunden sind.

Eine kunstvollere Darstellung des Wurmlochs ist in Abbildung 6.6 zu sehen. Wenn wir in nur zwei Raumdimensionen denken, können wir uns vorstellen, wie Flat Albert und sein Freund um das Schwarze Loch herumrutschen. Im Innern gibt es einen unendlichen Raum. Wir Menschen sehen, wie das funktioniert, weil wir uns den Raum gekrümmt in eine dritte Dimension vorstellen können, aber den Flachländern erschiene diese Vorstellung sehr seltsam. Genauso können Sie sich vorstellen, mit ihren Händen ein massearmes maximal erweitertes Schwarzschild-Loch zu umschlingen. Dessen Horizont wäre eine winzige perfekte Kugel, doch in Ihren geschlossenen Händen befände sich ein anderes unendliches Universum.

In Abbildung 6.7 haben wir drei weitere der eingebetteten Diagramme gezeichnet, die raumartige Schnitte aus der Abbildung 6.4 darstellen. Wir können sehen, wie sich die Horizonte voneinander entfernen, wenn das Wurmloch sich dehnt und schließlich zusammenbricht, um die Singularität freizulegen. Der untere Schnitt findet früher als der obere Schnitt statt und somit entwickelt sich das

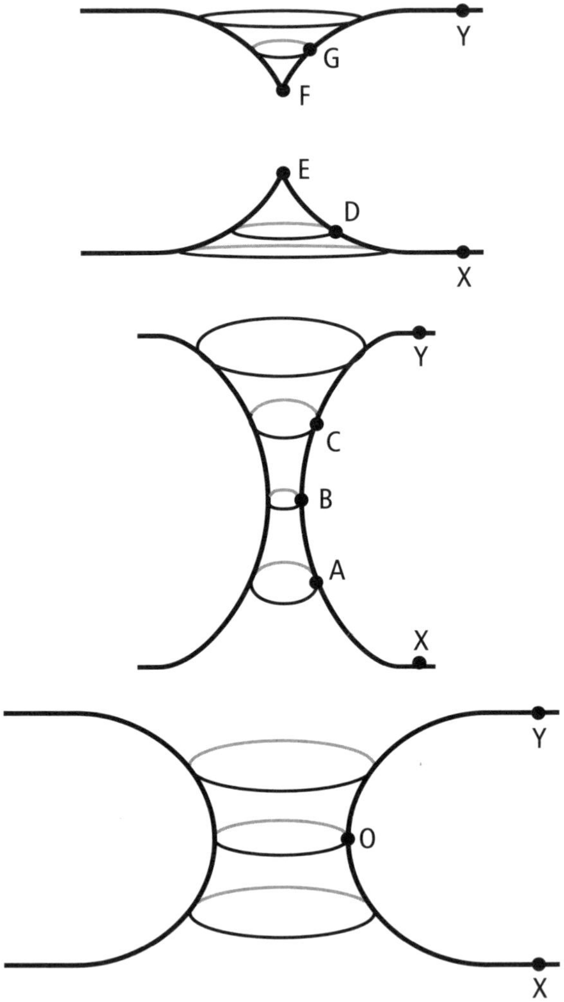

Abbildung 6.7. Eingebettete Diagramme von drei weiteren raumartigen Schnitten aus Abbildung 6.4. Die Zeit verläuft von unten nach oben. Wir können sehen, wie das Wurmloch sich öffnet und zuschnappt, sodass zwei voneinander getrennte Universen übrigbleiben. Nichts kann durch das Wurmloch reisen, bevor es sich schließt.

Wurmloch im Laufe der Zeit.[5] Genau diese Entwicklung verhindert, dass etwas durch das Wurmloch reist (siehe Kasten 6.2 für weitere Einzelheiten). Wir müssen keine Wurmlöcher zeichnen, um zu erkennen, dass niemand von Bereich 1 nach Bereich 3 reisen kann oder umgekehrt, was eine Reise durch das Wurmloch ja mit sich brächte. So viel ist aus dem Penrose-Diagramm ersichtlich, da Sie keine Linien einzeichnen können, die diese beiden Bereiche miteinander verbinden und deren Winkel weniger als 45 Grad zur Senkrechten betragen. Doch die eingebetteten Diagramme des Wurmlochs vermitteln ein schönes Bild davon, wie dessen Entwicklung eine Reise durch das Wurmloch unmöglich macht.

Abbildung 6.8 ist eine Veranschaulichung der Geometrie der maximal erweiterten Schwarzschild-Raumzeit zusammen mit einem Astronauten, der er in das Schwarze Loch fällt. Die Wurmlöcher sind konstante (Kruskal-)Zeiteinbettungsdiagramme. Im oberen linken Bild nähert sich der Astronaut dem Horizont und das Wurmloch ist offen, verbindet also zwei Universen miteinander. Oben rechts schickt sich der Astronaut an, den Horizont zu überqueren. Er befindet sich noch in Bereich 1, aber das Wurmloch hat bereits seinen maximalen Durchmesser überschritten und fängt an sich zu schließen. Im nächsten Bild hat er den Horizont des Schwarzen Lochs überquert und das Wurmloch schließt sich, was zum Zeitpunkt des zweiten Bildes in der unteren Reihe bereits geschehen ist. Wir sehen, dass der Astronaut das Wurmloch nicht durchquert, weil es sich schließt, bevor er es durchqueren kann. Nichts davon gilt speziell für einen bestimmten Astronauten oder wie er sich auf seiner Reise in das Schwarze Loch bewegt. Dass die Tür zwischen den Universen zuschlägt, hat nichts mit den Einzelheiten der Reise zu tun. Und es gibt nichts, was irgend-

5 Wir sollten hier richtiggehend von „Kruskal"-Zeit sprechen, wie in Kasten 6.1 beschrieben.

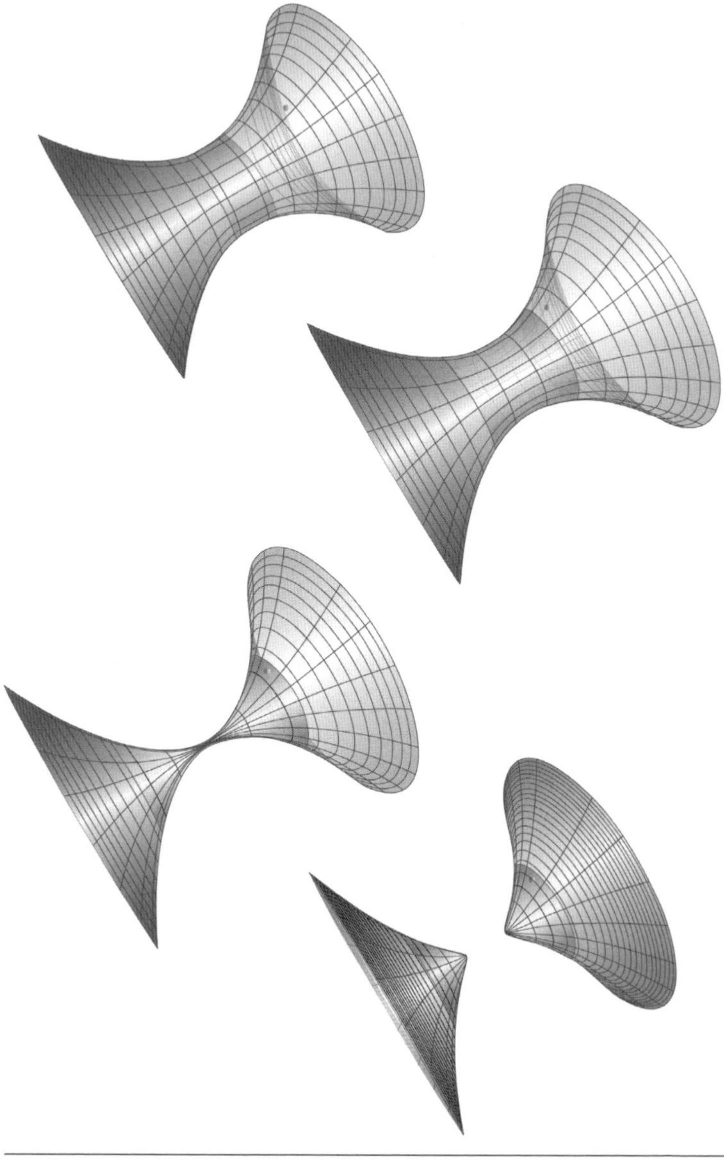

Abbildung 6.8. Ein Astronaut (der Punkt) fällt in ein Schwarzschild-Loch. Die Zeit schreitet von links oben nach rechts unten voran. Beachten Sie, wie das Wurmloch wächst und sich abschnürt, bevor der Astronaut die andere Seite erreichen kann. Auch auf Tafel 9.

jemand daran ändern könnte. Diese Geschichte ist vollständig in der Schwarzschild-Metrik geschrieben, der einzigen sphärisch symmetrischen Lösung von Einsteins Gleichungen. Wie wunderbar.

KASTEN 6.2. WURMLÖCHER IN DER ENTWICKLUNG

Lassen Sie uns zu Beginn nochmals die Schwarzschild-Metrik aufschreiben:

$$d\tau^2 = \left(1 - \frac{R_S}{R}\right) dt^2 - \frac{1}{\left(1 - \frac{R_S}{R}\right)} dR^2$$

Der Term $(1 - R_S/R)$ vor den Zeit- und Raumkoordinaten sagt uns etwas über die Geometrie der Raumzeit – wie sie vom Flachen abweicht. Diese Terme hängen nicht von der Zeit *außerhalb des Horizonts* ab, was bedeutet, dass die Geometrie sich nicht mit t verändert. Die Wörter *außerhalb des Horizonts* sind wichtig. Innerhalb des Horizonts drehen sich die Raum- und Zeitkoordinaten um, sodass die Schwarzschild-R-Koordinate die Rolle der Zeit übernimmt. Wenn Sie sich erinnern: Das Innenleben des Horizonts zeichnet sich insbesondere dadurch aus, dass alles gezwungen ist, sich in Richtung kleiner werdender R zu bewegen, genauso wie außerhalb des Horizonts alles gezwungen ist, sich in der Zeit vorwärts zu bewegen. Warum? Weil das Intervall entlang der Weltlinien von allem, was Masse hat, immer positiv sein muss. Somit kann das dt^2 außerhalb des Horizonts nicht null sein – und auch dR^2 kann innerhalb des Horizonts nicht null sein. Außerhalb des Horizonts treibt uns das Ticken der Zeit vorwärts in t und innerhalb des Horizonts vorwärts in R. Aus diesem Grund ist R innerhalb des Horizonts die Zeitkoordinate. Aber der Term $(1 - R_S/R)$ hängt von R ab, und folglich ist die Geometrie im Innern des Horizonts gezwungen, sich zu ändern – genauso unvermeidlich wie wir uns Richtung Morgen bewegen müssen. Deshalb ist die Raumzeit innerhalb des Horizonts dynamisch. Sie verändert sich, und zwar so, dass nicht einmal Licht durch das Wurmloch gelangen kann.

Obwohl eine Reise von einem Universum ins andere unmöglich ist, weil sich das Wurmloch verschließt, haben wir auch festgestellt, dass jemand im Bereich 1 in das Schwarze Loch springen und sich mit einer Person treffen kann, die im Bereich 3 hineingesprungen ist, bevor beide in der Singularität enden. Dies lässt sich leicht anhand des Penrose-Diagramms erkennen. Außerdem kann jemand in Region 2 im Innern des Schwarzen Lochs Dinge in den Regionen 1 und 3 sehen, weil er Signale von dort empfangen kann. Dies ist ebenfalls aus dem Penrose-Diagramm ersichtlich. Dementsprechend wären unsere furchtlosen Astronauten in den Momenten zwischen dem Sprung ins Schwarze Loch und dem Erreichen der Singularität in der Lage, durch das Wurmloch zu blicken und das Universum auf der anderen Seite zu sehen.

Wir müssen uns natürlich fragen, ob sich davon irgendetwas in unserem Universum abspielen könnte. Leider scheint die Antwort „wahrscheinlich nicht" zu lauten, zumindest für den Fall, dass Astronauten versuchen, zwischen den Universen zu reisen. Der Grund ist, dass die maximal erweiterte Schwarzschild-Raumzeit nicht der Geometrie der Raumzeit entspricht, die ein Stern durch einen Gravitationskollaps erzeugt hat. Vielmehr ist die Schwarzschild-Lösung nur im Bereich des leeren Raums außerhalb eines Sterns gültig. Die maximal erweiterte Schwarzschild-Raumzeit aus Abbildung 6.2, vollgestopft mit Wurmlöchern und Schwarzen und Weißen Löchern, wäre die korrekte Beschreibung eines ewigen nicht rotierenden Schwarzen Lochs. Wir wüssten nicht, dass solche Dinge existieren.

Warum „wahrscheinlich nicht"? Weil Wurmloch-Geometrien korrekte Lösungen von Einsteins Gleichungen sind. 1988 untersuchten Michael Morris, Kip Thorne und Ulvi Yurtsever die Möglichkeit, dass das Wurmloch offenbleibt.[iii] „Wir beginnen mit der Frage, ob die physikalischen Gesetze es einer beliebig fortgeschrittenen Zivilisation erlauben, ein Wurmloch für interstellare Reisen zu erzeugen und zu erhalten." Diese Wurmlöcher entstünden nicht durch kollabierende Sterne; denkbar wäre, dass sie „aus dem Quantenschaum gezogen, auf klassische Dimensionen vergrößert und möglicherweise durch Quantenfelder mit negativer Energiedichte stabilisiert werden". Das macht unheimlich Spaß, ist aber sehr spekulativ. Die Autoren stellen fest, dass ein solches Wurmloch eine Zeitmaschine wäre, und die Folgen der Existenz solcher Dinge sind beunruhigend. „Kann ein fortgeschrittenes Wesen Schrödingers Katze als lebendig in einem Ereignis P messen (wodurch ihre Wellenfunktion in einen lebendigen Zustand kollabiert), dann durch das Wurmloch in der Zeit zurückgehen und die Katze töten (ihre Wellenfunktion in einen ‚toten' Zustand kollabieren lassen), bevor diese P erreicht?" Spaß beiseite: Diese Ideen sind bei der Suche nach einer Lösung für das Informationsparadoxon eines Schwarzen Lochs wieder aufgetaucht. Insbesondere die Idee, dass mikroskopische Wurmlöcher Bestandteil der Raumzeitstruktur sein könnten, ist Teil der ER-(= EPR-)Hypothese, der wir in den letzten Kapiteln begegnen werden. Vielleicht gibt es also doch Zeitmaschinen in unserem Universum. In jedem Fall ist die maximale Schwarzschild-Erweiterung eine Lösung für die Gleichungen der Allgemeinen Relativitätstheorie, und zwar eine sehr interessante und schöne. Sie macht uns die ungeheuren Möglichkeiten bewusst, die die Raumzeit für uns bereithält. Wurmlöcher sind, wie wir gleich sehen werden, davon nicht einmal die Hälfte.

7
DAS WUNDERLAND VON KERR

1963 gelang es dem neuseeländischen Mathematiker Roy Kerr, eine eindeutige Lösung zu Einsteins Gleichungen für ein rotierendes Schwarzes Loch zu finden. Vielleicht haben Sie erwartet, dass das Hinzufügen der Rotation zur Schwarzschild-Lösung aus dem Jahr 1916 nicht besonders anstrengend sein sollte. Aber die Tatsache, dass dies erst nach fast einem halben Jahrhundert gelang, zeugt von der Komplexität, die Kerr entdeckte. Kerrs Lösung gilt, wie die von Schwarzschild, für ein ewiges Schwarzes Loch: für eine unendliche Drehung im leeren Raum. Doch anders als bei Schwarzschild ist das Schwarze Loch nun nicht mehr kugelsymmetrisch. Wie die meisten rotierenden Objekte – Sonne und Erde inklusive – wölbt sich ein Kerr-Loch am Äquator vor und ist nur zu seiner Rotationsachse symmetrisch. Dieser Mangel an Symmetrie hat drastische Konsequenzen.

Es gibt zwei Hauptformen von Kerr-Löchern, die sich in ihrer Rotationsgeschwindigkeit unterscheiden. Wir werden zunächst langsam rotierende Schwarze Löcher betrachten und später zu den schnelleren übergehen. Ein langsam rotierendes Kerr-Loch ist in Abbildung 7.1 veranschaulicht. Verglichen mit dem Schwarzschild-Loch hat es drei neue Eigenheiten. Erstens ist die Singularität ein Ring.[1]

1 Der Radius des Rings ist J/c, wobei J der Drehimpuls des Loches geteilt durch seine Masse ist und c die Lichtgeschwindigkeit. Für die Erde entspricht J/c ungefähr zehn Metern und für die Sonne etwa einem Kilometer.

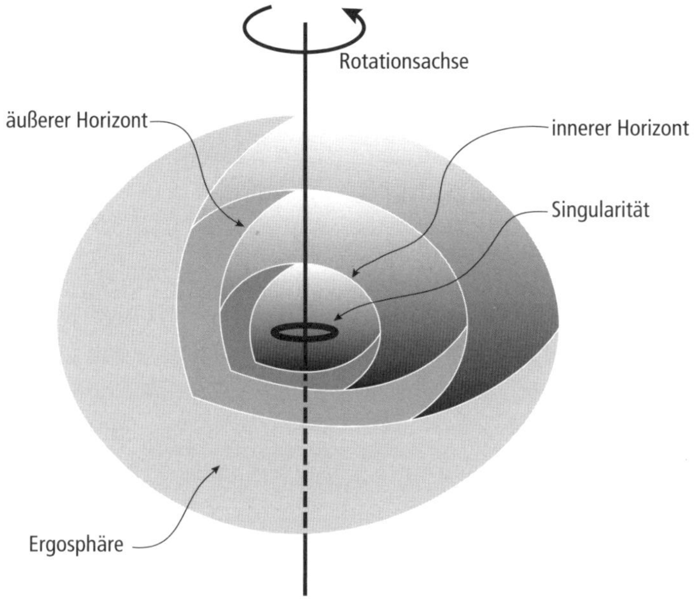

Abbildung 7.1. Schematische Darstellung eines langsam rotierenden Schwarzen Lochs.

Die Ringebene steht rechtwinklig zur Rotationsache, weswegen nur Bahnen in der Äquatorebene auf ihn treffen. Alle anderen Bahnen werden ihn verfehlen. Folglich könnte ein Astronaut in ein Kerr-Loch fallen und dem Ende der Zeit ausweichen. Zweitens besitzt das Loch zwei Ereignishorizonte, die wir als inneren und äußeren Horizont bezeichnet haben. Drittens gibt es einen Bereich außerhalb des äußersten Horizonts, in dem der Raum so heftig herumgezerrt wird, dass nichts stillstehen kann.[2] Dieser Bereich wird als Ergosphäre bezeichnet.

Um die Wunder eines sich drehenden Schwarzen Lochs zu erfassen, sollten wir noch einmal die Abenteuer einer unsterblichen Astro-

2 Sagen wir, in Bezug auf die fernen Sterne.

nautin mitverfolgen. Auf dem Weg zum Schwarzen Loch ist die Ergosphäre das erste neue Merkmal, dem unsere Astronautin begegnet.[3] Die Außenfläche der Ergosphäre ist der Ort, an dem ein radial nach außen gehender Lichtstrahl erstarrt. Im Schwarzschild-Fall ist dies auch der Ereignishorizont des Schwarzen Lochs: der Ort, an dem der Fluss des Raums mit Lichtgeschwindigkeit nach innen fällt und die nach außen schwimmenden „Photonenfische" für immer festhält. In der Kerr-Geometrie entspricht dieser Ort nicht dem Ereignishorizont – dem Ort ohne Wiederkehr. Unsere Astronautin kann in die Ergosphäre gelangen, sich dann zur Umkehr entschließen und zurück ins Universum entkommen. Wie kann es sein, dass ein Lichtstrahl, der sich radial nach außen bewegt, nicht entkommen kann, aber eine Astronautin dagegen schon? Sobald die Astronautin in die Ergosphäre eintaucht, kann sie nicht verhindern, dass sie in der Rotationsrichtung des Schwarzen Loches herumgewirbelt wird. Der Raum wird mit der Drehung mitgerissen und keine noch so gute Raketentechnik kann verhindern, dass die Astronautin oder irgendetwas anderes mitgerissen wird. Dieses Gezerre ist der Grund, warum eine Astronautin einen radial nach außen gehenden Lichtstrahl übertreffen kann und entkommt. Wir untersuchen das genauer in Kasten 7.1.

KASTEN 7.1. EIN ORT, AN DEM ES UNMÖGLICH IST, STILLZUSTEHEN

Abbildung 7.2 zeigt ein rotierendes Schwarzes Loch, betrachtet entlang der Rotationsachse. Schauen Sie sich die kleinen Kreise mit den danebenliegenden Punkten an. Die Punkte entsprechen den Orten, an denen ein Lichtblitz ausgesendet wurde, und die Kreise zeigen die ausgehende Lichtfront einige Augenblicke später.

3 „Begegnet" ist etwas irreführend, denn die frei fallende Astronautin wird nichts bemerken, wenn sie in die Ergosphäre eintaucht – für sie ist die Raumzeit nach wie vor lokal flach.

Weit weg vom Loch liegen die Punkte ziemlich genau in den Kreismittelpunkten, doch wenn wir uns dem Loch nähern, sind die Punkte zunehmend versetzt. Die Kreise sind nach innen und in Rotationsrichtung verschoben. Innerhalb der Ergosphäre liegen die Punkte außerhalb der Kreise – und das ist das wichtige Merkmal. Bei einem Schwarzschild-Loch gilt Ähnliches innerhalb des Horizonts: Die Punkte liegen außerhalb der Kreise, aber in diesem Fall werden die Kreise nur nach innen gezogen. Bei einem Kerr-Loch werden sie auch in Rotationsrichtung „mitgerissen".

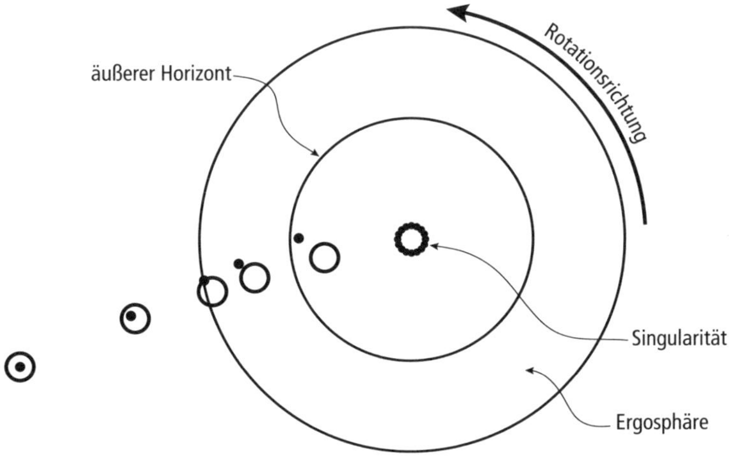

Abbildung 7.2. Die Ergosphäre eines rotierenden Schwarzen Lochs.

Man kann sich das so vorstellen, dass bei einem nicht rotierenden Schwarzen Loch ein Punkt (Blitz) am Horizont eine sich ausdehnende kugelförmige Schale aus Licht erzeugt, die nach innen fallen muss, weil kein Licht jemals über den Horizont hinausgelangen kann. In der Sprache des Flussmodells wird das Licht durch den Fluss des Raumes nach innen gespült. Für ein rotierendes Schwarzes Loch gilt das Gleiche, aber zusätzlich gibt es einen Wirbeleffekt, der die Kreise mit sich reißt.
Ein Punkt kann auch außerhalb eines Kreises liegen, wie in der Abbildung dargestellt, was bedeutet, dass es niemandem möglich

ist, diesen Lichtblitz auszusenden und dann an der Position des Punktes stehen zu bleiben – sonst hätte man das selbst abgegebene Licht überholt. Man ist daher gezwungen, mit dem Schwarzen Loch zu kreisen. Das gleiche Konzept haben wir bereits bei den Beobachtern diskutiert, die in ein nicht rotierendes Schwarzes Loch fallen. In diesem Fall können die Beobachter innerhalb des Horizonts nicht stillstehen. Im Fall des rotierenden Schwarzen Lochs gilt derselbe Rollentausch für die Ergosphäre, einer Region, aus der ein Entkommen möglich ist.

Um zu verstehen, wie man der Ergosphäre entfliehen kann, konzentrieren wir uns auf den Kreis, der auf beiden Seiten der Ergosphäre liegt (den dritten Kreis von links). Ein kleiner Teil des Kreises liegt außerhalb der Ergosphäre. Wenn wir uns den Kreis als den zukünftigen Lichtkegel einer Person denken, die den Lichtblitz abgegeben hat, dann sehen wir, dass es möglich ist, eine Weltlinie für diese Person zu zeichnen, die die Grenze der Ergosphäre quert und zurück ins umliegende Universum führt.

Beim Durchqueren der Ergosphäre beschließt unsere Astronautin, weiter nach innen zu reisen und den äußeren Ereignishorizont zu überqueren. Wie beim Schwarzschild-Loch ist dies ein unauffälliger Ort, der den Punkt ohne Wiederkehr markiert. Die Astronautin muss sich nun nach innen bewegen und den zweiten, inneren Ereignishorizont überqueren. Doch es gibt einen faszinierenden Unterschied zwischen dem Schwarzschild- und dem Kerr-Fall: Bei einem rotierenden Schwarzen Loch erhält die Astronautin ihre Bewegungsfreiheit zurück, sobald sie den inneren Horizont überquert hat. Die Singularität liegt nicht unabwendbar in ihrer Zukunft, also muss die Zeit nicht enden. Wir können all das verstehen, indem wir das Raumzeitdiagramm in Abbildung 7.3 betrachten. Nah beim äußeren Ereignishorizont, in Bereich I, ist die Geometrie ähnlich wie im Schwarzschild-Fall. Beim Überqueren des äußeren Horizonts hinein in Bereich II kippen die Lichtkegel nach innen, sodass sich die Astronautin

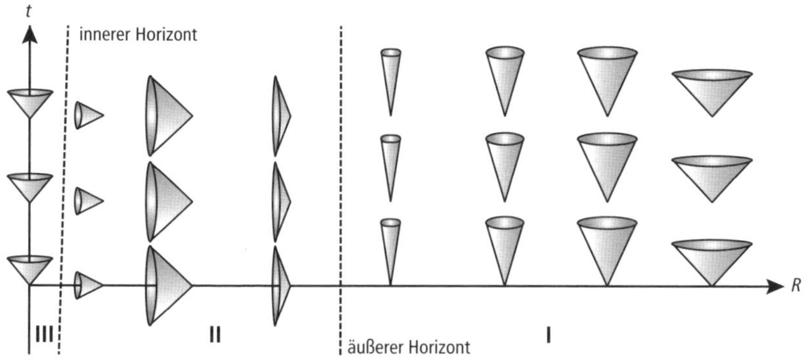

Abbildung 7.3. Die zukünftigen Lichtkegel außerhalb und innerhalb eines Kerr-Lochs.

unvermeidlich Richtung innerem Horizont bewegt. Doch beim Überqueren des inneren Horizonts zum Bereich III kippen die Lichtkegel wieder zurück und unsere Astronautin kann sich umherbewegen, ohne mit der Singularität zusammenzutreffen: Die Ewigkeit ist noch verfügbar. Was wird dann aus einer Astronautin, die sich entscheidet, dem Ende der Zeit zu entgehen?

Um diese Frage zu beantworten, brauchen wir ein Penrose-Diagramm, das wir dank unserer Erfahrungen mit dem Schwarzschild-Fall konstruieren können. Abbildung 7.4 (farbig auf Tafel 10) ist ein Anfang. Die violette Linie markiert den Weg der Astronautin auf ihrer Reise vom äußeren Universum (Bereich I) durch den äußeren Horizont (die schwarze 45-Grad-Linie) in den Bereich II und dann durch den inneren Horizont (die orange 45-Grad-Linie) in den Bereich III. Bereich I und der äußere Horizont sind leicht zu zeichnen, weil sie sich genauso wie beim Schwarzschild-Loch verhalten. Die beiden schwarzen Linien rechts ($\mathfrak{I}^+$ und $\mathfrak{I}^-$) stellen (lichtartige) Unendlichkeiten dar, sie sind echte Grenzen des Penrose-Diagramms. Unsere Astronautin dringt in die Region II ein, sodass sie dazu verdammt ist, den inneren Horizont zu überqueren, unaufhaltsam getragen von der Strömung

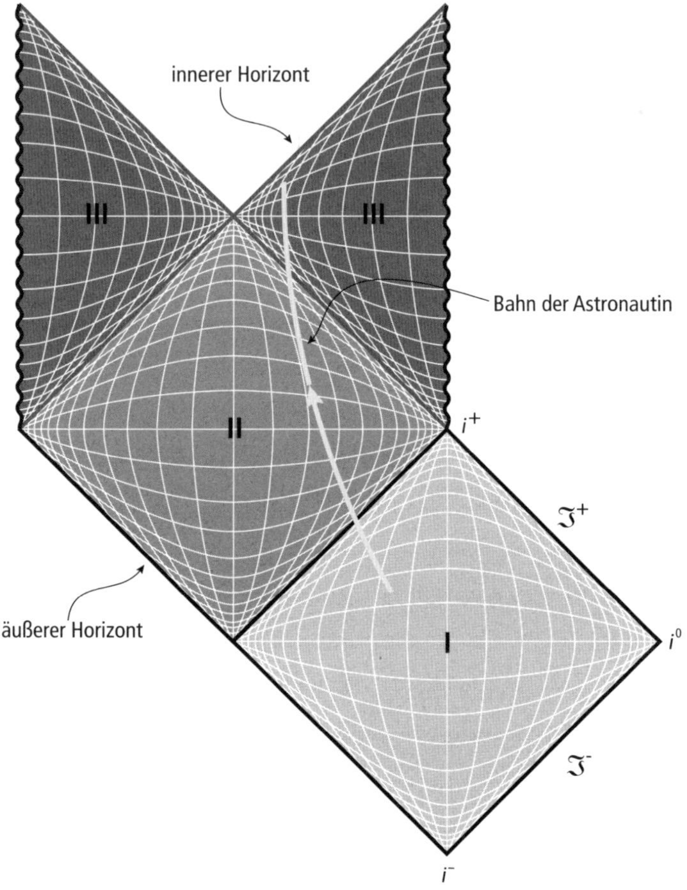

Abbildung 7.4. Das Penrose-Diagramm eines Kerr-Lochs gemäß den Erörterungen im Text. Es ist eindeutig unvollständig. Auch auf Tafel 10.

des Raums. Dies versetzt uns in die Lage, die orangen Linien zu zeichnen, die den inneren Horizont darstellen. Alle Horizonte müssen einen Winkel von 45 Grad aufweisen. Soweit so gut. Nun kommt die erste Neuerung: Die senkrechten Schlangenlinien kennzeichnen die Ringsingularität innerhalb des Bereichs III. Beachten Sie, dass diese senkrecht verlaufen – und nicht waagrecht wie beim Schwarzschild-Loch.

TAFEL 1

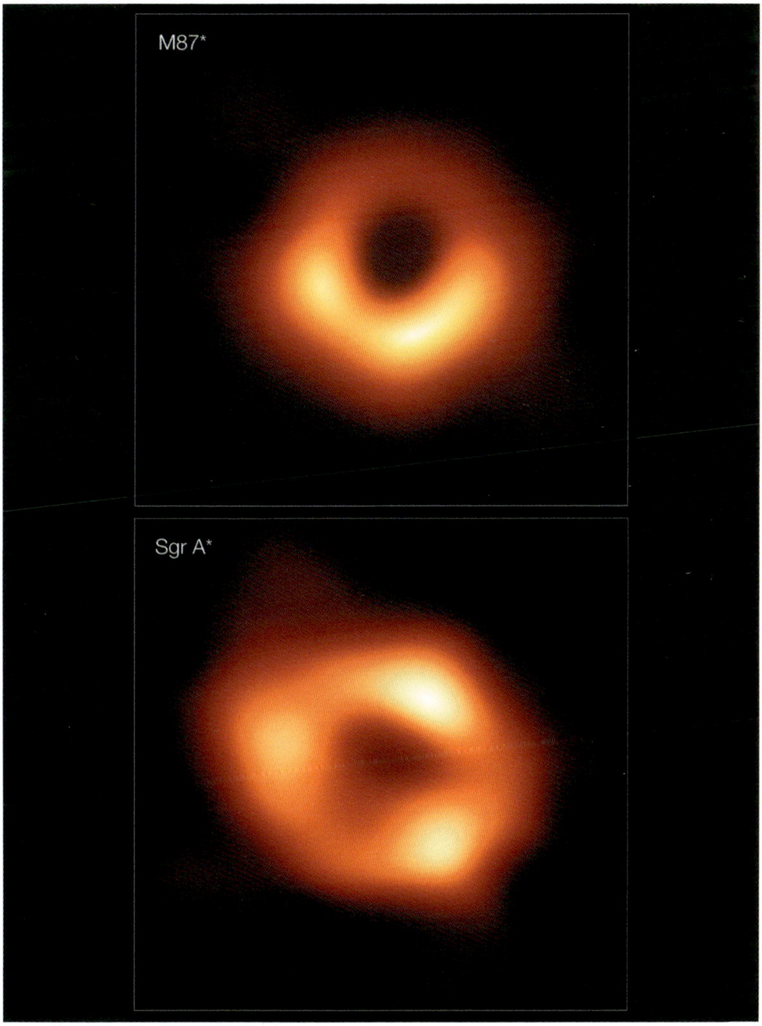

Abbildung 1.1, oben: Das supermassereiche Schwarze Loch im Zentrum der Galaxie M 87. Unten: Sagittarius A*, das Schwarze Loch im Zentrum unserer Galaxis. Beide abgebildet vom Event Horizon Telescope. Siehe S. 15.

TAFEL 2

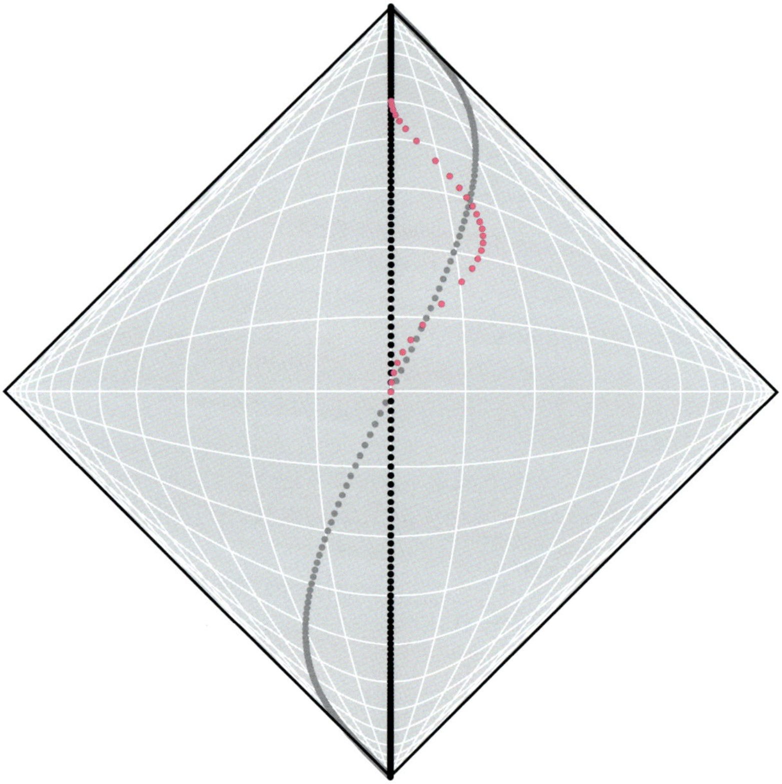

Abbildung 3.7. Das Zwillingsparadoxon. Siehe S. 82.

TAFEL 3

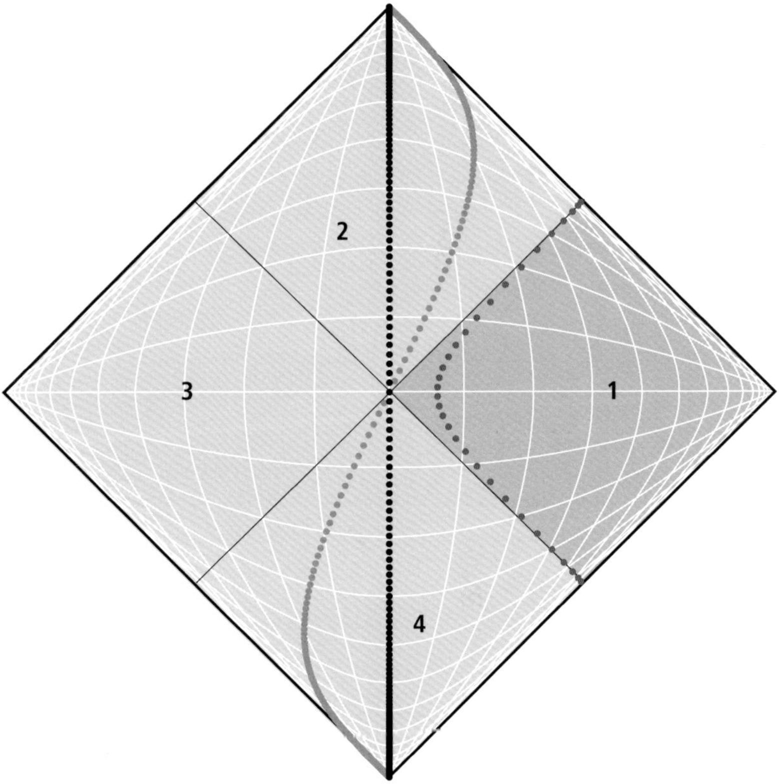

Abbildung 3.8. Ein unsterblicher Rindler-Beobachter, der eine konstante Beschleunigung erfährt. Siehe S. 86.

TAFEL 4

Abbildung 4.1. Die Biosphère Montréal, erbaut für die „Expo 67“. Siehe S. 95.

TAFEL 5

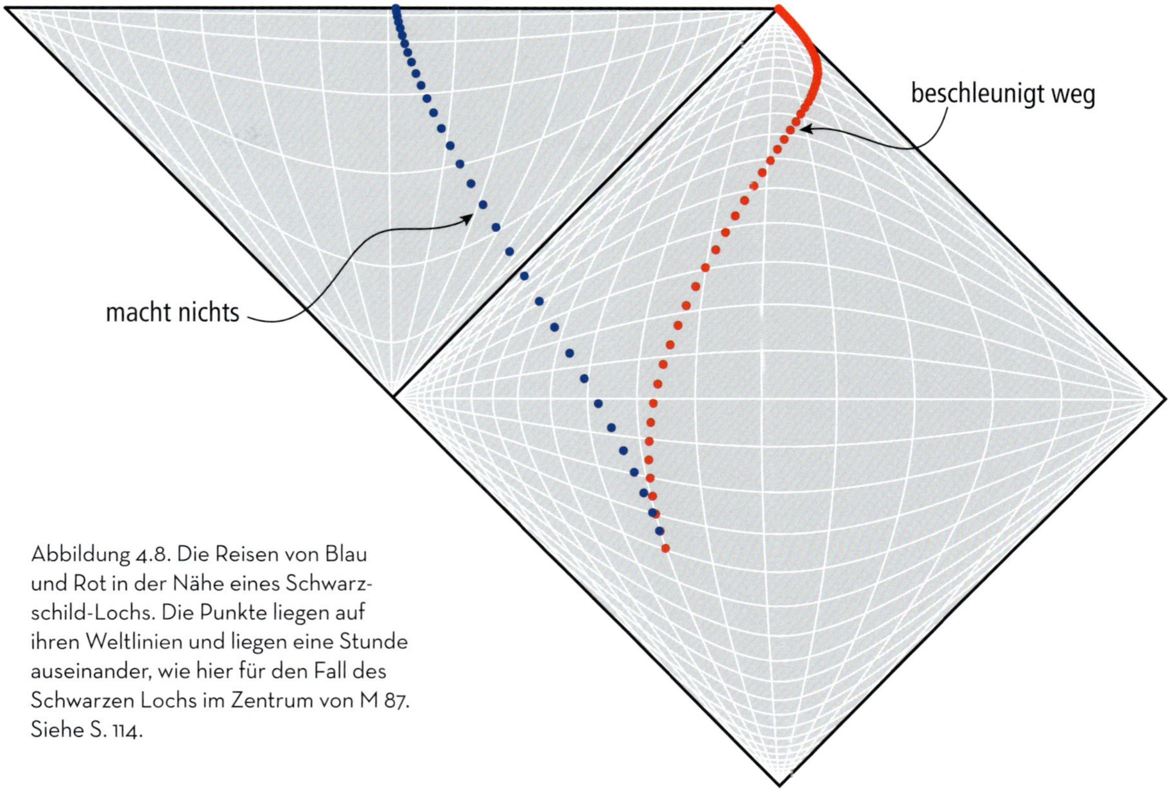

Abbildung 4.8. Die Reisen von Blau und Rot in der Nähe eines Schwarzschild-Lochs. Die Punkte liegen auf ihren Weltlinien und liegen eine Stunde auseinander, wie hier für den Fall des Schwarzen Lochs im Zentrum von M 87. Siehe S. 114.

TAFEL 6

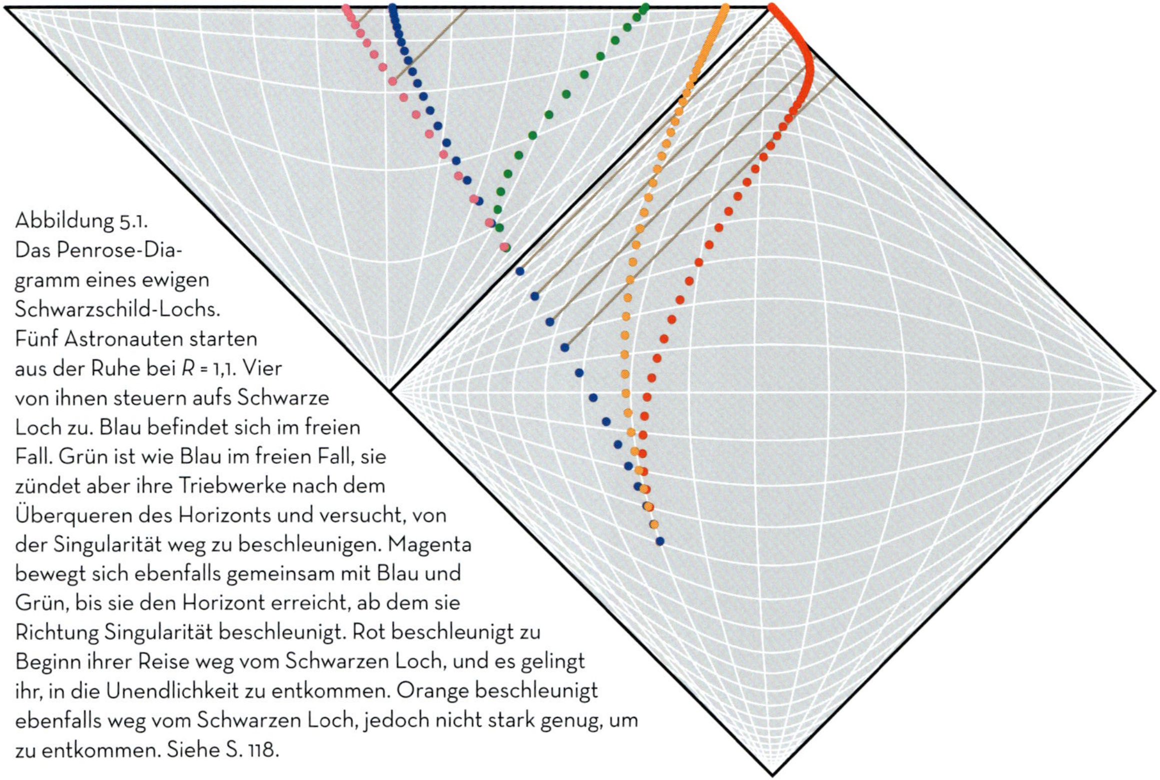

Abbildung 5.1.
Das Penrose-Diagramm eines ewigen Schwarzschild-Lochs. Fünf Astronauten starten aus der Ruhe bei $R = 1{,}1$. Vier von ihnen steuern aufs Schwarze Loch zu. Blau befindet sich im freien Fall. Grün ist wie Blau im freien Fall, sie zündet aber ihre Triebwerke nach dem Überqueren des Horizonts und versucht, von der Singularität weg zu beschleunigen. Magenta bewegt sich ebenfalls gemeinsam mit Blau und Grün, bis sie den Horizont erreicht, ab dem sie Richtung Singularität beschleunigt. Rot beschleunigt zu Beginn ihrer Reise weg vom Schwarzen Loch, und es gelingt ihr, in die Unendlichkeit zu entkommen. Orange beschleunigt ebenfalls weg vom Schwarzen Loch, jedoch nicht stark genug, um zu entkommen. Siehe S. 118.

TAFEL 7

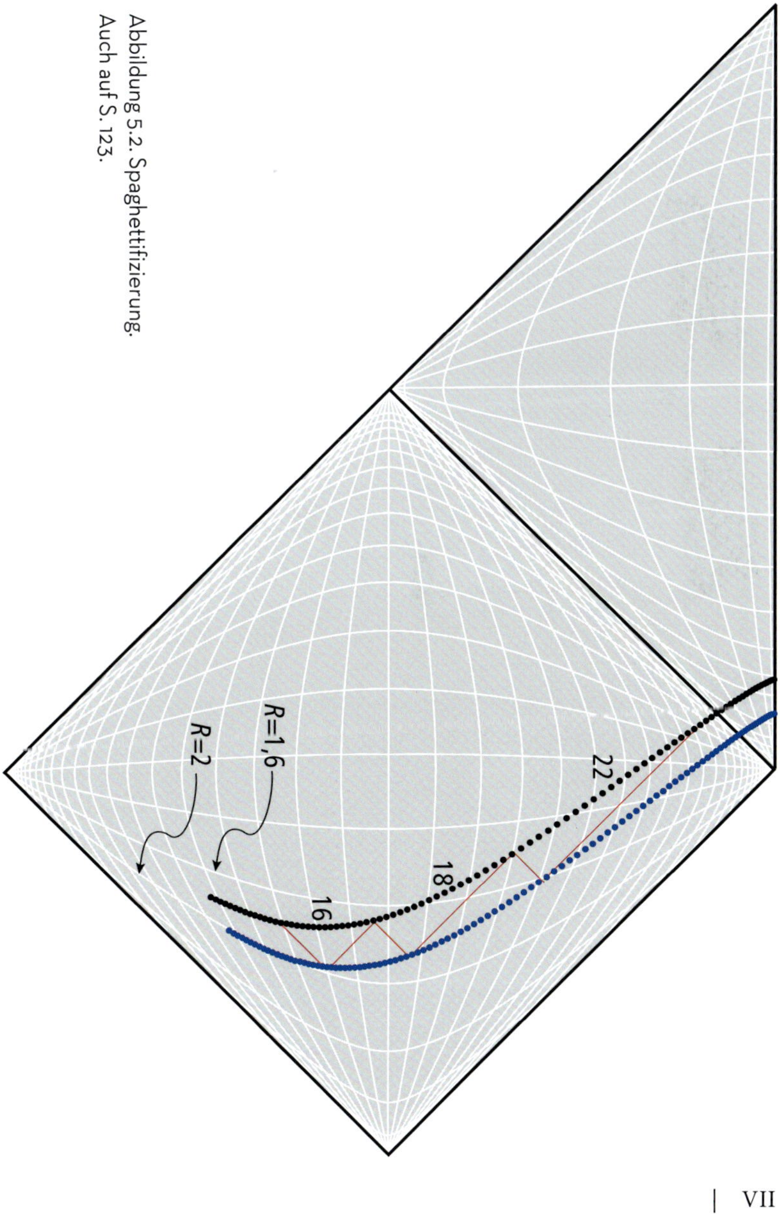

Abbildung 5.2. Spaghettifizierung.
Auch auf S. 123.

TAFEL 8

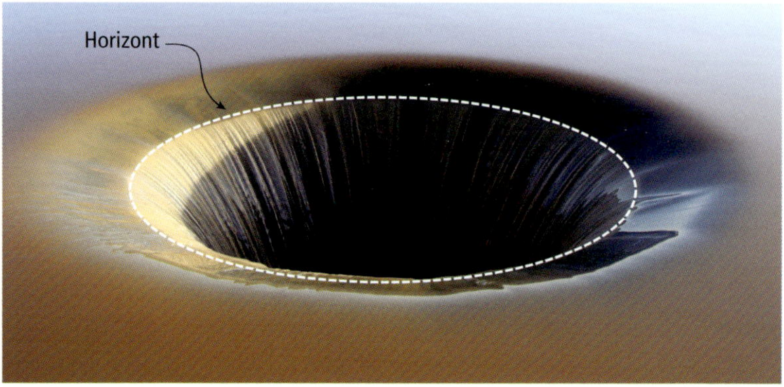

Abbildung 5.4. Das Flussmodell eines Schwarzen Lochs. Siehe S. 129.

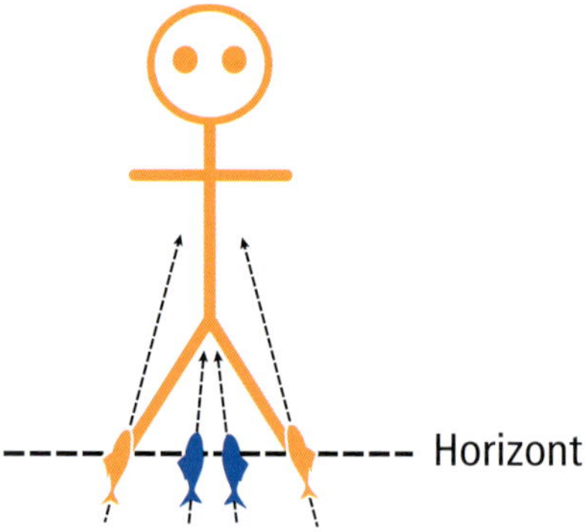

Abbildung 5.5. Photonenfische von Blaus Füßen erreichen Oranges Augen unter einem engeren Winkel als die Photonenfische von Oranges eigenen Füßen. Alle treten gleichzeitig in ihre Augen ein, doch Orange sieht ihre eigenen Füße normal groß und Blau weit weg und klein. Siehe S. 131.

TAFEL 9

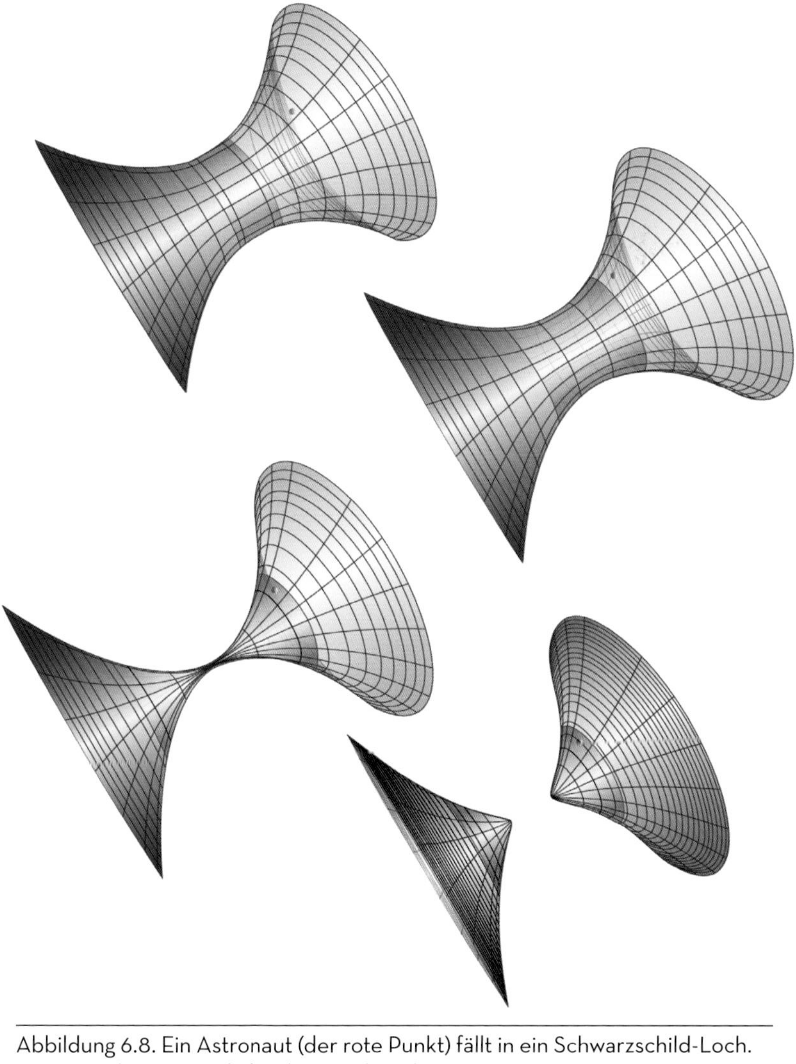

Abbildung 6.8. Ein Astronaut (der rote Punkt) fällt in ein Schwarzschild-Loch. Die Zeit schreitet von links oben nach rechts unten voran. Beachten Sie, wie das Wurmloch wächst und sich abschnürt, bevor der Astronaut die andere Seite erreichen kann. Siehe S. 150.

TAFEL 10

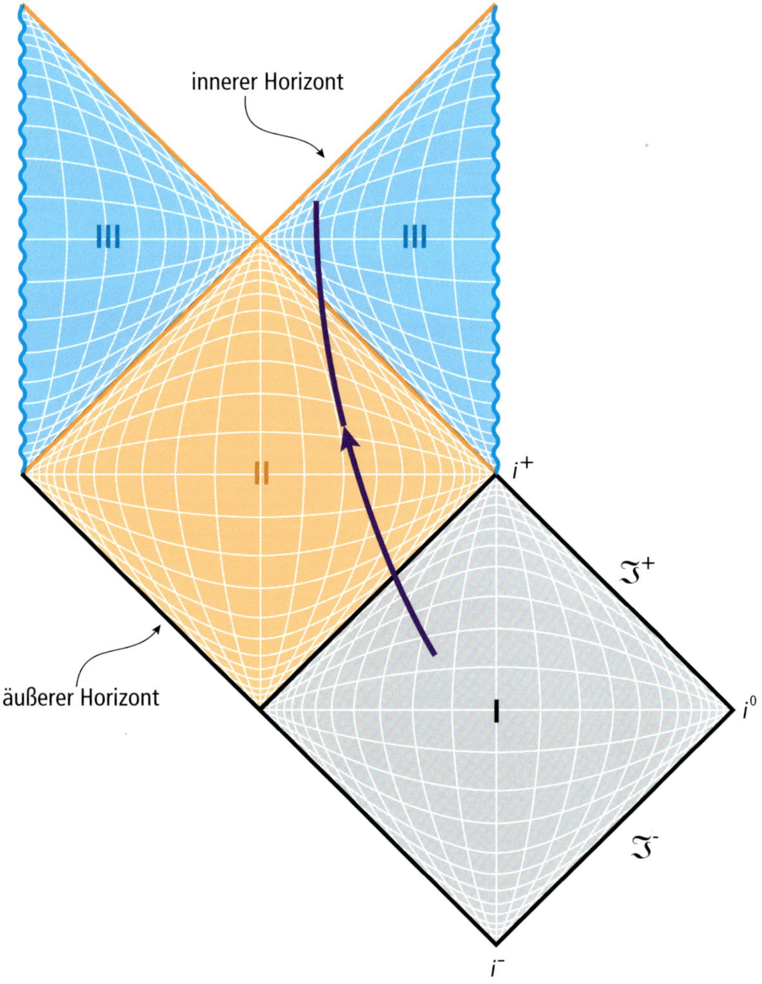

Abbildung 7.4. Das Penrose-Diagramm eines Kerr-Lochs gemäß den Erörterungen im Text. Es ist eindeutig unvollständig. Siehe S. 160.

TAFEL 11

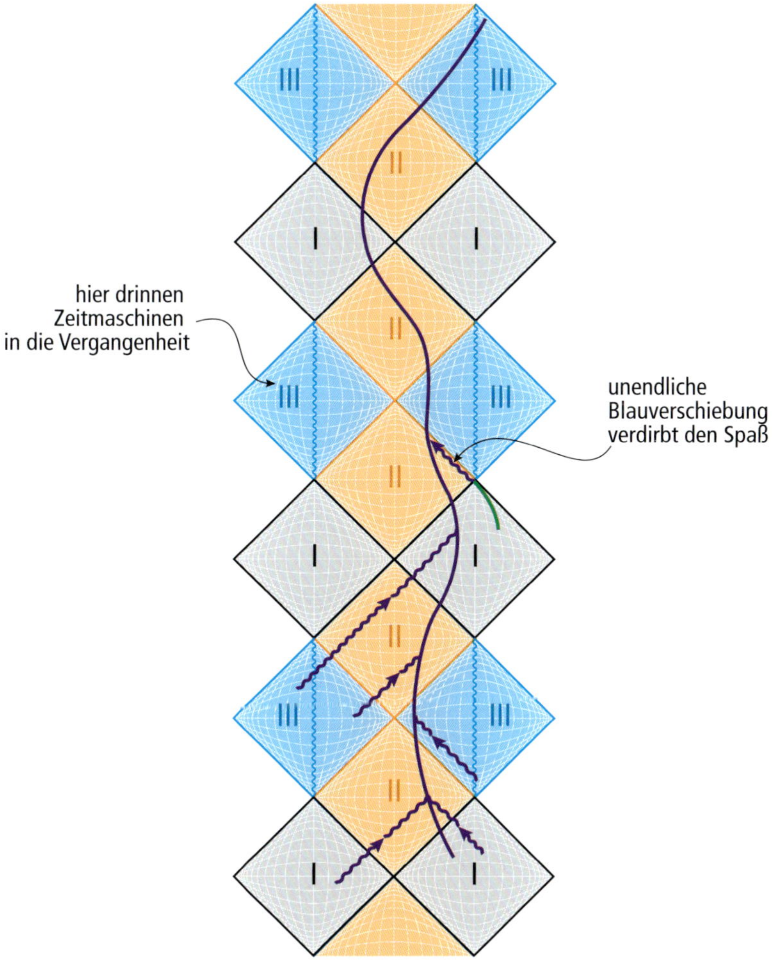

Abbildung 7.5. Das maximale Kerr-Loch. Die violette Linie ist die Weltlinie unserer unerschrockenen Entdeckerin. Der in Abbildung 7.4 gezeigte Teil ihrer Reise befindet sich unten. Die violetten Schlangenlinien stellen mögliche Wege von Lichtstrahlen dar. Siehe S. 161.

TAFEL 12

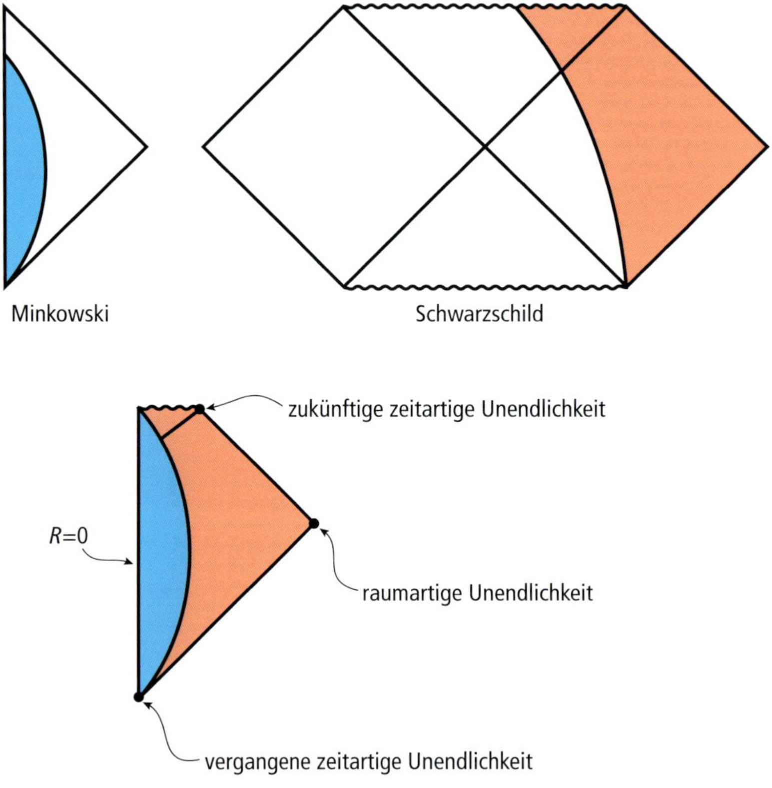

Abbildung 8.3. Das Penrose-Diagramm einer kollabierenden Materieschale (unten). Das Innere der Schale ist die Minkowski-Raumzeit (blau). Das Äußere der Schale ist eine Schwarzschild- Raumzeit (rot). Siehe S. 185.

TAFEL 13

Abbildung 10.2. Die Temperatur eines Schwarzschild-Lochs steht auf Stephen Hawkings Gedenkstein in der Westminster Abbey. Siehe S. 229.

TAFEL 14

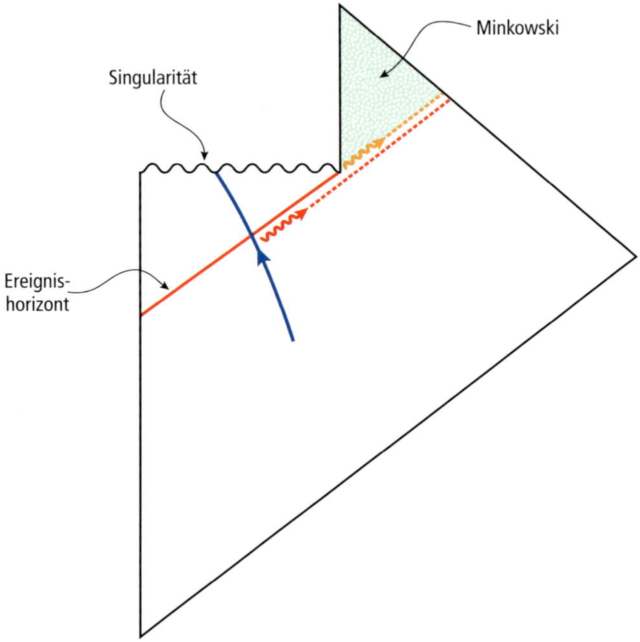

Abbildung 11.1. Das Penrose-Diagramm für ein verdampfendes Schwarzes Loch. Die Singularität verschwindet, nachdem das letzte Hawking-Teilchen (der orange, wellenförmige Pfeil) emittiert wurde. Die blaue, leicht gekrümmte Linie ist die Weltlinie eines in das Loch geworfenen Buchs und der rote gewellte Pfeil ist ein weiteres Hawking-Teilchen. Beide Hawking-Teilchen folgen ihrer jeweiligen gestrichelten Weltlinie und landen in der zukünftigen lichtartigen Unendlichkeit. Siehe S. 240.

TAFEL 15

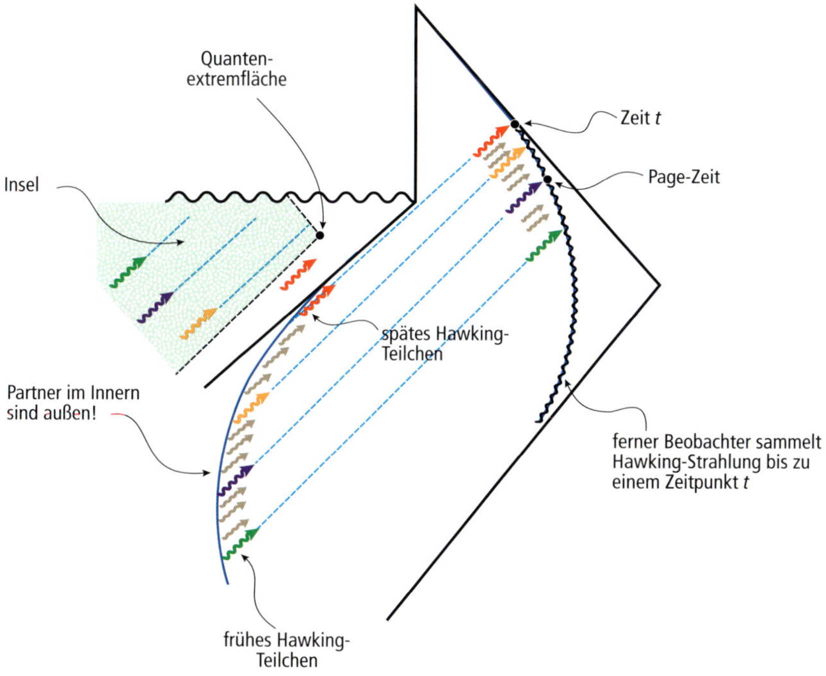

Abbildung 14.4. Teil eines Penrose-Diagramms für ein verdampfendes Schwarzes Loch. Die wellenförmigen Pfeile bezeichnen Hawking-Teilchen, Teilchen mit der gleichen Farbe sind verschränkte Partner (eines befindet sich außerhalb des Ereignishorizonts und der jeweilige Partner innerhalb). Die der Strahlung *R* entsprechende Quantenextremfläche ist angedeutet, zusammen mit ihrer Insel (dem schattierten Bereich). Die inneren Partner auf der Insel sollten als Teil von *R* betrachtet werden. Siehe S. 289.

TAFEL 16

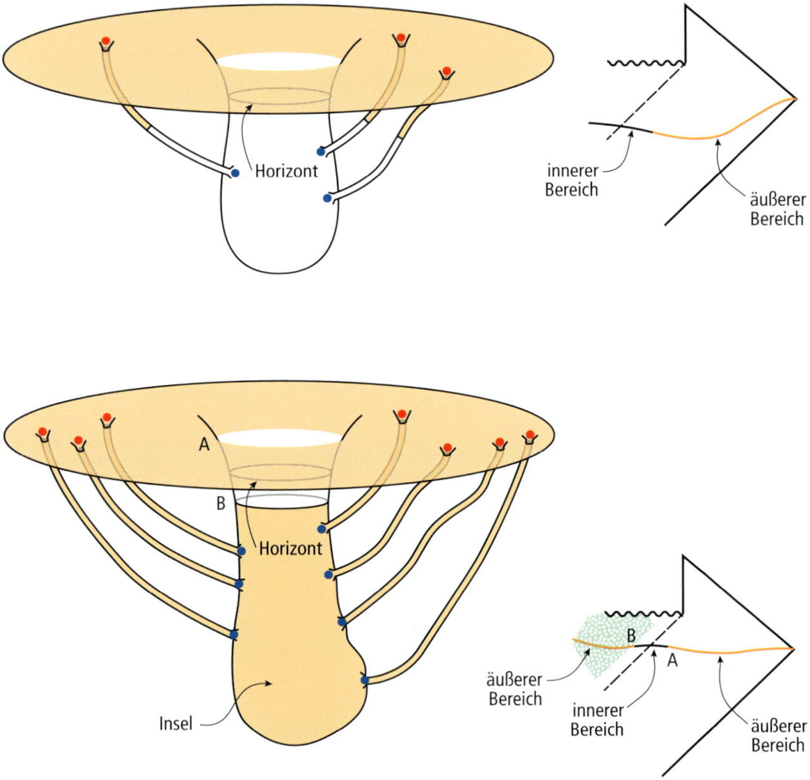

Abbildung 14.6. Veranschaulichung, wie das Inselkonzept funktioniert. Es stützt sowohl die ER=EPR- als auch die Ryu-Takayanagi-Vermutung. Bei einem alten Schwarzen Loch (unten) befindet sich der größte Teil seines „Innern“ außerhalb. In beiden Bildern ist der Außenbereich orange schattiert. Hawking-Teilchen sind als Punkte dargestellt (in rot bzw. blau bei ihrem jeweiligen Partner). Siehe S. 294.

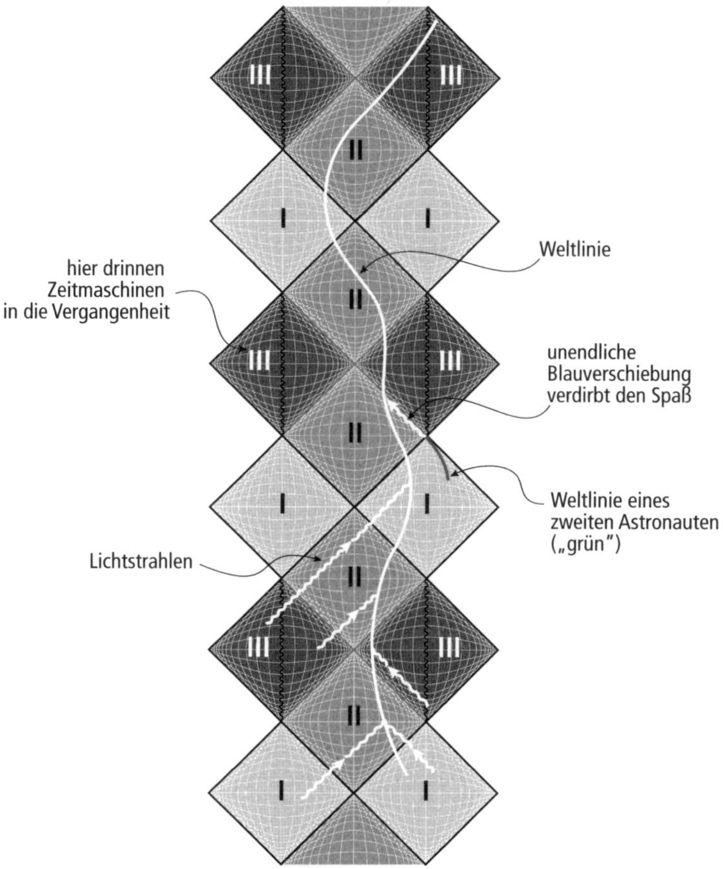

Abbildung 7.5. Das maximale Kerr-Loch. Die senkrechte Linie ist die Weltlinie unserer unerschrockenen Entdeckerin. Der in Abbildung 7.4 gezeigte Teil ihrer Reise befindet sich unten. Die Schlangenlinien stellen mögliche Wege von Lichtstrahlen dar. Auch auf Tafel 11.

Dies liegt an der Zeitartigkeit der Kerr-Singularität. Unsere Astronautin kann sie folglich sehen (45-Grad-Linien, die von der Singularität ausgehende Lichtstrahlen darstellen, können die Weltlinie der Astronautin erreichen). Dies bildet einen Unterschied zur raumartigen Singularität innerhalb eines Schwarzschild-Lochs: jener waagrechten Linie im Penrose-Diagramm, die niemand kommen sieht.

Dank unserer Erfahrung mit Penrose-Diagrammen im vergangenen Kapitel erkennen wir sofort, dass Abbildung 7.4 noch nicht die ganze Wahrheit sein kann. Die beiden oberen diagonalen Ränder des Diagramms im Innern des Schwarzen Lochs sind Horizonte, keine Singularitäten. Sie liegen nicht im Unendlichen. Als wir das Schwarzschild-Loch untersucht haben, sind wir auf eine ähnliche Situation gestoßen. Das brachte uns zur Erweiterung der Raumzeit und zur Entdeckung der Einstein-Rosen-Brücke. Entsprechendes gilt auch hier. Um sicherzustellen, dass alle Weltlinien entweder im Unendlichen oder in einer Singularität enden, sind wir gezwungen, Abbildung 7.4 zu erweitern. Das Ergebnis, von dem ein Teil in Abbildung 7.5 dargestellt ist, ist ziemlich erschreckend: Wir wissen bereits, dass es ein unendliches Raumvolumen innerhalb des Ereignishorizonts eines Schwarzen Lochs geben kann, aber im maximal erweiterten Schwarzschild-Fall mussten wir durch das Wurmloch nur mit *einem* zusätzlichen unendlichen Universum fertig werden. Im Innern des ewigen Kerr-Lochs befinden sich unendlich viele unendliche Universen, die ineinander verschachtelt sind wie TARDIS-artige Matrjoschka-Puppen. Das Penrose-Diagramm würde ein unendlich großes Blatt Papier ausfüllen. Dieses Kerr-Wunderland ist die einzige Möglichkeit, um die Abbildung 7.4 zu erweitern und mit der Allgemeinen Relativitätstheorie in Einklang zu bleiben.

Die Frage, was in aller Welt wir hier gezeichnet haben, ist durchaus angebracht. Das Diagramm zeigt den Teil eines unendlichen „Turms" aus Universen. Das bedeutet, dass eine unendliche Menge an Raum und Zeit im Innern eines ewigen Kerr-Lochs verstaut ist und keine zwingende Begegnung mit einer Singularität den Spaß verdirbt. Um zu sehen, wie die Dinge sich entwickeln, setzen wir die Reise fort, auf der unsere Astronautin weiter ins Innere des Schwarzen Lochs gelangt.

Zur Erinnerung: Die Astronautin startete in der Region I am unteren Rand des Diagramms. Das ist der unendliche Bereich der

Raumzeit, der außerhalb des äußeren Horizonts liegt. Wir könnten diesen Bereich „unser Universum" nennen. Sie überquerte den äußeren Horizont und gelangte in die Region II. Nun befindet sie sich im Innern des Schwarzen Lochs, zwischen dem äußeren und dem inneren Horizont. Wir können erkennen, dass sie, genau wie beim Schwarzschild-Loch, in der Lage sein wird, Signale nicht nur aus unserem Universum – Region I – zu empfangen, sondern auch aus einem anderen Universum – der „anderen" Region I (zur Veranschaulichung haben wir zwei geschlängelte Lichtstrahlen eingezeichnet, um das zu illustrieren).

Sie könnte Astronauten treffen, die den äußeren Horizont aus dem anderen Universum überquert haben, aber nun ist niemand dazu verdammt, am Ende der Zeit auf die Singularität zu treffen, weil es in Region II keine Singularität gibt. Stattdessen muss die Astronautin den inneren Horizont überqueren und in Region III eindringen. Die Ringsingularität erscheint drohend in ihrem Blickfeld, gekennzeichnet durch die senkrechte Schlangenlinie, doch die Astronautin kann ihr ausweichen. Jetzt beginnt der Spaß.

Sie entscheidet sich, die Singularität zu umschiffen, und gelangt in eine zweite Region II. Diese Region ist durch einen Horizont begrenzt, doch es ist der Horizont eines Weißen Lochs, ein Tor in eine andere Region I – in ein anderes Universum. An diesem Punkt könnte sich die Astronautin dazu entscheiden, dorthin zu gehen, um diesen neuen, verlockenden Ozean aus Sternen und Galaxien zu erkunden. Aber sie muss es nicht tun. In diesem neuen Universum gibt es einen weiteren äußeren Horizont eines Kerr-Lochs, den sie beschließt zu überqueren. Einmal im Innern dieses zweiten Schwarzen Lochs angekommen, wiederholt sich die ganze Geschichte, bis die Astronautin in ein drittes Schwarzes Loch eintaucht. Sie kommt in Region III am oberen Rand der Abbildung an und ist nun bereit, der Singularität tapfer ins Auge zu sehen. Sie taucht durch den Ring in ein weiteres neues Universum im unendlichen Turm der Universen ein. Allerdings ist dieses Universum ganz anders als die bisherigen. In dieser Region der Raumzeit schiebt die Gravitation eher, als dass sie zieht.[4] Es handelt sich um ein Antigravitationsuniversum. Für sie wäre es noch immer möglich, umzukehren und durch die Ringsingularität zurückzunavigieren. Aber sie kann es auch hinbekommen, in der Singularität aufzutauchen, bevor sie diese überhaupt betreten hat. Dies ist möglich, weil es für unsere Astronautin Wege in Region III gibt, die zum selben Punkt zurückführen. Es ist unmöglich, solche Pfade in unser Penrose-Diagramm einzuzeichnen, weil sie eine Schleife in einer der Dimensionen beschreiben, die wir nicht eingezeichnet haben. Solche Wege werden „geschlossene zeitartige Kurven" genannt. Stellen Sie sich einen Weg durch die Raumzeit vor, der am Tag vor Ihrer Geburt beginnt und einige Jahre später (gemäß Ihrer Uhr) wieder an dem Tag vor Ihrer Geburt ankommt. Es handelt sich um eine Zeitreise. Solche Wege sind in der Raumzeitgeometrie der Region III möglich. Dies bedeutet, dass das Kerr-Loch eine Zeitmaschine ist (manchmal Carter-Zeitmaschine genannt, nach Brandon Carter, der sie zuerst entdeckte).

Nun stellen sich alle möglichen Fragen. Was wäre, wenn die Astronautin beschließt zu verhindern, dass sie geboren wird? Das ist nicht zwingend ein Paradoxon, falls sie keinen freien Willen hat; das Universum könnte so konstruiert sein, dass Zeitreisen möglich sind und das Ganze trotzdem logisch konsistent bleibt. Vielleicht wäre es für Sie unmöglich zu verhindern, dass Sie geboren werden und solche Paradoxien verursachen. Über den freien Willen zu sinnieren, würde (vielleicht zwangsläufig, wer weiß) den Rahmen dieses Buches sprengen, aber Fragen über mögliche Raumzeitgeometrien zu stellen, sprengt

4 Was unsere Astronautin in der Region III erlebt, können wir nicht aus dem Penrose-Diagramm ablesen, aber die Gleichungen verraten es uns.

ihn nicht. Die große Frage lautet: Gibt es in der Natur tatsächlich Raumzeiten, die geschlossene zeitartige Kurven zulassen?

Im Tagungsband zu Kip Thornes 60. Geburtstag – nur die bedeutendsten Physiker lassen ihre Geburtstage als Tagungsband ausarbeiten – schreibt Stephen Hawking über Raumzeiten, die Zeitmaschinen ermöglichen.[i] „In diesem Aufsatz geht es um Zeitreisen, für die sich Kip Thorne mit zunehmendem Alter interessiert …“, fängt er an. „Aber offen über Zeitreisen zu spekulieren ist heikel. Wenn die Presse aufschnappt, dass die Regierung die Erforschung von Zeitreisen finanziert, gäbe es einen Aufschrei über die Verschwendung von öffentlichen Geldern … Es gibt also nur wenige unter uns, die so verwegen sind, an einem Thema zu arbeiten, das selbst in Physikerkreisen als politisch inkorrekt gilt. Wir verschleiern, was wir tun, indem wir Fachbegriffe verwenden wie ‚geschlossene zeitartige Kurven‘, was nur ein Code für Zeitreisen ist.“

Obwohl sie nicht zweifelsfrei bewiesen ist, schlug Hawking eine „Chronologie-Schutzvermutung“ vor: „Die Gesetze der Physik haben sich verschworen, um Zeitreisen von makroskopischen Objekten zu verhindern“. Mit makroskopischen Objekten meinte Hawking große Dinge wie Astronauten, nicht subatomare Teilchen. Das bedeutet, dass die maximal erweiterte Kerr-Geometrie in der Natur nicht existieren sollte, und wir glauben, dass sie dies aus zwei Gründen nicht tut: Erstens, wie wir bereits erwähnt haben und im nächsten Kapitel sehen werden, entstehen reale Schwarze Löcher aus kollabierender Materie. Durch die Anwesenheit von Materie verändert sich die Raumzeit innerhalb des Horizonts eines Schwarzen Lochs, wodurch die Zugänge zu anderen Universen blockiert werden. Sowohl die maximal erweiterte Schwarzschild- als auch die maximal erweiterte Kerr-Lösung sind Vakuumlösungen von Einsteins Gleichungen – ewige Schwarze Löcher. Soweit wir wissen, gibt es keine solchen Schwarzen Löcher.

Der zweite Grund, warum es das Kerr-Wunderland nicht geben sollte, ist in Abbildung 7.5 dargestellt. Die kurze grüne Bahn ist die Weltlinie von jemandem, der sich ohne großes Theater in Richtung der zukünftigen zeitartigen Unendlichkeit in einem der Region-I-Universen bewegt. Er sendet in regelmäßigen Abständen Lichtsignale an unsere Astronautin im Innern des Lochs. Doch wie wir in Kapitel 3 gesehen haben, ist an der Spitze der Raute eine unendliche Menge an Zeit komprimiert. Das bedeutet, dass sich die Lichtsignale entlang des oberen Rands der Raute und im Schwarzen Loch entlang des inneren Horizonts ansammeln. Dies hat einen unendlichen Energiestrom zur Folge (eines dieser Signale ist als violette Schlangenlinie dargestellt), durch den sich eine Singularität bildet, die die Region III abriegelt, die Ringsingularität und alles dahinter. „Der innere Horizont markiert den letzten Moment, in dem unsere Astronautin noch Nachrichten empfangen kann, aber dann bekommt sie alle Nachrichten auf einmal."[ii] Die Weltlinien enden an der Singularität,[5] sodass eine Erweiterung in die Region, die die Ringsingularität, die Zeitmaschinen und den unendlichen Turm der Universen enthält, weder notwendig noch möglich ist.

SCHNELL ROTIERENDE SCHWARZE LÖCHER

Wenn die Rotation des Lochs schneller ist und J/c die Hälfte des Schwarzschild-Radius übersteigt, entspricht das Penrose-Diagramm nicht mehr jenem des Kerr-Wunderlands. Dann ist die Raumzeit erheblich einfacher, enthält aber eine sogenannte nackte Singularität, wie in Abbildung 7.6 dargestellt.

---

5 Eine waagrechte, raumartige Singularität wie die in einem Schwarzschild-Loch.

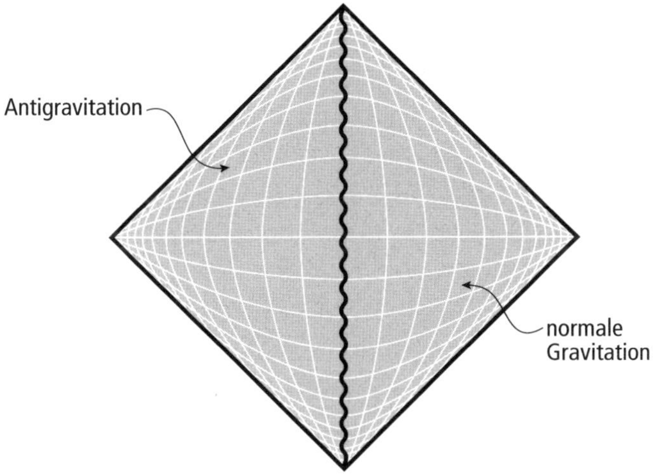

Abbildung 7.6. Das Penrose-Diagramm eines schnell rotierenden Schwarzen Lochs.

Die Ereignishorizonte sind verschwunden, zurück bleibt nur eine Ringsingularität (die Schlangenlinie), die nach wie vor einen Zugang zu einem unendlichen Raum bildet, in dem die Gravitation abstößt, anstatt anzuziehen. Eine nackte Singularität ist eine Singularität, vor der das Universum nicht durch einen Ereignishorizont geschützt ist. Nackte Singularitäten sind Physikern ein Gräuel. So sehr, dass Roger Penrose sich veranlasst sah, die „kosmische Zensurvermutung“ aufzustellen. Sie besagt, dass es in unserem Universum keine nackten Singularitäten gibt, außer beim Urknall. Das Problem mit nackten Singularitäten ist, dass sie die Raumzeit mit Unwissenheit kontaminieren; die Welt wird hoffnungslos nichtdeterministisch. Vollständiges Wissen über die Vergangenheit würde nicht genügen, um die Zukunft vorherzusagen. Um das zu verstehen, stellen Sie sich ein beliebiges Ereignis in der Raumzeit von Abbildung 7.6 vor. Es wird Lichtstrahlen geben, die, von der Singularität kommend, dieses Ereignis erreichen und es somit beeinflussen können. Die Singularität ist jedoch ein Ort, an dem die bekannten Gesetze der Physik zusammenbrechen. In der Folge kann jedes Ereignis in der Raumzeit von einer unvorhersehbaren Region der Raumzeit beeinflusst werden, und das ist eine unangenehme Situation für Physiker, die es als ihre Aufgabe betrachten, auf Basis ihres Wissens über die Vergangenheit die Zukunft vorherzusagen. Allerdings ist die Natur nicht verpflichtet, Physikern das Leben leicht zu machen.

1991 gingen Kip Thorne, John Preskill und Stephen Hawking eine berüchtigte Wette ein: dass die Gesetze der Physik nackte Singularitäten verbieten. Hawking war der Meinung, dass nackte Singularitäten unter allen Umständen verboten seien, aber das scheint nicht der Fall zu sein. Bekanntlich gab Hawking die Wette 1997 „wegen einer Formalität" verloren und sein Zugeständnis schaffte es auf die Titelseite der *New York Times.* Die Formalität war, dass Computersimulationen nackte Singularitäten erzeugen können, wenn die Modelle auch sehr gekünstelt sind. Allerdings erfordern sie nichts allzu Exotisches, das über die bekannten Gesetze der Physik hinausginge. Thorne, Preskill und Hawking erneuerten daher ihre Wette mit geändertem Wortlaut: In unserem Universum werden keine nackten Singularitäten *auf natürliche Weise* auftreten, ohne dass eine unvorstellbar fortgeschrittene Zivilisation eingreifen muss, die den Gravitationskollaps feinabstimmen könnte. Hawking zahlte Thorne und Preskill in Form von T-Shirts aus, „um die Nacktheit des Gewinners zu bedecken", wie es im Wortlaut der Wette hieß. Die T-Shirts waren laut Kip Thorne so politisch inkorrekt, dass die beiden es nicht wagten, sie jemals zu tragen.

Was verhindert, dass ein Kerr-Loch auf natürliche Weise eine ausreichend hohe Rotation erlangt, um eine nackte Singularität zu erzeugen? Man kann sich leicht vorstellen, ein Schwarzes Loch schneller rotieren zu lassen, sodass es – selbst wenn es zu Beginn langsam war – am Ende schnell genug rotiert, um eine nackte Singularität freizulegen. Warum sollte man zum Beispiel nicht einen rotierenden Ball (oder vielleicht einen Stern, wenn wir es ernst meinen) in das Loch fallen lassen, und zwar so, dass dieser in dieselbe Richtung rotiert wie das Loch? Das würde die Rotation des Lochs erhöhen und sie womöglich über den kritischen Wert hieven. Diese Berechnung lässt sich mit der Allgemeinen Relativitätstheorie durchführen. Dabei stellt sich heraus, dass das Loch das rotierende Objekt wegstößt. Diese „Wechselwirkung zwischen Rotationen" ist ein schönes Beispiel, um zu veranschaulichen, wie die Allgemeine Relativitätstheorie anscheinend konstruiert ist, damit die kosmische Zensur greift. Es scheint, dass in der Natur vorkommende Schwarze Löcher ihre Singularitäten immer hinter Horizonten versteckt halten.

Sie mögen enttäuscht sein, dass die Natur anscheinend keine Wurmlöcher oder Kerr-Wunderländer zulässt, aber vielleicht sind Sie zu pessimistisch. Die Botschaft ist, dass die Allgemeine Relativitätstheorie in ihrer großen Reichhaltigkeit eine bemerkenswerte Bandbreite an Raumzeiten zulässt. Vielleicht ist ein Teil dieses außergewöhnlichen Potenzials in der Natur verwirklicht? Wir werden später auf diese kryptische Aussage zurückkommen: Die Antwort ist kein eindeutiges „Nein".

RÜCKKEHR ZUR ERGOSPHÄRE

Die innere Geometrie des Kerr-Lochs kann zwar durch die einfallende Materie seines kollabierenden Vorgängersterns beseitigt werden, doch gilt dies nicht für die Ergosphäre, die sich jenseits des äußeren Horizonts befindet. Rotierende Schwarze Löcher existieren und die äußere Raumzeit wird durch die Kerr-Lösung beschrieben. Kehren wir also zur Ergosphäre zurück, dem Bereich jenseits des äußeren Horizonts, in dem alles von der Strömung des Raums mit-

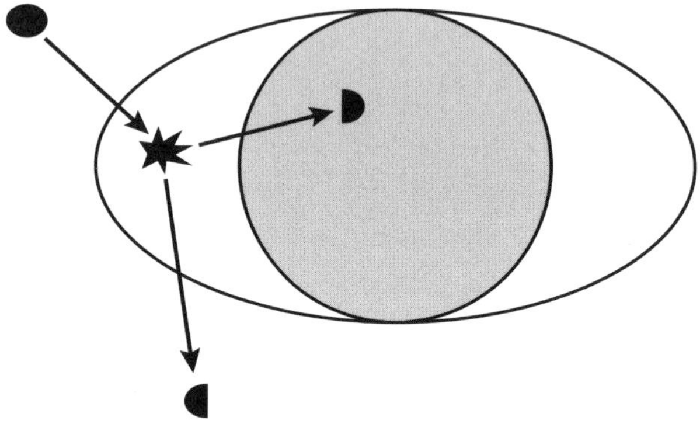

Abbildung 7.7. Der Penrose-Prozess.

gerissen wird. Erinnern wir uns daran, dass innerhalb der Ergosphäre Raum und Zeit ihre Rollen tauschen (siehe Kasten 7.1), aber es weiterhin möglich ist, zu entkommen. Roger Penrose erkannte als Erster die Folgen dieses Rollentauschs von Raum und Zeit innerhalb der Ergosphäre. Dieser Tausch ermöglicht es, einem rotierenden Schwarzen Loch Energie zu entziehen. Das Prinzip ist in Abbildung 7.7 dargestellt.

Stellen Sie sich vor, Sie werfen einen Gegenstand in die Ergosphäre, wo er in zwei Teile zerbricht. Ein Teil fällt in das Schwarze Loch und der andere kommt wieder heraus. Das ist möglich, weil die Ergosphäre außerhalb des Ereignishorizonts liegt. Erstaunlicherweise kann das herauskommende Stück mehr Energie mit sich führen als der ursprünglich hineingefallene Gegenstand. Wie kommt dieses Wunder zustande?

Die wichtige Erkenntnis lautet, dass Objekte innerhalb der Ergosphäre aus der Perspektive einer Person außerhalb des Lochs eine negative Energie haben können. Außerhalb eines Schwarzen Lochs besitzen Objekte immer eine positive Energie. Innerhalb der Ergosphäre ist es jedoch möglich, dass Objekte mit negativer Energie existieren.[6] Diese Möglichkeit ergibt sich aus den vertauschten Rollen von Raum und Zeit und weil Energie und Impuls eng mit Raum und Zeit verbunden sind.

Um den Zusammenhang zwischen Raum, Zeit, Impuls und Energie zu verstehen, müssen wir einen kurzen Abstecher ins Jahr 1918 zu Amalie Emmy Noether unternehmen. Noether war, in Einsteins Worten, „das bislang bedeutendste kreative mathematische Genie, das seit Beginn der höheren Ausbildung von Frauen hervorgebracht wurde". Zu Noethers vielen Leistungen zählt ihre Entdeckung, dass der Energieerhaltungssatz eine direkte Folge der zeitlichen Translationsinvarianz ist – wenn man den Fachjargon weglässt, bedeutet dies, dass das Ergebnis eines Experiments nicht davon abhängt, an welchem Wochentag es durchgeführt wird (falls alle anderen Dinge unverändert bleiben). Und der Impulserhaltungssatz ist eine Folge der Translationsinvarianz des Raums: Das Ergebnis hängt nicht davon ab, wo das Experiment durchgeführt wird (falls alle anderen Dinge unverändert bleiben). Demzufolge geht der Rollentausch von Raum und Zeit innerhalb der Ergosphäre mit einem entsprechenden Rollentausch von Impuls und Energie einher. Im Universum außerhalb des Schwarzen Lochs – in unserer Alltagswelt – kann der Impuls positiv oder negativ sein, weil die Dinge sich nach links oder rechts bewegen können. Im Inneren der Ergosphäre bedeutet dieser Wechsel, dass die Energie ebenfalls positiv oder negativ sein kann.

Wenn ein Teil des einfallenden Objekts innerhalb der Ergosphäre abbricht und negative Energie ins Schwarze Loch trägt, nimmt die Energie des Schwarzen Lochs ab. Die Energie muss aber insgesamt

6 Unter Verwendung der Begriffe Energie und Zeit, die ein Beobachter weit weg vom Loch definiert hat.

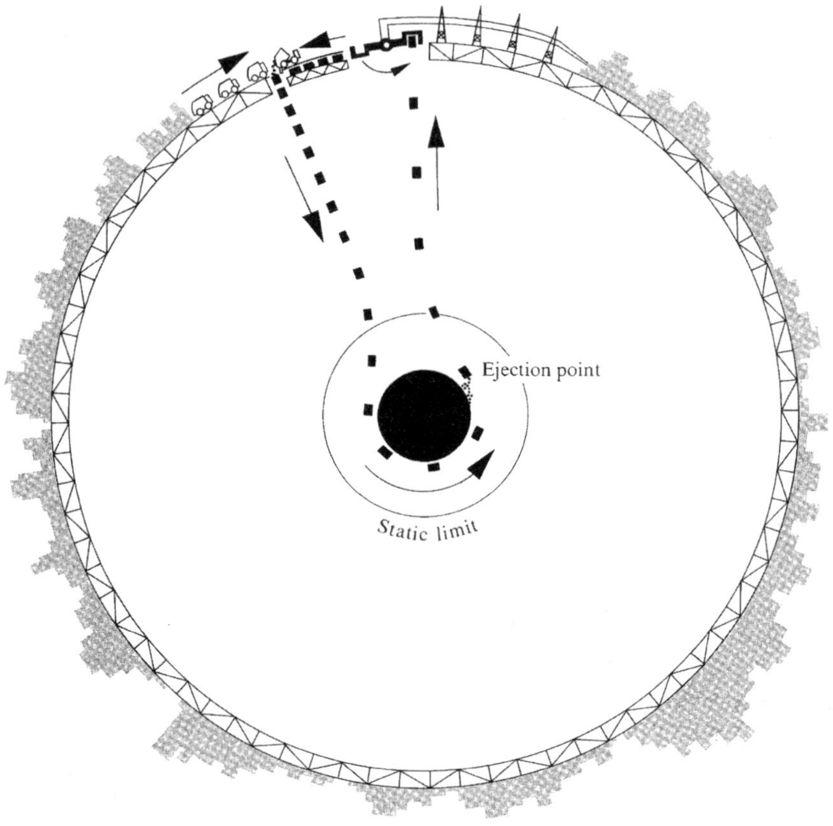

Abbildung 7.8. Die Ausbeutung eines Schwarzen Lochs. Aus Misners, Thornes und Wheelers Buch *Gravitation* von 1973.

erhalten bleiben, sodass der Teil, der die Ergosphäre verlässt, mehr Energie mitnehmen muss, als ursprünglich eingebracht wurde.

In Abbildung 7.8 geben wir eine Abbildung von Misner, Thorne und Wheeler wieder. Sie zeigt, wie eine weitentwickelte Zivilisation, die in der Nähe eines Kerr-Lochs lebt, den Penrose-Prozess nutzen könnte, um ihren Müll zu entsorgen und elektrischen Strom für sich zu gewinnen. Es wäre das ultimative grüne Energiesystem.

Wir haben recht viel Zeit mit dem Erkunden der Ergosphäre verbracht, denn es gibt eine wichtige Nachbemerkung. Es zeigt sich, dass die Fläche des Ereignishorizonts eines Schwarzen Lochs durch einen Penrose-Prozess immer zunimmt. Auf den ersten Blick ist das überraschend, weil ein rotierendes Schwarzes Loch durch den Penrose-Prozess Masse verliert. Wir könnten daher erwarten, dass der Horizont schrumpft. Wir betrachten jedoch rotierende Schwarze Löcher, und die Fläche des äußeren Ereignishorizonts kann sich sogar vergrößern, wenn die Masse des Schwarzen Lochs abnimmt – vorausgesetzt, dass die Rotation des Schwarzen Lochs ebenfalls abnimmt. Mit den Gleichungen der Allgemeinen Relativitätstheorie lässt sich zeigen, dass die Rotation eines Schwarzen Lochs in einem Penrose-Prozess immer abnimmt, und zwar so stark, dass die Fläche des äußeren Horizonts immer wächst. Die Regel, dass die Fläche immer zunimmt, gilt nicht nur für den Penrose-Prozess. 1971 bewies Stephen Hawking, dass gemäß der Allgemeinen Relativitätstheorie die Fläche des Horizonts eines Schwarzen Lochs immer zunehmen muss, egal was passiert.[7] Das ist ein Ergebnis von großer Bedeutung. Es ist unsere erste Begegnung mit den Gesetzen der Thermodynamik Schwarzer Löcher.

Bevor wir uns mit diesem wichtigen Thema befassen, werden wir einen Schritt von der reinen Theorie zurücktreten, um die Entstehung realer Schwarzer Löcher zu erkunden, die wir überall im Universum beobachten.

7 Sie wird abnehmen dürfen, wenn wir uns mit der Quantenphysik befassen.

8 ECHTE SCHWARZE LÖCHER AUS KOLLABIERENDEN STERNEN

„In meinem gesamten wissenschaftlichen Berufsleben, das sich über fünfundvierzig Jahre erstreckt, war die erschütterndste Erfahrung die Erkenntnis, dass eine exakte Lösung von Einsteins Gleichungen der Allgemeinen Relativitätstheorie, die von dem neuseeländischen Mathematiker Roy Kerr entdeckt worden ist, die absolut exakte Darstellung unzähliger massebehafteter Schwarzer Löcher liefert, die das Universum bevölkern. Die unglaubliche Tatsache, dass eine Entdeckung, die durch die Suche nach dem Schönen in der Mathematik motiviert war, ihre exakte Entsprechung in der Natur findet, lässt einen vor dem Schönen erschaudern, und veranlasst mich zu der Aussage, dass Schönheit das ist, worauf der menschliche Geist am tiefsten und grundlegendsten reagiert."

SUBRAHMANYAN CHANDRASEKHAR[1]

Die Schwarzen Löcher, die wir bisher erforscht haben, existieren im mathematischen Gedankengebäude der Allgemeinen Relativitätstheorie. Für einen großen Teil des 20. Jahrhunderts waren diese bemerkenswerten Objekte den Physikern zwar bekannt, wurden von ihnen jedoch weitgehend abgelehnt, auch von Einstein: mit der sehr vernünftigen Begründung, man sollte nicht zu dem Schluss kommen, dass etwas existiert, nur weil eine physikalische Theorie es zulässt. Wenn Schwarze Löcher nicht am mathematischen, sondern am realen Himmel existieren sollen, muss die Natur sie erschaffen. Reale Schwarze Löcher, die durch den Kollaps von Sternen entstehen, sind das Thema dieses Kapitels. Wir werden lernen, dass die von Schwarzschild und Kerr entdeckten Lösungen für Einsteins Gleichungen der Allgemeinen Relativitätstheorie von außerordentlicher Bedeutung für das reale Universum sind, weil sie die einzigen möglichen Lösungen für die Raumzeit im Bereich außerhalb eines jeden Schwarzen Lochs sind. Nirgendwo sonst in der Physik wird etwas augenscheinlich so Kompliziertes wie ein kollabierender Stern auf etwas so Einfaches mit solcher Präzision reduziert. Die Schwarzschild-Lösung hängt nur von einer Zahl ab (der Masse), die Kerr-Lösung fügt eine zweite Zahl hinzu (die Rotation). Mit der Kenntnis dieser beiden Zahlen allein können wir die Gravitationslandschaft außerhalb realer Schwarzer Löcher genau berechnen. Dies ist eine erstaunliche Aussage – es spielt weder eine Rolle, was zum Schwarzen Loch kollabiert ist, noch hängt es davon ab, wie es zusammenstürzte. Alles, was außerhalb des Horizonts bleibt, ist eine in ihrer Einfachheit perfekte Raumzeit. Genau das bewegte Chandrasekhar zu der oben zitierten kraftvollen Aussage. Nochmals Chandrasekhar: „Die Schwarzen Löcher in der Natur sind die vollkommensten makroskopischen Objekte, die es im Universum gibt... und da die Allgemeine Relativitätstheorie nur eine einzige eindeutige Lösungsfamilie für deren Beschreibung bereithält, sind sie auch die einfachsten Objekte.“

John Wheeler hat, wie immer, eine prägnantere Formulierung gefunden: „Schwarze Löcher haben keine Haare.“ In seinen Memoiren *Geons, Black Holes and Quantum Foam* erzählt Wheeler von einem Austausch mit Richard Feynman, in dem der oft respektlose Feynman ihm vorwarf, eine Sprache zu verwenden, die „nicht gesellschaftstauglich“ sei. „Ich habe versucht, die bemerkenswerte Einfachheit eines Schwarzen Lochs zusammenzufassen, indem ich sagte, ein Schwarzes Loch habe keine Haare. Ich vermute, Dick Feynman und ich hatten unterschiedliche Bilder im Kopf. Ich dachte an einen Raum voller kahlköpfiger Menschen, die schwer zu identifizieren sind, weil ihre Haare keine Unterschiede in Länge, Stil oder Farbe aufweisen. Wie sich herausstellt, zeigt das Schwarze Loch der Außenwelt nur drei Eigenschaften: seine Masse, seine elektrische Ladung (falls vorhanden) und seine Rotation (falls vorhanden). Ihm fehlt das ‚Haar', das gewöhnlichere Objekte besitzen und deren Individualität ausmacht ... Kein Frisör kann einem Schwarzen Loch eine bestimmte Farbe oder Form geben. Es ist kahl.“

Eine Reihe von Veröffentlichungen in den späten 1960er- und frühen 1970er-Jahren stellte die verblüffende Einfachheit Schwarzer Löcher fest, wenn man sie von außen betrachtet. Einmal entstanden, schirmt uns der Horizont gemäß der Allgemeinen Relativitätstheorie von den Komplexitäten im Innern ab. Selbst wenn sowas wie ein Planet oder ein Stern über den Horizont stürzt, gerät das Schwarze Loch schnell wieder in die selbstvergessene Perfektion zurück, wie der US-amerikanische Physiker Richard H. Price 1972 nachwies. Für ein Schwarzschild-Loch nimmt der Horizont wieder die Form einer perfekten Kugel an, und alle Störungen, die durch den einfallenden Körper verursacht wurden, werden durch die Abgabe von Gravitationswellen beseitigt. Die Schlussfolgerung lautet, dass außerhalb aller Schwarzer Löcher des Universums entweder eine Schwarzschild- oder eine Kerr-Raumzeit gilt.[1]

---

1 Streng genommen können Schwarze Löcher auch eine elektrische Ladung tragen, aber astrophysikalische Schwarze Löcher sind elektrisch neutral.

Was passiert dann im Fall eines realen kollabierenden Sterns? Ist es möglich oder sogar unvermeidlich, dass ein ausreichend dichter Materieklumpen in sich zusammenfällt, einen Horizont erzeugt und schließlich in einer Raumzeitsingularität verschwindet? Der erste Versuch, diese Frage zu beantworten, wurde 1939 unternommen, als Robert Oppenheimer und Hartland Snyder zeigten, dass ein Stern unter bestimmten Annahmen zu einem Schwarzen Loch kollabiert. Konkret betrachteten sie eine drucklose Materiekugel mit perfekter kugelförmiger Symmetrie. Das mag Sie vielleicht etwas stören: Das Innere eines Sterns ist sicherlich keine drucklose Umgebung, und die kollabierende Materie bildet keine perfekte Kugel. Vielleicht hängt die Oppenheimer-Snyder-Schlussfolgerung, dass sich in der Natur Schwarze Löcher bilden können, mit der Annahme einer perfekten kugelförmigen Symmetrie zusammen. Wenn alles präzise auf einen einzigen Punkt in der Mitte der Kugel fällt, ist es kein Wunder, dass etwas Seltsames passiert. Im realistischeren Fall wirbelt die Materie herum und weist die ganze Komplexität realer Sterne auf. Vielleicht führt das zu einem Kollaps, der keine Raumzeitsingularität erzeugt. Viele Jahre lang war die Möglichkeit, dass sich Schwarze Löcher nicht aus kollabierender Sternmaterie bilden, eine gängige Meinung.

Mit der Veröffentlichung von Roger Penroses Arbeit im Januar 1965 löste sich das Problem im Wesentlichen. Er zeigte, dass die komplexe Dynamik des stellaren Kollapses keine Rolle spielt und Schwarze Löcher entstehen müssen, sofern bestimmte Bedingungen erfüllt sind.[2]

Penrose zeigte, dass die Entstehung einer Raumzeitsingularität unvermeidlich ist, wenn eine Materieverteilung so stark komprimiert

2 Die Situation wurde 1963 etwas verworren, als Lifschiz und Chalatnikow in ihrem Paper den vermeintlichen Beweis lieferten, dass keine Singularität auftritt. Nach einer Zusammenarbeit mit Belinski zogen Lifschiz und Chalatnikow ihre Behauptung 1970 zurück.

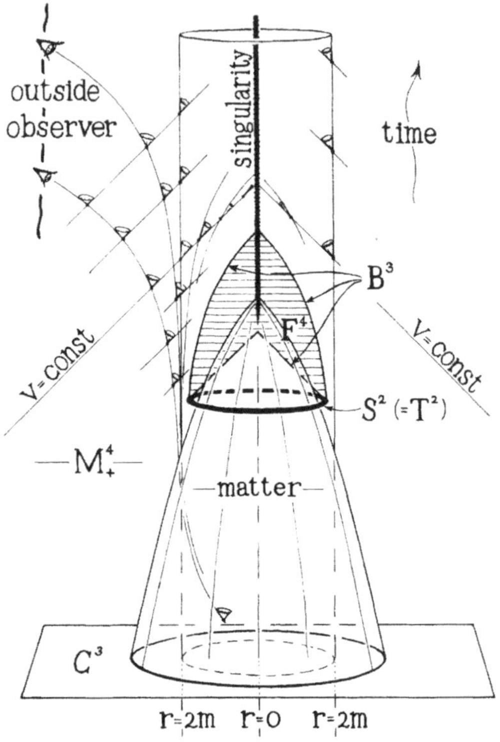

Abbildung 8.1. Das Raumzeitdiagramm eines kollabierenden Sterns, aus der 1965er-Veröffentlichung „Gravitational Collapse and Space-Time Singularities" von Penrose.

wird, dass das Licht nicht mehr von ihr entweichen kann. Abbildung 8.1 ist der Veröffentlichung von Penrose entnommen (sie ist von Penrose selbst gezeichnet) und veranschaulicht intuitiv den Kollaps eines Sterns zu einem Schwarzen Loch. Die Zeit (gemessen von einem weit vom Stern entfernten Beobachter, im Diagramm als „außenstehender Beobachter" bezeichnet) verläuft von unten nach oben, eine der drei Raumdimensionen ist also nicht wiedergegeben. Die Oberfläche des Sterns ist daher als Kreis durch einen beliebigen waagrechten Schnitt im Diagramm dargestellt. Zum Beispiel wird im Schnitt C^3 ganz unten im Diagramm die Oberfläche des Sterns durch den durchgezogenen schwarzen Kreis repräsentiert. Der gepunktete Kreis im Innern stellt den Schwarzschild-Radius des Sterns dar[3] (für die Sonne beträgt er drei Kilometer). Die gesamte komplexe Physik des Sterninnern spielt sich innerhalb des vollen Kreises ab, und das Schöne am Argument von Penrose ist, dass die Details der dortigen Geschehnisse keine Rolle mehr spielen, sobald der Stern auf seinen Schwarzschild-Radius zusammengefallen ist.

Wir können den Kollaps des Sterns mitverfolgen, indem wir uns im Diagramm nach oben bewegen. Jeder waagrechte Schnitt entspricht einem Moment in der Zeit. Im Lauf der Zeit werden die Kreise, die die Oberfläche des Sterns darstellen, immer kleiner, sodass die Fläche des Sterns die kegelförmige Form im Diagramm nachzeichnet. Das Innere des Kegels ist das Innere des kollabierenden Sterns. Es ist mit „Materie“ beschriftet. Die senkrechten gestrichelten Linien markieren den Schwarzschild-Radius. Sie werden zu durchgezogenen Linien, nachdem sich das Schwarze Loch gebildet hat, und markieren dann den Ereignishorizont. Dieses Diagramm enthält eine Menge Details, die wir nicht brauchen – schließlich ist es direkt aus der Veröffentlichung von Penrose entnommen. Es lohnt sich jedoch, einen Blick auf die Lichtkegel zu werfen. Sobald die Sternoberfläche den Schwarzschild-Radius überquert hat, zeigen alle Lichtkegel im Innern in die Richtung der Singularität. Der außenstehende Beobachter sieht also nie, wie der Stern durch den Horizont kollabiert. Er sieht eine immer langsamere Kontraktion des Sterns, während sich seine Oberfläche dem Horizont nähert. Für jeden, der sich innerhalb des Horizonts befindet, ist es einfach zu erkennen, dass die Singula-

3 Im Diagramm liegt der Schwarzschild-Radius bei $r = 2m$, wobei m die Masse des Sterns ist. Denn Penrose arbeitete mit Einheiten, für die $G = c = 1$ gilt.

rität unvermeidlich in seiner Zukunft liegt, obwohl ihr Kommen nie zu sehen ist. Auch hier erkennen wir, dass die Singularität ein Moment in der Zeit ist.

Während Penrose sein Diagramm für den Schwarzschild-Fall ohne Rotation gezeichnet hat, ist sein Theorem allgemeiner und gilt auch für Kerr-Löcher und für jede andere denkbare kollabierende Materieverteilung. Das Theorem befasst sich mit den Vorgängen an dem mit S^2 bezeichneten durchgezogenen schwarzen Kreis, der vor der Singularität entsteht. Diese imaginäre Fläche wird als „gefangene Fläche" bezeichnet und ist das Schlüsselelement in der Argumentation von Penrose: Er zeigte, dass sich nicht alle Lichtstrahlen ewig weiter ausbreiten, wenn die Raumzeit eine „gefangene Fläche" enthält. Was also ist diese gefangene Fläche?

Abbildung 8.2 veranschaulicht das Prinzip: Stellen Sie sich einen klecksförmigen Raumbereich vor und denken Sie sich viele Lichtblitze, die von der Oberfläche des Kleckses ausgehen. Bei einem Klecks in einem gewöhnlichen flachen Raum wird die Hälfte des Lichts nach außen, weg vom Klecks, und die andere Hälfte nach innen gerichtet sein. Dies ist auf der linken Seite der Abbildung dargestellt. Wir haben nur fünf Lichtblitze eingezeichnet, aber wir können uns viele weitere vorstellen. Die schwarzen Wellenlinien stellen Licht dar, das nach außen gerichtet ist, und die grauen Wellenlinien stellen Licht dar, das nach innen gerichtet ist. Der schattierte Bereich ist das Volumen zwischen diesen beiden Gruppen von Lichtblitzen. Er wächst mit der Zeit, weil die Lichtblitze mit Lichtgeschwindigkeit nach außen und nach innen vordringen. Da sich nichts schneller als das Licht bewegt, muss jede Materie, die sich anfangs auf der Oberfläche des Kleckses befand, in der sich ausdehnenden schattierten Region zurückbleiben. So weit, so gut (hoffentlich).

Auf der rechten Seite haben wir eine gefangene Fläche gezeichnet. In diesem Fall sind sowohl die grauen als auch die schwarzen Blitze

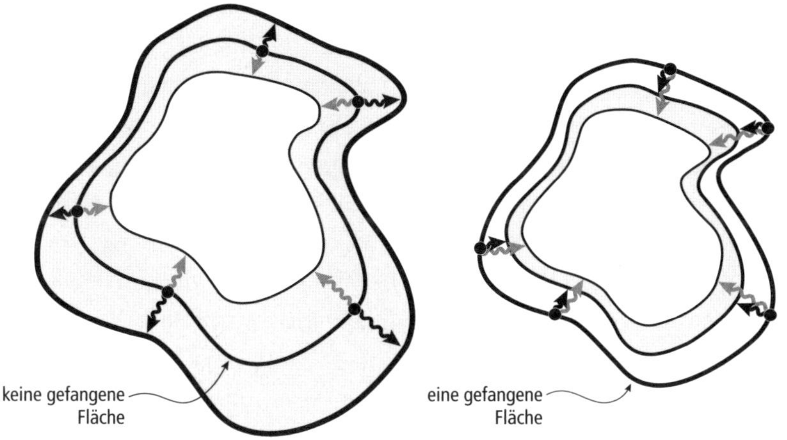

Abbildung 8.2. Eine gefangene Fläche.

nach innen gerichtet. Dies passiert innerhalb des Horizonts eines Schwarzen Lochs aufgrund der gekrümmten Geometrie der Raumzeit. Das Zusammenlaufen der Lichtstrahlen verheißt nichts Gutes: Wie zuvor muss Materie, die sich auf der gefangenen Fläche befindet, innerhalb der schattierten Region verbleiben, da sich nichts schneller als Licht bewegen kann. Aber jetzt schrumpft diese Region auf ein Nichts zusammen. Im Diagramm von Penrose entspricht der schraffierte Bereich mit der Bezeichnung F^4 dem schattierten Bereich in Abbildung 8.2.

Sie könnten nun annehmen, dass das offensichtlich ist, da alle Materie innerhalb der eingeschlossenen Fläche zu einem Nichts zusammengepresst wird. Doch wir sollten vorsichtig sein, wenn wir so mit unserer trügerischen Intuition hantieren. Wie wir im Fall des Kerr-Lochs gelernt haben, kann Materie durch ein Wurmloch schlüpfen und „auf der anderen Seite" in eine unbestimmte Raumzeit explodieren. Penrose hat zweifelsfrei nachgewiesen, dass mindestens ein einfallender Lichtstrahl endet. Die mathematischen Verfahren, die Penrose in seiner Arbeit von 1965 anwandte, öffneten die Tür zu einer Reihe von Singularitätstheoremen, die hauptsächlich von Penrose in Zusammenarbeit mit Stephen Hawking entwickelt wurden. Bezeichnenderweise gelang es ihnen, das ursprüngliche Theorem von Penrose so zu erweitern, sodass es alle Teilchen (nicht nur Lichtstrahlen) umfasst. Sie wendeten die Theoreme auch „umgekehrt" an, um zu zeigen, dass das Universum in der Allgemeinen Relativitätstheorie eine Singularität in der Vergangenheit haben muss, die, um das Zitat vom Anfang dieses Buches zu wiederholen, „… in gewissem Sinne einen Anfang des Universums darstellt".

Nebenbei: Es ist bemerkenswert, dass die Singularitätstheoreme allein nicht garantieren, dass sich ein Schwarzes Loch unter allen Umständen bildet. Schwarze Löcher sind nicht nur Singularitäten. Sie sind Schwarze Löcher, weil ihr Inneres durch einen Ereignishorizont von ihrem Äußeren abgeschirmt wird. Wie wir gesehen haben, könnte es Singularitäten geben, die von keinem Horizont abgeschirmt werden, wie zum Beispiel die nackte Singularität in einem schnell rotierenden Kerr-Loch. Um diese Möglichkeit zu vermeiden, brauchen wir, wie in Kapitel 7 erörtert, ebenfalls die kosmische Zensurvermutung.

Abgesehen von den nackten Singularitäten lässt sich die Schlussfolgerung, dass es in unserem Universum Schwarze Löcher geben muss, nur vermeiden, wenn man argumentiert, dass es nicht möglich ist, die Materie so weit zusammenzudrücken, dass sie eine gefangene Fläche bildet. Das erscheint unwahrscheinlich, da wir durch Chandrasekhars Arbeit wissen, dass keine bekannte Physik den Kollaps von ausreichend massereichen Sternen aufhält. Man könnte versuchen zu argumentieren, dass eine tiefgreifend unerwartete Astrophysik oder eine neue Grundkraft den Kollaps aufhält, bevor sich eine gefangene Fläche ausbildet. Möglicherweise wird genügend Materie weggeschleudert, wenn die Gase aufgewirbelt werden oder wenn der kollabierende Stern implodiert. Das kann passieren, aber es ist unwahrscheinlich, dass dies bei jedem möglichen kollabierenden System der Fall ist. Nochmals zur Verdeutlichung: Das Theorem von Penrose greift, wenn eine große Zahl gewöhnlicher Sterne nahe genug beisammen ist, um eine sie umgebende gefangene Fläche auszubilden, so wie es etwa im Zentrum einer Galaxie vorstellbar ist. In diesem Fall könnten die Sterne immer noch sehr weit voneinander entfernt sein, sodass die durchschnittliche Dichte der Materie viel geringer wäre als die durchschnittliche Dichte eines Sterns – und wir verstehen die Physik bei diesen Dichten sehr gut. Auch dann besagt das Theorem, dass die Sterne dazu verdammt sind zu kollabieren.

Die Singularitätstheoreme von Penrose und Hawking markieren einen Meinungswandel hinsichtlich Schwarzen Löchern unter Physikern: Zusammen mit der Arbeit von Chandrasekhar überzeugten die Theoreme praktisch alle Physiker davon, dass – in den Worten des Nobelpreiskomitees – „Schwarze Löcher eine belastbare Vorhersage der Allgemeinen Relativitätstheorie sind“. Heute brauchen wir uns nicht mehr allein auf die Theorie zu verlassen, denn unsere Technologie des 21. Jahrhunderts ermöglicht es uns, Bilder von supermassereichen Schwarzen Löchern aufzunehmen und Kollisionen von Schwarzen Löchern mit Gravitationswellendetektoren zu beobachten.

DAS PENROSE-DIAGRAMM EINES REALEN SCHWARZEN LOCHS

Als wir den Wurmlöchern und Wunderländern der ewigen Schwarzschild- und Kerr-Lösungen begegneten, stellten wir fest, dass sich die Portale zu anderen Universen in einem Teil der Penrose-Diagramme befinden, der nicht innerhalb eines Schwarzen Lochs existiert, das durch den Gravitationskollaps eines Sterns entsteht. Wie also sieht das Penrose-Diagramm eines echten astrophysikalischen Schwarzen Lochs aus?

Im Jahr 1923 bewies der US-amerikanische Mathematiker George David Birkhoff, dass die Raumzeit außerhalb jeder kugelförmigen, nicht rotierenden Materieverteilung die Schwarzschild-Raumzeit sein muss. Das bleibt auch dann richtig, wenn die Materie kollabiert. Mit dieser Zusatzinformation können wir das Penrose Diagramm zeichnen, das einer kompletten Raumzeit entspricht, in der ein einzelnes Schwarzes Loch aus einer kollabierenden, kugelförmigen Materieschale entsteht.

Stellen Sie sich eine dünne kugelförmige Materieschale vor, die gerade kollabiert. Ein realer Stern besteht natürlich nicht nur aus einer Schale, wir vereinfachen also ein bisschen. Außerhalb der Schale ist die Raumzeit – gemäß Birkhoff – die von Schwarzschild. Innerhalb der Schale gibt es keine Gravitation. Dies gilt auch für Newtons Gravitationstheorie, wie Newton selbst in seinen *Principia Mathematica* bewiesen hat. Im Inneren ist die Raumzeit also flach. Alles, was wir für die Erstellung des Penrose-Diagramms tun müssen, ist also, die zwei Teile der Raumzeit zusammenzufügen, die dem Inneren und Äußeren unserer Schale entsprechen. Wir machen das in Abbildung 8.3.

Das Diagramm oben links zeigt die flache (Minkowski-)Raumzeit, wie sie in Abbildung 3.10 dargestellt ist. Der blaugefärbte Bereich ist der Bereich innerhalb unserer kollabierenden Schale. Die gekrümmte schwarze Linie markiert die Weltlinie der Schale. Wir nehmen an, dass die Schale in der fernen Vergangenheit zu kollabieren begann (der untere Teil des Dreiecks, der der vergangenen zeitartigen Unendlichkeit entspricht) und dass sie zu einem endlichen Zeitpunkt auf den Radius null schrumpft. Das Innere der Schale, das heißt der blaugefärbte Bereich, ist die Minkowski-Raumzeit, weil es dort keine

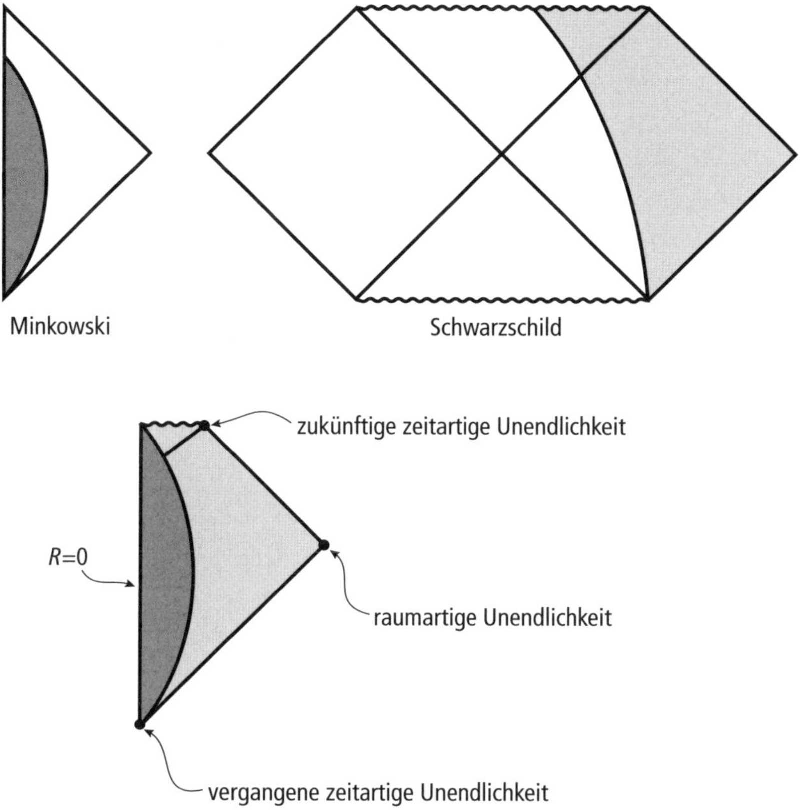

Abbildung 8.3. Das Penrose-Diagramm einer kollabierenden Materieschale (unten). Das Innere der Schale ist die Minkowski-Raumzeit (blau auf Tafel 12; hier ist es das dunklere Grau). Das Äußere der Schale ist eine Schwarzschild-Raumzeit (rot auf Tafel 12; hier ist es das hellere Grau). Auch auf Tafel 12.

Gravitation gibt. Das Äußere der Schale (der nicht gefärbte Bereich) ist laut dem Birkhoff-Theorem die Schwarzschild-Raumzeit. Dies ist im Diagramm oben rechts durch den rotgefärbten Bereich dargestellt. Die gekrümmte Linie ist wieder die Weltlinie der kollabierenden Schale, aber diesmal in der Schwarzschild-Raumzeit gezeichnet. Die gesamte Raumzeit muss innerhalb der Schale minkowskisch und außerhalb schwarzschildsch sein, sie muss demnach wie das untere Diagramm in der Abbildung aussehen. Dieses entsteht durch Zusammenfügen der blauen und roten Teile aus den oberen Diagrammen.[4] Das enttäuschende Ergebnis lautet, dass es weder ein Wurmloch noch ein Weißes Loch gibt – der Bereich innerhalb der Schale ist die „langweilige alte" flache Minkowski-Raumzeit.

Wir können die Vorgänge während des Sternkollapses aus einem anderen Blickwinkel betrachten, indem wir einige eingebettete Diagramme zeichnen, so wie wir es für das Wurmloch im Innern des ewigen Schwarzschild-Lochs taten. In Abbildung 8.4 zeigen wir eine Reihe von eingebetteten Diagrammen, die Schnitte durch das Penrose-Diagramm zu immer späteren Zeitpunkten darstellen, während die Schale kollabiert. Die Zeit läuft von oben nach unten. Anfangs ist die Schale sehr groß und nicht besonders dicht. Sie hinterlässt kaum eine Delle in der ansonsten flachen Raumzeit. Wir haben auch einen Astronauten namens „A" eingezeichnet. Er beschließt, der kollabierenden Schale nach innen zu folgen. Der Astronaut sieht die schrumpfende Schale unter sich. Die zweite Reihe zeigt die Situation zu einem späteren Zeitpunkt. Die Schale ist jetzt kleiner und dichter. Wenn ihr Radius auf den Schwarzschild-Radius schrumpft, bildet sich ein Schwarzes Loch. Der Astronaut hat, ohne es zu wissen, ebenfalls den Ereignishorizont überquert, doch er bemerkt nichts Ungewöhnliches. Er sieht noch immer die Schale unter sich. Das untere Diagramm zeigt die Situation kurz vor dem Moment der Singularität: Die extrem dichte Schale hat den Raum drastisch verzerrt. Auch wenn sich A sehr nahe an der Singularität befindet, sieht er die Schale noch immer weit unter sich. In gewissem Sinne blockiert die Schale das Wurmloch,

---

4 Streng genommen funktioniert diese Logik nur für den Bereich außerhalb des Horizonts. Was innerhalb des Horizonts passiert, ist eher eine Vermutung.

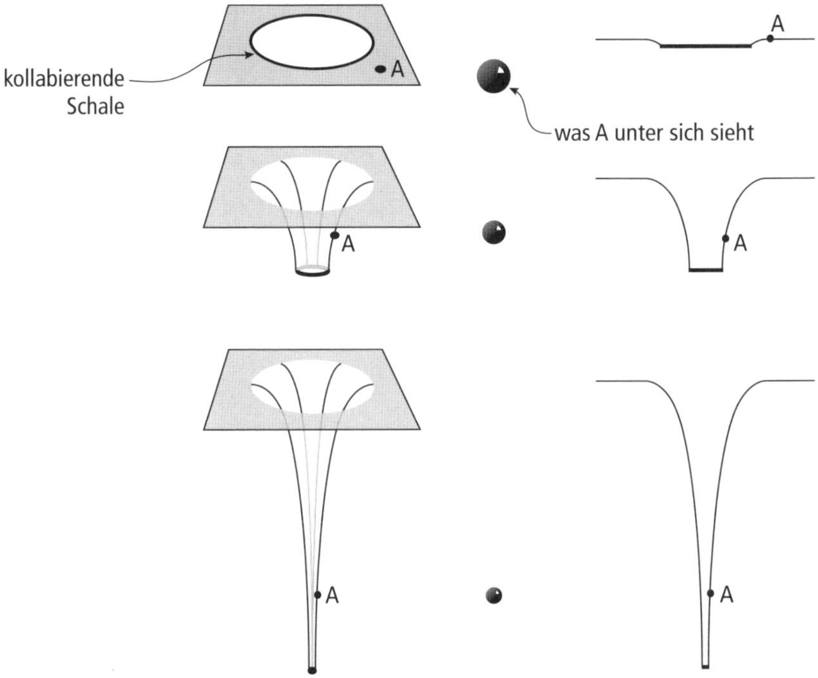

Abbildung 8.4. Eine kollabierende Materieschale stellt eine Möglichkeit dar, ein Schwarzes Loch zu erzeugen. Die Schale schrumpft und verzerrt zunehmend die Raumzeit in ihrer Nähe. Die Seitenansicht rechts hilft uns, die Krümmung des Raums zu erkennen. Astronaut A fällt hinter die Schale und sieht sie immer weit unter sich, während sie durch Gezeiteneffekte schrumpft. Die Kugel in der mittleren Spalte ist das, was er in drei Dimensionen sehen würde. Die Singularität ist der Zeitpunkt, in dem der „Schlund" unendlich lang und unendlich schmal wird. Die dritte Reihe zeigt einen Raumschnitt kurz vor der Singularität. Sie sehen, dass sich die Schale noch weit unter dem Astronauten befindet. Weder die Schale noch der Astronaut treffen auf ihrem Weg ins Verderben auf irgendetwas. Vielmehr ist die Singularität ein „Zusammendrücken" des Raums „zu einem Nichts" in einem Zeitpunkt.

das in der ewigen Schwarzschild-Geometrie vorhanden gewesen wäre. Die Singularität ist der Moment, in dem der Raum unendlich gedehnt und unendlich dünn wird, und in dem der Astronaut und die Schale aufhören zu existieren.

HORIZONTE: ERSCHAUDERN VOR DEM SCHÖNEN

Schwarze Löcher existieren also in unserem Universum, und wir sind gezwungen, uns mit ihren intellektuellen Herausforderungen auseinanderzusetzen. Wie Chandrasekhar schrieb: „Die unglaubliche Tatsache, dass eine Entdeckung, die durch die Suche nach dem Schönen in der Mathematik motiviert war, ihre exakte Entsprechung in der Natur findet, lässt einen vor dem Schönen erschaudern, und veranlasst mich zu der Aussage, dass Schönheit das ist, worauf der menschliche Geist am tiefsten und grundlegendsten reagiert." Und doch gibt es da etwas, das auf den ersten Blick zutiefst enttäuschend wirkt: die Art und Weise, wie die Natur diese Schönheit realisiert hat. Denn es scheint, dass der wahre Schatz für immer vor uns verborgen bleibt. Schwarze Löcher haben Horizonte, und der Horizont scheint dafür zu sorgen, dass wir für immer blind für die Feinheiten der kollabierenden Materie bleiben, die in die Singularität fällt. Diese Blindheit ist der Grund für die erstaunliche Anwendbarkeit der äußeren Kerr- und Schwarzschild-Lösungen, auf die sich Chandrasekhar bezieht. Jedes Schwarze Loch ist identisch, abgesehen von seiner Rotation und seiner Masse. Schwarze Löcher haben keine Haare. Einerseits ist dies eine schöne Sache, andererseits aber auch eine schlechte, denn es bedeutet, dass wir die Singularität nicht beobachten können, um mehr zu erfahren. Die kosmische Zensur ist höchst wünschenswert, wenn wir die Vorhersagbarkeit erhalten wollen, denn wir haben keine Ahnung, welche physikalischen Gesetze am

Ort der Singularität gelten. Durch das Verstecken der Singularität hinter einem Horizont scheint die Natur die Physiker, die außerhalb eines Schwarzen Lochs leben, vor ihrem Unwissen über die Singularität zu bewahren. Aber Physiker wollen davor nicht bewahrt werden. Wir möchten herausfinden, was passiert, wenn die bekannten Gesetze versagen und durch den heiligen Gral der theoretischen Physik ersetzt werden müssen – durch eine Quantentheorie der Gravitation. Bislang gibt es keinen Beweis für eine kosmische Zensur. Aber wenn es eine solche Zensur gibt, werden wir vielleicht nie direkten Zugang zu den Hinweisen bekommen, die wir zur Erforschung der Quantengravitation benötigen.

Dies war bis vor Kurzem die Ansicht vieler theoretischer Physiker. In den vergangenen Jahren hat sich jedoch die Erkenntnis durchgesetzt, dass die Hinweise auf die Quantengravitation möglicherweise nicht nur in der Nähe der Singularität zu finden sind. Sie könnten auch in der Physik des Horizonts zu entdecken sein. Das war eine sehr willkommene Überraschung, da man lange Zeit davon ausging, dass die physikalischen Prozesse, die in der Nähe des Ereignishorizonts eines Schwarzen Lochs ablaufen, nichts mit den extremen Bedingungen in der Singularität zu tun haben, wo wir erwarten, dass Quantengravitationseffekte eine Rolle spielen. Der Horizont ist schließlich ein Ort im All, durch den ein Astronaut problemlos hindurchfallen kann, ohne Schaden zu nehmen. Diese Annahme erweist sich nun wohl als zu pessimistisch. Die Erforschung der Thermodynamik Schwarzer Löcher, die in den 1970er-Jahren mit der Untersuchung quantenmechanischer Effekte in der Nähe des Horizonts begann, hat ein völlig unerwartetes Fenster zu den großen Rätseln der Quantengravitation geöffnet. Und es ist die Thermodynamik Schwarzer Löcher, der wir uns nun zuwenden.

9
DIE THERMODYNAMIK SCHWARZER LÖCHER

„Schwarze Löcher sind nicht so schwarz.“

STEPHEN HAWKING

Bis jetzt haben wir uns Schwarze Löcher als Objekte vorgestellt, die sich im Großen und Ganzen um ihren eigenen Kram kümmern. Dort können Dinge hineinfallen und das Schwarze Loch zum Wachsen bringen, aber nichts, was den Horizont überschritten hat, kann wieder herauskommen. Sämtliche Spuren von allem und jedem, was in ein Schwarzes Loch fällt, scheinen für immer aus dem Universum getilgt zu sein. Das ist die Beschreibung eines Schwarzen Lochs gemäß der Allgemeinen Relativitätstheorie. 1972 erkannten John Wheeler und sein Doktorand Jacob Bekenstein, dass dies eine tiefgreifende Frage aufwirft. Wheeler erzählt, wie er eines Tages in „scherzhafter Stimmung“ zu Bekenstein sagte, dass er sich immer wie ein Verbrecher fühle, wenn er eine Tasse heißen Tee neben ein Glas Eistee stelle und sie dieselbe Temperatur erreichen lasse. Die Energie der Welt ändere sich nicht, aber die Unordnung des Universums nehme zu, und dieses Verbrechen „hallt nach bis zum Ende der Zeit“.[i] Wheeler bezog sich auf den Zweiten Hauptsatz der Thermodynamik, der grob gesagt ausdrückt, dass jede Veränderung in der Welt die

Welt ungeordneter macht. „Aber lass ein Schwarzes Loch vorbeischwimmen und lass mich den heißen und den kalten Tee hineinschütten. Sind dann nicht alle Beweise für mein Verbrechen für immer beseitigt?" Jacob nahm die Bemerkung ernst, erzählt Wheeler, und ging, um darüber nachzudenken.

Die physikalische Größe, die die Unordnung misst, wird als Entropie bezeichnet. In den Worten von Wheeler: „Alles, was aus der geringsten Anzahl von Einheiten besteht, die auf die ordentlichste Weise angeordnet sind (zum Beispiel ein einzelnes, kaltes Molekül), hat die geringste Entropie. Etwas Großes, Komplexes und Ungeordnetes (vielleicht ein Kinderzimmer) hat eine große Entropie." Der Zweite Hauptsatz der Thermodynamik – formuliert mit dem Begriff der Entropie – besagt, dass die Entropie in jedem physikalischen Prozess immer zunimmt. Wheeler war besorgt, dass er die Entropie des Universums erhöht hatte, indem er seine beiden Teetassen in Kontakt brachte, und die Entropie dann wieder verringerte, indem er die Tassen in ein Schwarzes Loch warf.

Wie so oft gibt es ein schwärmerisches Eddington-Zitat, das die Bedeutung des Zweiten Hauptsatzes widerspiegelt: „Das Gesetz, dass die Entropie immer zunimmt, nimmt, glaube ich, die höchste Stellung unter den Naturgesetzen ein. Wenn Sie jemand darauf hinweist, dass Ihre Lieblingstheorie über das Universum nicht mit den Maxwell-Gleichungen übereinstimmt – dann umso schlimmer für die Maxwell-Gleichungen. Wenn es sich herausstellt, dass sie durch Beobachtung widerlegt wird – nun, diese Experimentalphysiker stümpern manchmal. Aber wenn sich herausstellt, dass Ihre Theorie dem Zweiten Hauptsatz der Thermodynamik widerspricht, kann ich Ihnen keine Hoffnungen machen. Es bleibt ihr nichts anderes übrig, als in tiefster Demütigung zusammenzubrechen."

Bekenstein kam einige Monate später mit einer Antwort zurück: Das Schwarze Loch verschleiert das Verbrechen nicht. Bekensteins

Antwort war inspiriert von Hawkings vorheriger Beobachtung, dass die Fläche des Horizonts eines Schwarzen Lochs immer größer wird, egal was passiert. Bekenstein erinnerte dieses Gesetz, dass die Fläche immer zunimmt, an das Gesetz, dass die Entropie immer zunimmt. Er stellte daher die kühne Behauptung auf, dass sich beim Werfen von Objekten in ein Schwarzes Loch die Fläche des Ereignishorizonts vergrößert, was wiederum einer entsprechenden Zunahme der Entropie entspricht. Mit anderen Worten: Wenn etwas in ein Schwarzes Loch fällt, wird das vermerkt, der Zweite Hauptsatz wird befolgt und tiefste Demütigung vermieden. Der Blick auf Wheelers Beschreibung der Entropie mit Molekülen und chaotischen Kinderzimmern lässt es fragwürdig erscheinen, einem Schwarzen Loch Entropie zuzuordnen – was Bekenstein und Wheeler sehr wohl bewusst war. Laut der Allgemeinen Relativitätstheorie sind Schwarze Löcher einfache Dinge: Ein Schwarzschild-Loch kann durch eine einzige Zahl beschrieben werden, seine Masse. Aber Wheeler beginnt seine Beschreibung der Entropie mit der Formulierung „Alles, was aus der geringsten Anzahl von Einheiten besteht, die auf die ordentlichste Weise angeordnet sind … hat die geringste Entropie". Wenn es offensichtlich keine Einheiten gibt, die neu angeordnet werden können, was ist dann die Bedeutung der Entropie eines Schwarzen Lochs?

Die Entropie wurde im 19. Jahrhundert als eine der grundlegenden Größen der neu entstehenden Wissenschaft der Thermodynamik eingeführt, neben den bekannteren Begriffen Wärme, Energie und Temperatur. Vielleicht hat die Thermodynamik aufgrund ihrer historischen Ursprünge in der industriellen Revolution den Ruf, der Technik näher zu stehen als den Schwarzen Löchern. Doch die Thermodynamik ist eng mit der Quantenmechanik und der Struktur der Materie verbunden. Bei der Anwendung auf Schwarze Löcher werden wir sehen, dass die Thermodynamik eng mit der Quantengravitation und der Struktur der Raumzeit zusammenhängt. Bevor wir uns mit der Thermodynamik von Schwarzen Löchern befassen, sollten wir einen Blick zurück auf die Ursprünge dieser Teildisziplin im 19. Jahrhundert werfen, um einen Überblick zu bekommen und die wichtigen Begriffe Wärme, Energie, Temperatur und Entropie einzuführen.

DIE FUNDAMENTALE PHYSIK DES KÜHLSCHRANKS

Die Grundlagen der Thermodynamik wurden von praktisch veranlagten Menschen gelegt, die sich mit praktischen Dingen beschäftigten: Menschen wie der im englischen Salford geborene Brauer James Prescott Joule, die sich für den Bau besserer Dampfmaschinen, die Entwicklung effizienterer industrieller Prozesse und Bier interessierten.

In den frühen 1840er-Jahren führte Joule eine Reihe von Experimenten durch, um zu zeigen, dass Wärme und Arbeit unterschiedliche, aber austauschbare Energieformen sind. Abbildung 9.1 zeigt sein berühmtestes Experiment. Ein Gewicht, das aufgrund der Schwerkraft fällt, dreht ein Schaufelrad, das Wasser umrührt, wodurch die Temperatur des Wassers steigt. Im Thermodynamik-Sprech: Das fallende Gewicht verrichtet Arbeit am Wasser. Joule war in der Lage, den Temperaturanstieg sehr genau zu messen, und er wies nach, dass dieser proportional zu der von dem fallenden Gewicht verrichteten Arbeit war. Anfänglich stießen seine Ergebnisse nicht auf Begeisterung. Sie widersprachen der damaligen Auffassung, wonach Wärme ein ätherisches Fluid („kalorisch") sei, das von heißen zu kalten Objekten fließt. Joule reichte seine Erkenntnisse 1844 bei der Royal Society ein, doch seine Arbeit wurde abgelehnt, zum Teil, weil man nicht glaubte, dass er Temperaturanstiege auf das behauptete zweihundertstel Grad genau messen konnte. Die Royal Society war damals wie heute nicht gerade gesegnet mit Experten für das Brauen von feinem Bier, wofür

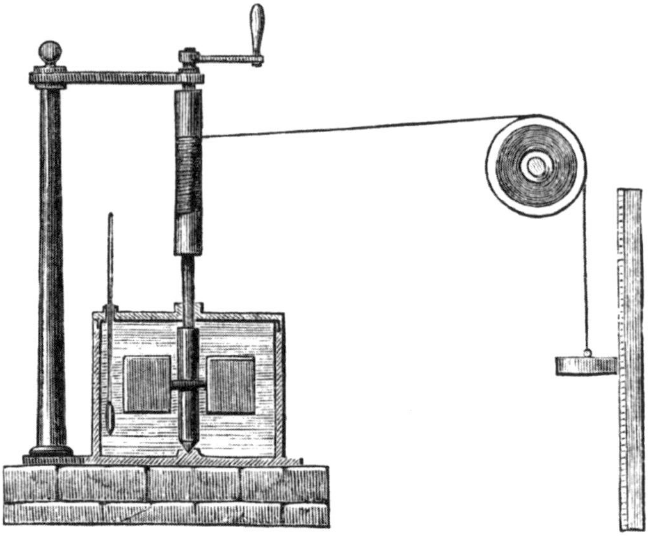

Abbildung 9.1. James Prescott Joule maß den Temperaturanstieg eines Wassergefäßes, der durch die Drehung eines Schaufelrads verursacht wurde. Das Schaufelrad wurde von einem Gewicht angetrieben, das aufgrund der Gravitation fällt. Das Experiment demonstrierte die Umwandlung von mechanischer Arbeit in Wärme.

es solch präziser Geräte bedurfte, was wiederum bedeutete, dass Joule Zugang zu solchen Instrumenten hatte. Eine Ausnahme war der ehemalige Präsident der Royal Society, der Nobelpreisträger Sir Paul Nurse, dessen herausragende Karriere als Techniker in einer Brauerei begann, weil er wegen seiner mangelnden Qualifikation in modernen Sprachen nicht zum Universitätsstudium zugelassen worden war. 2001 erhielt Sir Paul den Nobelpreis für seine Arbeiten über Hefe. Joule ließ sich nicht entmutigen, und nach einer fruchtbaren Zusammenarbeit mit William Thomson (dem späteren Lord Kelvin) wurden seine Arbeiten Mitte der 1850er-Jahre weitgehend akzeptiert.

Joules Ergebnisse veranschaulichen, was wir heute sicher wissen: Wärme ist eine Form von Energie, die mit der Bewegung von Atomen und Molekülen – den Bausteinen der Materie – zusammenhängt. Rotiert das Schaufelrad, gibt es kinetische Energie an die Wassermoleküle ab, indem es auf sie trifft. Die Moleküle bewegen sich schneller, und genau das messen wir als Anstieg der Wassertemperatur. Damals war diese Idee einschneidend, weil es keinen direkten Beweis dafür gab, dass Materie aus Atomen zusammengesetzt ist, obwohl Joule von einem der führenden Befürworter der Atomhypothese, John Dalton, unterrichtet wurde. Mit den Worten von Jacob Abbott, der 1869 über Joules Experimente schrieb: „Daraus wird gefolgert, dass die Wärme in einer Art subtiler Bewegung – wellenförmig, vibrierend oder kreisend – der elementaren Atome oder Moleküle besteht, aus denen alle materiellen Substanzen zusammengesetzt sein sollen. Dies ist jedoch eine rein theoretische Schlussfolgerung."[ii]

Die Verbindung zwischen Arbeit, Temperatur und der Bewegung der vorgeschlagenen atomaren Bestandteile der Materie ist ein Hinweis darauf, dass die Thermodynamik mit dem Verhalten der verborgenen Bausteine der Welt zusammenhängt, was auch immer diese Bausteine sein mögen. Eine der Arbeiten, die die Atomdebatte beendeten, war übrigens Einsteins Veröffentlichung über die brownsche Molekularbewegung im Jahr 1905 (und seine Folgearbeit von 1908). Darin erklärte er das Wackeln von Pollenkörnern im Wasser unter der Annahme, dass diese von Wassermolekülen getroffen werden. Einsteins Vorhersagen wurden 1908 von Jean Baptiste Perrin experimentell bestätigt, der für seine Arbeit über die „diskontinuierliche Struktur der Materie" 1926 den Nobelpreis erhielt.

Die Ergebnisse von Joules Experimenten, die auch die Existenz von Atomen nachwiesen, sind im sogenannten Ersten Hauptsatz der Thermodynamik festgehalten, der den grundlegenden Gedanken ausdrückt, dass Energie erhalten bleibt: Die Gesamtenergie eines Systems kann entweder durch Zufuhr oder Entzug von Wärme oder durch Verrichten von Arbeit verändert werden. Außerdem kann eine bestimmte Menge an Arbeit in eine entsprechende Menge an Wärme umgewandelt werden und umgekehrt, solange die Gesamtenergie erhalten bleibt. Das ist die theoretische Grundlage der Dampfmaschine. Man verbrennt etwas Kohle und nutzt die dabei freiwerdende Energie, um ein Rad zu drehen. Das ist jedoch nicht das einzige, was eine Dampfmaschine ausmacht, denn es gibt noch eine weitere wichtige Komponente: die Umgebung, in der die Maschine steht. Entscheidend ist, dass die Umgebung der Dampfmaschine kälter sein muss als der Brennraum, sonst funktioniert die Dampfmaschine nicht. Warum?

Die Antwort lautet, dass Energie immer von heißen zu kalten Objekten übertragen wird, niemals umgekehrt. Das hat nichts mit der Energieerhaltung zu tun. Die Energie bliebe auch dann erhalten, wenn sie aus einer kalten Tasse Tee entnommen wird, wodurch diese abkühlt, und auf eine heiße Tasse Tee übertragen wird, wodurch diese heißer wird. Aber das geschieht in der Natur nicht. Um diese einseitige Übertragung von Energie zu erklären, ist ein weiteres Naturgesetz erforderlich, nämlich der Zweite Hauptsatz der Thermodynamik. Eine Möglichkeit, den Zweiten Hauptsatz einfach zu formulieren, ist die Aussage, dass Wärme immer von heiß nach kalt strömt. Beschrieben mit diesen Begriffen, ist eine Dampfmaschine ein Gerät, das zwischen einem heißen Brennraum und der kalten Umgebung sitzt. Da die Energie auf natürliche Weise von Heiß nach Kalt strömt, saugt die Maschine einen Teil dieser Energie ab und wandelt sie in nutzbare Arbeit um. Auf den ersten Blick klingt das nicht sonderlich bedeutsam. Aber es stellt sich heraus, dass diese fast selbstverständliche Formulierung des Zweiten Gesetzes die Essenz eines viel grundlegenderen Gedankens einfängt. In seinem Buch *The Laws of Thermodynamics* beginnt Peter Atkins sein Kapitel über den Zweiten Hauptsatz mit folgendem beachtenswerten Satz: „Wenn ich vor Studierenden der Chemie Vorlesungen über Thermodynamik hielt, begann ich oft mit der Feststellung, dass kein anderes wissenschaftliches Gesetz mehr zur Befreiung des menschlichen Geistes beigetragen hat als der Zweite Hauptsatz der Thermodynamik." „Das zweite Gesetz", fährt er fort, „ist von zentraler Bedeutung für die gesamte Wissenschaft und damit für unser rationales Verständnis des Universums, weil es die Grundlage für das Verständnis bildet, warum überhaupt *irgendeine* Veränderung stattfindet. Für uns bildet es folglich nicht nur eine Grundlage, um zu verstehen, warum Motoren laufen und chemische Reaktionen stattfinden, es bildet auch eine Grundlage für das Verständnis jener erlesensten Auswirkungen von chemischen Reaktionen, die als Akte literarischer, künstlerischer und musikalischer Kreativität unsere Kultur bereichern."[iii]

Der deutsche Physiker Rudolph Clausius führte 1865 den Begriff der Entropie ein. In seinen Worten: „Die Energie der Welt ist konstant. Die Entropie der Welt strebt einem Maximum zu."[1] Dies ist eine wunderbar prägnante Aussage der ersten beiden Hauptsätze der Thermodynamik. Schauen wir uns an, wie sich die Dinge im Fall von Wheelers Teetassen verhalten. Gemäß dem Ersten Hauptsatz bleibt die Energie immer erhalten. Dies gilt unabhängig davon, in welche Richtung die Energie fließt, solange die Energiemenge, die einer Teetasse entnommen wird, der Energiemenge entspricht, die in die andere Tasse gelangt. Clausius definierte die Entropie so, dass die Entropiezunahme, die durch die Zufuhr von Wärmeenergie zu kaltem Tee verursacht wird, größer ist als die Entropieabnahme, wenn die gleiche Energiemenge aus heißem Tee entnommen wird.[2] Die Gesamtentropie der beiden Tassen nimmt also zu, wenn Wärme von Heiß nach Kalt fließt, nicht andersherum.

---

1 Entnommen aus dem hervorragend betitelten Aufsatz von Clausius aus dem Jahr 1865: „Über verschiedene für die Anwendung bequeme Formen der Hauptgleichungen der mechanischen Wärmetheorie".

2 Konkret ist die Entropieänderung gegeben durch $\mathrm{d}S = \mathrm{d}Q/T$, wobei $\mathrm{d}Q$ für die Wärmeenergie steht, die auf die Tasse Tee übertragen wird, und T ihre Temperatur.

Energie *kann* von einem kühleren zu einem wärmeren Objekt strömen, wenn an anderer Stelle genug Energie in ein anderes kühleres Objekt fließt, sodass die Gesamtentropie insgesamt zunimmt. Genau das geschieht bei einem Kühlschrank. Seinem Innern wird Wärme entzogen, was die Entropie des Innenraums senkt. Die Entropie Ihrer Küche muss also um einen größeren Betrag zunehmen, um den Zweiten Hauptsatz zu erfüllen. Deshalb muss die Rückseite Ihres Kühlschranks heißer sein als Ihre Küche. Und das geht so.

Ein Kühlmittel zirkuliert im Kühlschrank von innen nach außen. Beim Verlassen des Innenraums wird die Kühlflüssigkeit komprimiert und erwärmt sich dadurch. Sie zirkuliert dann durch die Rippen auf der Rückseite, die heißer sind als Ihre Küche und Wärme an den Raum abgeben. Die Kühlflüssigkeit fließt dann zurück in das Innere des Kühlschranks. Dabei dehnt sie sich aus und kühlt unter die Temperatur im Kühlschrankinnern ab. Da die Kühlflüssigkeit kühler ist als der Innenraum, absorbiert sie nun Wärme aus dem Innenraum. Dann durchläuft sie wieder den Kompressor und der ganze Zyklus wiederholt sich. Unterm Strich wird Energie aus dem Innern des Kühlschranks nach außen – von Kalt nach Warm – übertragen, aber auf Kosten der Energie, die für den Betrieb des Kompressors nötig ist. Deshalb funktioniert Ihr Kühlschrank nur, wenn Sie ihn an die Steckdose anschließen.

Die Energie für den Betrieb des Kompressors kommt aus einem Kraftwerk, das eine Dampfmaschine sein könnte, ein heißer Brennraum in einer kalten Umgebung. Das Kraftwerk könnte mit Kohle oder Gas betrieben werden, das von Pflanzen stammt, die Energie von der Sonne gespeichert haben, die ein heißer Punkt am kalten Himmel ist. Die Sterne sind die Öfen des Universums – die ultimativen Dampfmaschinen. In jeder Phase des Energieflusses von den leuchtenden Sternen bis zur Bildung der Eiswürfel für Ihren Gin Tonic am Spätnachmittag nimmt die Gesamtentropie des Universums zu, da die Energie von heiß nach kalt strömt. Und vielleicht regt der Gin Tonic „Akte literarischer, künstlerischer und musikalischer Kreativität an, die unsere Kultur bereichern".

Die Sterne entstanden durch den Gravitationskollaps primitiver Wasserstoff- und Heliumwolken im frühen Universum. Aus Gründen, die wir nicht verstehen, waren diese Wolken anfangs außerordentlich entropiearm angeordnet. Der Ursprung dieses besonderen Anfangszustands des Universums – ein Reservoir niedriger Entropie, ohne das wir nicht existieren würden – ist eines der großen Rätsel der modernen Physik.

Das Konzept der Entropie erwies sich für die Konstrukteure von Dampfmaschinen im 19. Jahrhundert als äußerst nützlich, da sie damit verstehen konnten, dass der Wirkungsgrad einer Dampfmaschine von der Temperaturdifferenz zwischen dem Brennraum und der Umgebung abhängt. Besteht kein Temperaturunterschied, lässt sich keine Nettoenergie übertragen und keine Arbeit verrichten. Mit einem größeren Temperaturunterschied kann mehr Arbeit verrichtet werden, weil mehr Energie fließen kann, ohne dass der Zweite Hauptsatz verletzt wird. Aber nirgendwo in dem eleganten logischen Gebäude, das von Joule, Clausius und vielen anderen erdacht wurde und heute als klassische Thermodynamik gilt, wird erwähnt, was die Entropie eigentlich ist. Sie war einfach eine sehr nützliche Größe.

WAS IST ENTROPIE?

Als John Wheeler seine heißen und kalten Teetassen miteinander in Kontakt brachte, war er besorgt, dass die Unordnung im Universum zunehmen könnte. Der Zusammenhang zwischen Entropie und Unordnung wurde von James Clerk Maxwell erkannt, dessen Arbeiten zur elektromagnetischen Theorie Einstein zur Speziellen Relativitätstheorie führten. Maxwell erkannte, dass sich der Zweite Hauptsatz von den anderen Naturgesetzen, die den Physikern des 19. Jahrhunderts bekannt waren, dadurch unterscheidet, dass er statistischer Natur ist. 1870 schrieb Maxwell: „Der Zweite Hauptsatz der Thermodynamik hat den gleichen Wahrheitsgehalt wie die Aussage, dass, wenn man einen Becher voll Wasser ins Meer schüttet, man nicht wieder denselben Becherinhalt aus dem Wasser zurückbekommt.“[iv]

1877 untermauerte Ludwig Boltzmann diese Vorstellung mit einer brillanten neuen Einsicht. Boltzmann erkannte, dass die Entropie die Unwissenheit zahlenmäßig greifbar macht, insbesondere unser Unwissen über die genaue Zusammensetzung der Bestandteile eines Systems. Nehmen wir Maxwells Becher voll Wasser. Bevor wir ihn ins Meer schütten, wissen wir, dass sich alle Wassermoleküle im Becher befinden. Hinterher haben wir weit weniger Ahnung, wo sie sich befinden – die Entropie des Systems hat zugenommen. Diese Vorstellung ist weitreichend und allgemein: Dinge, die wackeln und sich umordnen, wenn man sie in Ruhe lässt, neigen dazu, sich zu vermischen und zu verteilen, wodurch unsere Unwissenheit zunimmt.

Boltzmanns Erkenntnis verbindet die Definition der Entropie von Clausius, die auf Temperatur und Energie beruht, mit der Anordnung der inneren Bestandteile eines Systems. Daraus ergibt sich eine Methodik, bei der die Materie als aus Bestandteilen zusammengesetzt betrachtet wird, über die wir nur begrenzte Kenntnis besitzen. Diese Methodik bildet einen Zweig der Physik, der statistische Mechanik heißt. Das Thema ist sowohl in technischer als auch in philosophischer Hinsicht eine Herausforderung. David L. Goodstein beginnt sein Lehrbuch *States of Matter* mit dem folgenden Absatz: „Ludwig Boltzmann, der einen Großteil seines Lebens mit dem Studium der statistischen Mechanik verbrachte, starb 1906 durch seine eigene Hand. Paul Ehrenfest, der diese Arbeit fortsetzte, starb 1933 auf ähnliche Weise. Jetzt sind wir an der Reihe, statistische Mechanik zu studieren.“[v]

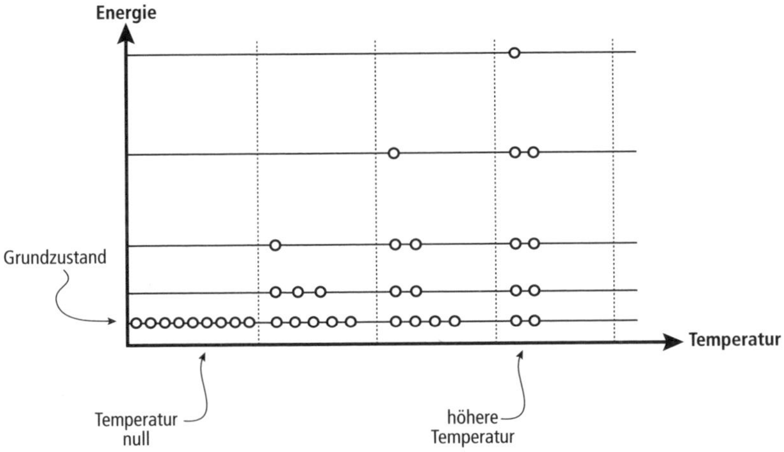

Abbildung 9.2. Atome, die Energieniveaus besetzen, die für eine Ansammlung von Atomen in einem Kasten zugänglich sind. Bei einer Temperatur von null (links) befinden sich alle Atome im niedrigsten Energieniveau (dem Grundzustand). Mit steigender Temperatur (von links nach rechts) besetzen die Atome zunehmend höhere Energieniveaus.

Eine schöne Art und Weise, um den Zusammenhang zwischen Entropie, Temperatur und der Anordnung der Bestandteile eines Systems zu verstehen, ist die Betrachtung eines besonders einfachen physikalischen Systems: einer Ansammlung von Atomen in einem Kasten. Das Verhalten von Atomen ist Gegenstand der Quantentheorie, auf die wir später noch näher eingehen werden. Für den Moment brauchen wir nur den einen Gedanken: Atome, die sich in einem Kasten befinden, können nur bestimmte Energien annehmen. Wir sagen, dass das System eine diskrete[3] Menge an „Energieniveaus" hat. Davon hat die Quantenmechanik ihren Namen; „Quantisiert" bedeu-

3 Anmerkung der Redaktion: Im Englischen hat „discrete" die zusätzliche Wortbedeutung „separat", „vereinzelt". Auch im Wissenschaftsdeutschen versteht man unter „diskret" – im physikalischen Sinne – das Gegenteil zu „kontinuierlich": Es sind nicht beliebige Werte möglich, sondern nur ganz bestimmte, vereinzelte.

tet „diskret“, wie bei einer diskreten Menge an Energien. Die niedrigste mögliche Energie, die ein Atom haben kann, wird als Grundzustand bezeichnet. Wenn sich alle Atome im Grundzustand befinden, ist die Temperatur des Atomkastens null Grad Kelvin (–273 Grad Celsius). Wenn Energie zugeführt wird, werden einige der Atome in höhere Energieniveaus übergehen. Die Größe, die bestimmt, wie die Atome auf die verfügbaren Energieniveaus verteilt sind, ist die Temperatur. Je höher die Temperatur, desto höher können die Atome auf der Leiter der verfügbaren Energieniveaus klettern (wie in Abbildung 9.2 dargestellt). Wie viel Energie im Einzelnen in den Kasten übertragen werden muss, um die Anordnung der Atome zu ändern, hängt von den vorhandenen Atomsorten und den Dimensionen des Kastens ab. Der springende Punkt ist, dass es eine einzige Größe gibt: die Temperatur, die uns sagt, wie die Atome am wahrscheinlichsten auf die zulässigen Energieniveaus verteilt sind.

Stellen wir uns nun vor, dass wir einen anderen Kasten mit anderen Atomen in Kontakt mit unserem ursprünglichen Kasten bringen. Im Detail werden sich die Energieniveaus unterscheiden, aber – und das ist wichtig – falls die beiden Kästen die gleiche Temperatur besitzen, wird netto keine Energie zwischen den Kästen übertragen und ihre inneren Anordnungen verändern sich nicht merklich. Dies ist die Bedeutung des Temperaturbegriffs aus dem 19. Jahrhundert. Anders ausgedrückt: Wenn wir zwei Systeme so in Kontakt bringen, dass Energie ausgetauscht werden kann und unterm Strich nichts passiert, dann haben die beiden Systeme die gleiche Temperatur. Dieser Satz wird als der Nullte Hauptsatz der Thermodynamik bezeichnet, weil er erst nachträglich aufgestellt wurde. Der Nullte Hauptsatz war immer ein wesentlicher Bestandteil der logischen Struktur der klassischen Thermodynamik, weil er notwendig ist, um das Konzept der Temperatur festzulegen. Aber er wurde bis zu Beginn des 20. Jahrhunderts nicht als Gesetz aufgefasst. Damals hatte man sich schon so sehr daran gewöhnt, vom Ersten und Zweiten Hauptsatz der Thermodynamik zu sprechen, dass man diese Sprechweise nicht mehr ändern wollte.

Richard Feynman hat in seinem Buch *The Character of Physical Law* eine schöne Analogie für die Temperatur gefunden.[vi] Stellen Sie sich vor, Sie sitzen an einem Strand, wenn die Wolken vom Meer heranziehen und es zu regnen beginnt. Sie schnappen sich Ihre Handtücher und eilen in eine Strandhütte. Die Handtücher sind zwar nass, aber nicht so nass wie Sie, und so können Sie sich abtrocknen. Sie werden immer trockener, bis jedes Handtuch so nass ist wie Sie selbst. Dann gibt es keine Möglichkeit mehr, das Wasser zu entfernen. Man könnte dies erklären, indem man eine Größe namens „Leichtigkeit des Wasserentzugs" erfindet und sagt, dass Sie und die Handtücher alle den gleichen Wert dieser Größe erreicht haben. Das bedeutet aber nicht, dass alle die gleiche Menge Wasser enthalten. Ein großes Handtuch kann mehr Wasser aufnehmen als ein kleines Handtuch, aber da alle die gleiche „Leichtigkeit des Wasserentzugs" haben, kann es keine Nettoübertragung von Wasser zwischen ihnen geben. Der Grund, warum ein Objekt eine bestimmte „Leichtigkeit des Wasserentzugs" hat, ist kompliziert und hängt mit seiner inneren atomaren Struktur zusammen. Aber wir brauchen diese Details nicht zu kennen, wenn es uns nur darum geht, trocken zu werden. Die Analogie zur Thermodynamik besteht darin, dass die Menge des Wassers die Energie ist und die „Leichtigkeit des Wasserentzugs" die Temperatur. Wenn wir sagen, dass zwei Objekte die gleiche Temperatur haben, heißt das nicht, dass sie die gleiche Energie haben. Wir meinen, dass, wenn wir sie miteinander in Kontakt bringen, ihre Atome oder Moleküle schwingen und zusammenstoßen werden, so wie die Moleküle in Joules Schaufelrad mit den Molekülen im Wasser zusammenstießen und Energie auf sie übertrugen, aber wenn sie die gleiche Temperatur haben, ist der Energietransfer unterm Strich gleich Null, im Durchschnitt ändert sich nichts.

Erinnern wir uns nun an Wheelers Beschreibung der Entropie: „Alles, was aus der geringsten Anzahl von Einheiten besteht, die auf die ordentlichste Weise angeordnet sind... hat die geringste Entropie." Was bedeutet „Ordnung"? Stellen wir uns vor, wir wählen ein Atom zufällig aus der Kiste aus und fragen: Aus welchem Energieniveau stammt dieses Atom? Bei der Temperatur null kennen wir die Antwort. Das Atom kam aus dem Grundzustand. Die Entropie ist in diesem Fall gleich null.[4] Genau das meinte Wheeler mit der geordneten Anordnung von „Einheiten". Wir wissen ganz konkret, was wir bekommen, wenn wir ein Atom aus der Kiste ziehen; wir sind nicht im Geringsten unwissend. Wenn wir die Temperatur erhöhen, verteilen sich die Atome auf die verfügbaren Energieniveaus. Wählen wir nun ein Atom zufällig aus, können wir nicht sicher sagen, aus welchem Energieniveau es gekommen ist. Das Atom könnte aus dem Grundzustand oder aus einem der höheren Energieniveaus stammen. Also hat unsere Unwissenheit durch die gestiegene Temperatur zugenommen. Entsprechend ist die Entropie größer und nimmt mit steigender Temperatur weiter zu, da sich die Atome immer mehr auf die zulässigen Energieniveaus verteilen.

Temperatur, Energie und Entropieänderung sind Größen, die in der klassischen Thermodynamik ohne Kenntnis der zugrunde liegenden Struktur des untersuchten „Dings" auftreten (mit „Ding" kann alles Mögliche gemeint sein, von einer Kiste mit Gas bis zu einer Galaxie mit Sternen). Dank Boltzmann verstehen wir heute, dass diese Größen eng mit den Bestandteilen des Dings zusammenhängen,

---

4 Eine technische Anmerkung: Die Entropie eines Systems bei der Temperatur null ist null, wenn der Grundzustand nicht entartet ist, es also nicht mehrere Grundzustände mit derselben Energie gibt. Festes Kohlenmonoxid und Eis sind zwei Beispiele für Feststoffe, die entartete Grundzustände haben und daher bei der Temperatur null eine „Restentropie" aufweisen. Bei ihnen bleibt weiterhin unklar, aus welchem Zustand ein zufällig ausgewähltes Molekül kommt.

wie diese Bestandteile angeordnet sind und wie die Gesamtenergie auf die Bestandteile verteilt ist. Die Temperatur sagt uns zum Beispiel, wie schnell sich die Moleküle eines Gases in einem Kasten durchschnittlich bewegen. In ähnlicher Weise sagt uns die Entropie etwas über die Anzahl der möglichen inneren Zustände, die ein Ding einnehmen kann. Boltzmanns Grabstein trägt seine berühmte Gleichung für die Entropie eines Systems als Inschrift, die den Zusammenhang mit den Bestandteilen verdeutlicht:

$$S = k_B \log W$$

In dieser Gleichung ist *W* die Anzahl der möglichen internen Zustände – und die Entropie, bezeichnet mit *S*, ist proportional zum Logarithmus von *W*. Je größer *W*, desto größer die Entropie. Der Logarithmus und die Boltzmann-Konstante *k* sind für die folgenden Ausführungen nur insofern wichtig, als dass sie es uns ermöglichen, die Entropie mit einer konkreten Zahl zu versehen. Diese Zahl stimmt auch mit der Clausius-Definition von Energie und Temperatur überein. Der entscheidende Punkt ist, dass *W* die Gesamtzahl der verschiedenen Möglichkeiten darstellt: Wie sich die Bestandteile eines Systems so anordnen lassen, dass sie mit unserem Wissen über das System übereinstimmen. Für Atome in einem Kasten gibt es bei der Temperatur null nur eine Möglichkeit, sie anzuordnen. Dann ist $W = 1$ und die Entropie gleich null.[5] Wenn die Temperatur ansteigt und einige der Atome in höhere Energieniveaus springen, dann existieren weitere mögliche Anordnungen, sodass *W* und die Entropie größer werden.

Bei einem Gas in einem Raum sind die Bestandteile Atome oder Moleküle. Die Dinge, die wir über das System wissen, könnten das

---

5 $\log 1 = 0$. Wir verwenden „log *W*“ als Bezeichnung für den natürlichen Logarithmus von *W*.

Volumen des Raums, das Gesamtgewicht des Gases im Raum und die Temperatur sein. Die Berechnung der Entropie ist dann eine Übung im Zählen der verschiedenen Möglichkeiten, wie die Atome im Raum angeordnet sein könnten. Eine mögliche Anordnung ist, dass alle Atome, bis auf eines, still in einer Ecke des Raumes sitzen, während ein einziges einsames Atom fast die gesamte Energie trägt. Oder vielleicht hat jedes Atom gleichviel Energie und alle verteilen sich gleichmäßig im Raum. Und so weiter. Entscheidend ist, dass es sehr viel mehr Möglichkeiten gibt, die Atome im Raum so anzuordnen, dass sie über den Raum verstreut sind und die Energie einigermaßen gleichmäßig unter sich aufteilen, verglichen mit der Zahl möglicher Anordnungen, bei denen sich alle Atome in einer Ecke befinden oder die Energie sehr ungleichmäßig verteilt ist. Boltzmann erkannte: Wenn die Energie im Raum durch Zusammenstöße zwischen den Atomen umverteilt wird, sind alle möglichen Anordnungen mehr oder weniger gleich wahrscheinlich. Angesichts dieser Einsicht und der zahlenmäßigen Dominanz von Anordnungen, bei denen die Atome im ganzen Raum verstreut sind, folgt daraus, dass wir in einem „typischen" Raum mit großer Wahrscheinlichkeit eine annähernd gleichmäßige Verteilung der Atome vorfinden werden. Wenn sich alles eingependelt hat und die Dinge gleichmäßig verteilt sind, sagen wir, dass sich das System im thermodynamischen Gleichgewicht befindet. Die Entropie ist dann so groß wie möglich, und jeder Bereich des Raums hat die gleiche Temperatur.

Aus diesem Grund verkörpert der Zweite Hauptsatz auch das Prinzip der Veränderung: Wenn wir von einem System ausgehen, das weit vom Gleichgewicht entfernt ist, dessen Komponenten also auf ungewöhnliche Weise verteilt sind, dann wird das System unaufhaltsam auf ein Gleichgewicht zusteuern, solange die Komponenten miteinander interagieren und ihre Energie weitergeben können – denn das ist das Wahrscheinlichste, was passieren kann. Nun können wir verstehen, warum Maxwells Beobachtung, dass der Zweite Hauptsatz ein statistisches Element enthält, so aufschlussreich war: Der Zweite Hauptsatz befasst sich letztlich mit der Frage, was mehr oder weniger wahrscheinlich ist. Und es ist weitaus wahrscheinlicher, dass ein System auf ein thermodynamisches Gleichgewicht zusteuert, denn es gibt so viel mehr Möglichkeiten, ins thermodynamische Gleichgewicht zu gelangen.

Diese „einseitige" Entwicklung eines Systems wird oft als thermodynamischer Zeitpfeil bezeichnet, weil er scharf zwischen Vergangenheit und Zukunft trennt: Die Vergangenheit ist geordneter als die Zukunft. In unserem Universum als Ganzem kann der Zeitpfeil zurück zu dem rätselhaft hoch geordneten Zustand mit niedriger Entropie, zum Urknall, verfolgt werden.

ENTROPIE UND INFORMATION

Nehmen wir an, wir kennen jedes Atom in einem Raum bis ins kleinste Detail und entscheiden uns, in diesen Begriffen zu denken – anstatt in Volumen, Gasgewicht und Temperatur. Dann wäre die Entropie gleich null, weil wir die Konfiguration genau kennen. Das bedeutet, dass ein allwissendes Wesen keinen Bedarf an Entropie hat. Für sterbliche Wesen und Physiker ist es jedoch aufgrund der riesigen Anzahl von Atomen in Räumen oder anderen großen Objekten unmöglich, deren individuelle Bewegungen zu verfolgen. Daher ist die Entropie ein sehr nützliches Konzept. Sie sagt uns etwas über die Menge an Information, die uns verborgen bleibt, wenn wir ein System mit nur wenigen Zahlen beschreiben. So gesehen ist die Entropie ein Maß für unseren Mangel an Wissen, unsere Unwissenheit. Dass Entropie und Information miteinander zusammenhängen, verdeutlichte Claude Shannon 1948 in einem der grundlegenden Werke, die zur heutigen Informationstheorie führten. Diese ist für die moderne Computer- und Kommunikationstechnik von zentraler Bedeutung.

Kehren wir zu unserem gasgefüllten Raum zurück, so existieren im Innern viele mögliche Anordnungen der Atome, die mit unseren Messungen von Volumen, Gewicht und Temperatur übereinstimmen. Der Logarithmus dieser Anzahl ist laut Boltzmann die Entropie. Entscheidend ist jedoch, dass sich die Atome tatsächlich zu einem bestimmten Zeitpunkt in einer bestimmten Anordnung befinden. Wir wissen nur nicht, welche das ist. Stellen wir uns vor, wir machen eine Messung und stellen die Anordnung exakt fest. Was haben wir dann gelernt? Genauer gefragt, wie viel Information haben wir genau gewonnen? Nach Shannon ist die gewonnene Information definiert als die minimale Anzahl der Binärzahlen (Bits), die erforderlich ist, um die gemessene Anordnung von allen anderen möglichen Anordnungen zu unterscheiden. Stellen Sie sich zum Beispiel vor, es gäbe nur vier mögliche Anordnungen. Im Binärcode würden wir diese Anordnungen als 00, 01, 10 und 11 bezeichnen. Das bedeutet, dass wir zwei Bits an Information gewinnen, wenn wir diese Anordnungen messen. Wenn es acht mögliche Anordnungen gibt, würden wir sie als 000, 001, 010, 011, 100, 101, 110 und 111 bezeichnen. Das sind drei Bits. Und so weiter. Gäbe es eine Million mögliche Anordnungen, würde es uns einige Zeit kosten, alle Kombinationen von Hand aufzuschreiben. Aber das ist unnötig, denn es gibt eine einfache Formel, die uns sagt, wie viele Bits wir brauchen. Wenn die Anzahl der Anordnungen *W* ist, ergibt sich die Anzahl der Bits zu:

$$N = \log_2 W$$

Diese Gleichung ist sehr ähnlich zu Boltzmanns Formel für die Entropie eines Kastens mit Gas. Wenn Sie sich ein wenig mit Mathematik auskennen, werden Sie feststellen, dass sich der Logarithmus jetzt auf die Basis 2 bezieht und nicht mehr der natürliche Logarithmus aus Boltzmanns Formel ist – unterm Strich führt das aber lediglich zu einem Zahlenfaktor.[6] Der springende Punkt ist, dass die Information, die wir durch unsere Messung des genauen Gaszustands gewinnen, direkt proportional zur Entropie des Gases vor der Messung ist. Genauer gesagt:

$$N = \frac{1{,}4427\,S}{k_B}$$

Dies ist der Schlüssel, um die grundlegende Bedeutung der Entropie zu verstehen. Die Entropie sagt uns etwas über die innere Struktur eines Dings – sie steht in engem Zusammenhang mit der Informationsmenge, die das Ding speichern kann, und als solche ist sie eng mit den grundlegenden Bausteinen der Welt verknüpft. Die Entropie ist ein Fenster zur Struktur der Teetassen, Dampfmaschinen und Sterne. Und, wenn wir Bekenstein folgen und eine Entropie mit der Fläche des Ereignishorizonts eines Schwarzen Lochs verbinden, ist sie ein Fenster zur zugrunde liegenden Struktur von Raum und Zeit.

DIE ENTROPIE EINES SCHWARZEN LOCHS

Dabei drängt sich unmittelbar das Problem auf, dass Schwarze Löcher, wie wir sie bisher beschrieben haben, keine „Bestandteile" haben. Sie sind reine Raumzeitgeometrie, völlig eigenschaftslos. Daher hat ein Schwarzes Loch vordergründig betrachtet die Entropie null. Wirft man ein paar Tassen Tee in ein Schwarzes Loch, wird seine Masse zunehmen, aber das ist auch schon alles. Daher sollte die Entropie weiterhin null sein. Das war Wheelers Punkt. Um das Gesetz, in wahrem eddingtonschen Geist zu retten, vermutete Bekenstein,

6 1/log 2 = 1,4427

dass Schwarze Löcher eine Entropie haben müssen, die proportional zur Fläche des Horizonts ist. Bekenstein machte allerdings mehr, als nur zu raten. Mit einer raffinierten Überschlagsrechnung schätzte er auch den Zahlenwert der Entropie eines Schwarzen Lochs ab und entdeckte etwas sehr Tiefgründiges.

Stellen wir uns vor, wir wollen ein einziges Bit an Information in ein Schwarzes Loch werfen. Wie schaffen wir das? Eine Möglichkeit wäre, ein einzelnes Photon in das Schwarze Loch fallen zu lassen. Ein Photon ist ein masseloses Lichtteilchen und kann ein Bit an Information speichern. Man kann sich ein Photon so vorstellen, dass es sich im Uhrzeigersinn (0) oder gegen den Uhrzeigersinn (1) dreht, was bedeutet, dass es ein Bit repräsentieren kann. Jedes Photon hat außerdem eine feste Energiemenge, die umgekehrt proportional zu seiner Wellenlänge ist. Diese Beziehung zwischen Energie und Wellenlänge wurde erstmals 1905 von Einstein vorgeschlagen und ist ein Schlüsselelement der Quantentheorie. Langwellige Photonen haben eine geringere Energie, kurzwellige Photonen eine höhere Energie. Genau deswegen kann das UV-Licht der Sonne gefährlich werden, nicht aber das Licht einer Kerze: UV-Photonen haben kurze Wellenlängen und tragen genug Energie, um Ihre Zellen zu schädigen, während die Photonen des Kerzenlichts längere Wellenlängen haben und nicht genug Energie transportieren, um Schaden anzurichten. In der Regel kann die Position eines Photons nicht genauer eingegrenzt werden als auf Abstände von der Größe seiner Wellenlänge. Deshalb möchten wir ein Photon mit einer Wellenlänge, die maximal dem Schwarzschild-Radius entspricht, in das Schwarze Loch fallen lassen, denn Photonen mit noch größeren Wellenlängen befinden sich normalerweise außerhalb des Lochs. Nun können wir die größtmögliche Anzahl solcher Photonen berechnen, die in das Schwarze Loch passen. So sollten wir zu einer groben Abschätzung für die maximale Anzahl an Bits kommen, die das Loch speichern kann, was die Entropie wäre.[7] Wir besprechen diese Berechnung in Kasten 9.1. Die Antwort für die Anzahl der Bits, die in einem Schwarzschild-Loch stecken, lautet:

$$N = \frac{c^3}{8\pi G h} A$$

wobei A die Fläche des Ereignishorizonts ist.[8] Sehr interessant an dieser Gleichung ist die Ansammlung von Größen vor der Horizontfläche A. Diese Kombination aus der Lichtgeschwindigkeit c, der newtonschen Gravitationskonstante G und der Planck-Konstante h – einer Zahl, die im Mittelpunkt der Quantentheorie steht – ist den Physikern wohlvertraut. Der Faktor vor A ist das Quadrat der sogenannten Planck-Länge. Wir legen die Bedeutung der Planck-Länge in Kasten 9.2 genauer dar. Die Kurzfassung lautet, dass es sich um die fundamentale Längenskala in unserem Universum handelt und um die kleinste Entfernung, von der wir als Abstand sprechen können. Die Entropie eines Schwarzen Lochs, das heißt die Anzahl der Informationsbits, die es verbirgt, lässt sich ermitteln, indem man den Ereignishorizont in Pixel von der Größe der Planck-Länge zerlegt und annimmt, dass das Schwarze Loch pro Pixel ein Bit speichert. Das ist in Abbildung 9.3 dargestellt.

Es ist kaum zu überschätzen, wie faszinierend dieses Ergebnis ist. Was ist die Natur dieser planckschen Pixel, und warum bedecken sie den Horizont, wenn dieser laut der Allgemeinen Relativitätstheorie nur leerer Raum ist? Erinnern wir uns, dass eine Astronautin, die frei durch den Horizont fällt, wegen des Äquivalenzprinzips nichts Ungewöhnliches erlebt. Und doch legt Bekensteins Ergebnis nahe, dass

7 Wir erklären in Kürze, warum ein Schwarzes Loch die größtmögliche Entropie hat.

8 Eine sorgfältigere Berechnung, die die Quantenphysik angemessen berücksichtigt, ergibt eine Entropie, die gleich der Horizontfläche geteilt durch viermal die Planck-Länge zum Quadrat ist, was sich von unserer Schätzung nur um einen Zahlenfaktor unterscheidet.

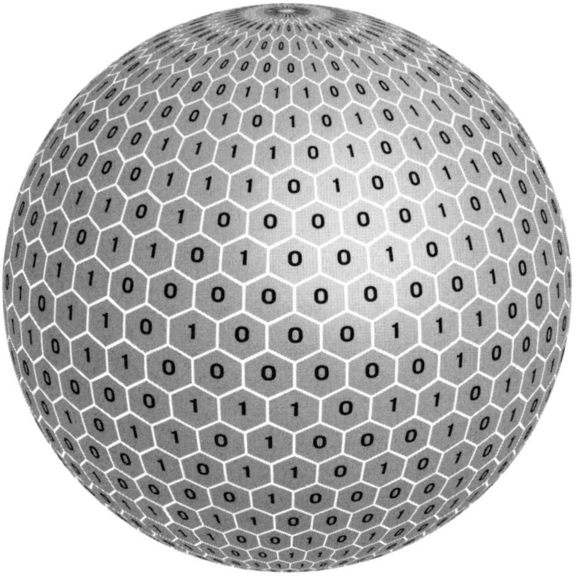

Abbildung 9.3. Der Horizont eines Schwarzen Lochs mit einer imaginären, alles überdeckenden Anordnung aus Zellen von der Größe der Planck-Fläche. Bemerkenswerterweise ist die Gesamtzahl der Zellen gleich der Entropie des Schwarzen Lochs.

sie auf eine dichte Ansammlung von Bits trifft. Und warum sollte die Informationskapazität eines Schwarzen Lochs proportional zur Fläche seines Horizonts und nicht zu seinem Volumen sein? Wie viele Informationen können in einer Bibliothek gespeichert werden? Die Antwort hängt sicherlich von der Anzahl der Bücher ab, die hineinpassen. Für die Bibliothek eines Schwarzen Lochs scheint es jedoch so zu sein, als dürften wir nur die Außenwände mit Buchseiten tapezieren. Es ist, als ob das Innere nicht existiert.

Man könnte sich fragen, ob sich das Schwarze Loch da bei der Informationsspeicherung womöglich etwas entgehen lässt. Aber ein einfaches Argument legt nahe, dass ein Schwarzes Loch mit einer bestimmten Masse die maximal mögliche Informationsspeicherkapazität (Entropie) für diese Masse besitzt. Stellen Sie sich vor, Sie lassen ein Objekt in ein Schwarzschild-Loch fallen. Um den Zweiten Hauptsatz zu erfüllen, muss die Entropie des Schwarzen Lochs mindestens um die Entropie des Objekts zunehmen, das verschlungen wurde. Die Fläche seines Ereignishorizonts wird entsprechend wachsen, aber die Flächenvergrößerung hängt allein von der Masse des Objekts ab, da die Fläche des Horizonts nur proportional zu seiner Masse ist. Stellen Sie sich jetzt vor, dass Sie stattdessen ein Objekt mit extrem hoher Entropie und der gleichen Masse wie zuvor ins Schwarze Loch fallen lassen. Die Fläche des Horizonts wird um genau denselben Betrag zunehmen, der nur proportional zur Masse des Objekts ist. Sobald wir dem Schwarzen Loch also Masse hinzufügen, muss es seine Entropie um den größtmöglichen Betrag erhöhen. Es ist so, als ob die hineingeworfenen Objekte wild durcheinandergewürfelt werden, um sicherzustellen, dass unsere Unwissenheit maximal wird.

Ein Schwarzes Loch hat also die größtmögliche Entropie. Es kann die größtmögliche Menge an Information in einem bestimmten Raumbereich speichern und die in Bits gemessene Informationsmenge ist durch die Oberfläche des Bereichs in Planck-Einheiten gegeben. Dies deutet auf etwas tief Verborgenes hin: Alles, was in einem Raumvolumen existiert, lässt sich vollständig durch die Information auf der umgebenden Oberfläche beschreiben. Das ist unsere erste Begegnung mit dem holografischen Prinzip.

KASTEN 9.1. DIE ENTROPIE SCHWARZER LÖCHER

Grob gesagt passen nur Photonen in das Loch, deren Wellenlängen (gemessen von einem entfernten Beobachter) kleiner sind als der Schwarzschild-Radius. Gemäß der Quantenphysik hat ein Photon die Energie $E = hc/l$, wobei l für die Wellenlänge und h für die Planck-Konstante steht. Die kleinstmögliche Photonenenergie ist also $E = hc/R$, wobei R der Schwarzschild-Radius ist. Die Gesamtenergie eines Schwarzen Lochs der Masse M ist nach der berühmten Einstein-Beziehung Mc^2. Die maximale Anzahl von Photonen, die in das Loch passen, beträgt:

$$N = \frac{Mc^2}{hc/R} = \frac{McR}{h}$$

Da der Schwarzschild-Radius $R = 2GM/c^2$ ist, können wir schreiben:

$$N = \frac{R^2c^3}{2Gh}$$

Die Horizontfläche ist $A = 4\pi R^2$, und damit gilt:

$$N = \frac{c^3}{8\pi Gh} A$$

Sie fragen sich vielleicht, ob sich mit anderen Teilchenarten mehr Information speichern lässt (Elektronen haben auch eine Eigendrehung und können verwendet werden, um Bits zu verschlüsseln). Im Gegensatz zu Photonen sind andere Teilchen aber massebehaftet, weshalb weniger von ihnen in das Loch passen.

KASTEN 9.2. DIE PLANCK-LÄNGE

Die Planck-Länge ist eine Kombination aus drei fundamentalen physikalischen Konstanten: der Planck-Konstante, der newtonschen Gravitationskonstante und der Lichtgeschwindigkeit. Die Planck-Länge ist eine sehr kleine Länge. Der Durchmesser eines Protons beträgt 100 000 000 000 000 000 000 Planck-Längen. Max Planck führte seine gleichnamige Einheit 1899 als ein Maßsystem ein, das sich nur auf grundlegende physikalische Konstanten stützt. Ein solches System ist Einheiten wie Meter oder Sekunde klar vorzuziehen, die historische Launen wiederspiegeln und mehr mit der Größe von Menschen und der Umlaufbahn unseres Planeten zu tun haben als mit den zugrunde liegenden Naturgesetzen. Dagegen sind die Stärke der Gravitation, das Verhalten der

Atome und die universelle Geschwindigkeitsgrenze unabhängig vom Menschen. Wenn wir einer außerirdischen Zivilisation begegnen und sie bitten, uns die Horizontfläche des Schwarzen Lochs in M 87 in Planck-Einheiten anzugeben, würde sie dieselbe Zahl nennen wie wir. Die Planck-Länge ist als Formel gegeben durch:

$$l_P = \sqrt{\frac{hG}{2\pi c^3}} \approx 10^{-35} \text{ Meter}$$

Üblicherweise wird angenommen, dass dies die kleinste sinnvolle Entfernung darstellt: Unterhalb dieses Werts bricht die Vorstellung eines kontinuierlichen Raums wahrscheinlich zusammen.

GESCHICHTE WIEDERHOLT SICH

Es gibt eine Parallele zwischen Bekensteins Vorschlag zur Entropie eines Schwarzen Lochs und der Entwicklung der statistischen Mechanik im 19. Jahrhundert. Als Boltzmann 1906 im Alter von 62 Jahren starb, war seine atomistische Erklärung des Zweiten Hauptsatzes noch nicht allgemein akzeptiert. Angeführt von dem sehr einflussreichen österreichischen Physiker Ernst Mach bezweifelten viele Wissenschaftler immer noch die Existenz von Atomen. Die Einwände von Mach waren ursprünglich philosophischer Natur, aber sie entwickelten eine Eigendynamik, teils auch weil Boltzmanns Arbeit eine Menge Verwirrung stiftete, die aufzulösen Boltzmann selbst einige Mühe hatte. Der Streit drehte sich um die statistische Natur des Zweiten Hauptsatzes. Wenn die Materie aus Atomen besteht, die sich alle bewegen, ist es laut Boltzmann sehr wahrscheinlich, dass die Entropie zunimmt – garantiert ist das aber nicht. Zum Beispiel gibt es eine fast verschwindend kleine Wahrscheinlichkeit, dass sich alle Atome in einer Ecke des Raums versammeln. Mach und seine Anhänger waren der Meinung, dass ein grundlegendes Naturgesetz nicht statistisch sein sollte. „Die Entropie nimmt fast immer zu" klang nicht verbindlich genug, zumal Clausius' Formulierung des Zweiten Hauptsatzes kein „fast" enthält. Heute wissen wir, dass Boltzmann Recht hatte – im Zweiten Hauptsatz steckt ein Element der Wahrscheinlichkeit.

Eine ähnliche Debatte dreht sich heute um die physikalische Bedeutung des thermodynamischen Verhaltens von Schwarzen Löchern. Wenn wir die Vorstellung akzeptieren, dass die Entropie eines Schwarzen Lochs das Vorhandensein von „beweglichen Teilen" irgendeiner Art signalisiert, so ist die erstaunliche Konsequenz, dass die Allgemeine Relativitätstheorie durch eine statistische Theorie untermauert wird, so wie die klassische Thermodynamik durch die statistische Mechanik untermauert wird. Dies bedeutet, dass wir die Raumzeit als eine Näherung betrachten sollten, als eine gemittelte Beschreibung der Welt, vergleichbar mit der Beschreibung eines Kastens mit Gas durch Temperatur, Volumen und Gewicht. 1902 schrieb der Pionier der statistischen Mechanik Josiah Willard Gibbs: „Die Gesetze der Thermodynamik … drücken das ungefähre und wahrscheinliche Verhalten von Systemen mit einer großen Anzahl von Teilchen aus, oder, genauer gesagt, drücken sie die Gesetze der Mechanik für solche Systeme aus, wie sie Wesen erscheinen, die nicht die feine Wahrnehmung haben, um Mengen in der Größenordnung zu würdigen, welche sich auf einzelne Teilchen beziehen …" Könnte es sein, dass wir uns in den ersten Jahrzehnten des 21. Jahrhunderts in einer ähnlichen Situation befinden – als Wesen, die nicht die feine Wahrnehmung haben, um die zugrunde liegende Struktur von Raum und Zeit zu erkennen?

Als Bekenstein vorschlug, dass Schwarze Löcher eine Entropie haben, gab es jedoch ein großes Problem. Wie wir gesehen haben, gehen Entropie und Temperatur Hand in Hand, und die Zuordnung einer thermodynamischen Entropie zu einem Schwarzen Loch erfordert, dass es eine Temperatur besitzt. Aber damit ein Objekt eine Temperatur haben kann, muss es in der Lage sein, Dinge sowohl auszustrahlen als auch zu absorbieren. Die Temperatur kann schließlich durch den Nettoenergietransfer zwischen Objekten definiert werden – in Feynmans Analogie durch die „Leichtigkeit des Wasserentzugs". Wenn es nicht möglich ist, etwas aus einem Schwarzen Loch zu entnehmen, dann muss seine Temperatur gleich null sein. Und, wie jeder 1972 wusste und wie die Allgemeine Relativitätstheorie überdeutlich macht, kann nichts aus einem Schwarzen Loch entweichen.

Doch 1974 änderte sich alles, als Stephen Hawking seine kurze Abhandlung „Black Hole Explosions?" veröffentlichte.

10
HAWKING-STRAHLUNG

„Bardeen, Carter und ich waren der Ansicht, dass die thermodynamische Ähnlichkeit nur eine Analogie war. Das vorliegende Ergebnis scheint darauf hinzudeuten, dass mehr dahintersteckt als das.“

STEPHEN HAWKING[1]

Stephen Hawkings Veröffentlichung löste eine Revolution in der theoretischen Physik aus, die immer noch andauert. Er entdeckte, dass die Quantentheorie vorhersagt, dass ein Schwarzes Loch Strahlung aussendet, als wäre es ein gewöhnliches Objekt mit einer Temperatur. Die unmittelbare Schlussfolgerung ist, dass das Gravitationsgesetz als statistisches Gesetz betrachtet werden sollte und dass Quanteneffekte zu einer elementaren Zufälligkeit in der Geometrie des Raums führen. Bislang wissen wir nicht, worauf sich diese Zufälligkeit bezieht. Es bleibt der heilige Gral der theoretischen Physik. Aber wir haben seit 1974 einen weiten Weg zurückgelegt. Der Rest des Buchs handelt von der Suche, die grundlegenden Ursprünge der Thermodynamik Schwarzer Löcher zu verstehen – eine Suche, die uns immer näher zu einer neuen Theorie von Raum und Zeit bringt.

DIE GESETZE DER MECHANIK SCHWARZER LÖCHER

1973 veröffentlichten Bardeen, Carter und Hawking eine Abhandlung mit dem Titel „The Four Laws of Black Hole Mechanics", in der sie folgende Analogie zwischen den Gesetzen der klassischen Thermodynamik und den Eigenschaften von Schwarzen Löchern zogen:[ii]

	Thermodynamik	Mechanik Schwarzer Löcher
0. Gesetz	Die Temperatur (T) ist konstant.	Die Oberflächengravitation (k) ist konstant.
1. Gesetz	$dE = T\,dS$	$dE = \frac{k}{2\pi}\frac{dA}{4}$
2. Gesetz	Die Entropie (S) nimmt zu.	Die Horizontfläche (A) nimmt zu.
3. Gesetz	T kann nicht null werden.	k kann nicht null werden.

Selbst wenn Sie die Symbole nicht verstehen, ist die Ähnlichkeit frappierend. Die eine Reihe von Gesetzen lässt sich aus der anderen ableiten, indem man Folgendes austauscht: „Temperatur (T)" durch „Oberflächengravitation (k)" (geteilt durch 2π), und „Entropie (S)" durch „Horizontfläche (A)" (geteilt durch 4).

Beginnen wir mit dem nullten Gesetz. Wie wir im vergangenen Kapitel gesehen haben, verankert es den Begriff der Temperatur formell. Ein System, zum Beispiel eine Kiste mit Gas, befindet sich im Gleichgewicht, wenn sich alles beruhigt hat und nichts mehr passiert. Das bedeutet, dass alle Teile des Systems die gleiche Temperatur haben. Für ein Schwarzes Loch ist die entsprechende Größe die Oberflächengravitation k. Sie hat überall am Ereignishorizont denselben Wert, wenn das Schwarze Loch zum Beispiel nach dem Verschlucken eines Planeten zur Ruhe gekommen ist. Die Oberflächengravitation drückt aus, wie schwierig es ist, der Anziehungskraft knapp über dem Ereignishorizont zu widerstehen. Stellen Sie sich vor, dass ein Astronaut in einer zugegebenermaßen surrealen Situation beschließt, einen Weltraumspaziergang mit einer Angelrute in der Nähe eines Schwarzen Lochs zu unternehmen. Am Ende der Angelschnur befindet sich eine Forelle der Masse M. Der Astronaut lässt die Forelle herab, bis sie knapp über dem Horizont baumelt, und misst die Zugkraft der Angelschnur. Die Zugkraft beträgt kM, wobei k die Oberflächengravitation des Schwarzen Lochs ist.[1] Für ein perfekt kugelförmiges Schwarzes Loch (Schwarzschild-Loch) ist es vielleicht offensichtlich, dass sich die Oberflächengravitation nicht ändert, wenn man sich um den Horizont herum bewegt. Für ein rotierendes Schwarzes Loch (Kerr-Loch) ist dies überhaupt nicht offensichtlich. Ein Beweis findet sich in der Arbeit von Bardeen, Carter und Hawking.

Das erste Gesetz, der Erste Hauptsatz, drückt die Erhaltung der Energie aus. Demnach erhöht sich die Entropie (dS), wenn wir einem System bei einer bestimmten Temperatur (T) Energie (dE) zuführen. Das entsprechende Gesetz der Thermodynamik Schwarzer Löcher besagt: Wenn wir eine bestimmte Energiemenge (dE) in ein Schwarzes Loch mit einer Oberflächengravitation (k) einbringen, dann vergrößert sich die Oberfläche des Horizonts (dA). Wenn wir versucht sind, die Oberflächengravitation mit der Temperatur zu identifizieren, dann könnten wir auch versucht sein, die Horizontoberfläche mit der Entropie zu identifizieren, wie Jacob Bekenstein vorgeschlagen hatte. Diese Versuchung wird noch größer durch das zweite Gesetz, das für ein Schwarzes Loch eine Aussage über Hawkings Entdeckung trifft, nämlich dass die Fläche des Ereignishorizonts immer zunimmt. Diese scheinbare Verbindung zwischen dem rein geometrischen Konzept der Fläche und dem Informationsgehalt eines Systems kommt sehr unerwartet.

---

1 Die Oberflächengravitation ist umgekehrt proportional zur Masse des Schwarzen Lochs.

Auch das dritte Gesetz ist interessant. In der klassischen Thermodynamik besagt der Dritte Hauptsatz, dass es nicht möglich ist, irgendetwas in einer endlichen Reihe von Schritten auf die Temperatur null abzukühlen. Um dies zu verstehen, können wir wieder an einen Kühlschrank denken. Während sich die Temperatur im Inneren des Kühlschranks dem Nullpunkt immer weiter nähert, geht auch der Wirkungsgrad des Kühlschranks weiter und weiter gegen null. Das liegt daran, dass der Entzug von Energie bei einer sehr niedrigen Temperatur eine enorme Entropieänderung bedeutet. Um diese wieder auszugleichen, muss eine entsprechend enorme Energiemenge an die Umgebung abgegeben werden. Letztendlich müsste der Kühlschrank eine unendlich große Menge an Arbeit verrichten, um die letzten Reste der Energie von innen nach außen zu übertragen und den Innenraum auf den absoluten Nullpunkt abzukühlen. Für ein Schwarzschild-Loch könnte man die Oberflächengravitation auf null setzen, indem man seine Masse unendlich macht – was natürlich eine unendliche Menge an Energie erfordert. Bei einem Kerr-Loch ist die Situation anders. Es ist möglich, die Oberflächengravitation zu verringern, indem man rotierende Materie ins Loch wirft. Auf den ersten Blick sieht es so aus, als könnte man damit das dritte Gesetz umgehen und die Oberflächengravitation auf null bringen, aber dem ist nicht so. Bemerkenswerterweise stellt sich heraus, dass es mit abnehmender Oberflächengravitation immer schwieriger wird, Materie in das Loch zu werfen. Die Materie verfehlt entweder das Loch oder wird von ihm abgestoßen.

Bardeen, Carter und Hawking schließen ihre Diskussion von 1973 mit der folgenden Bemerkung ab: „Es ist ersichtlich, dass *k* der Temperatur entspricht, so wie *A* der Entropie entspricht. Es sollte jedoch betont werden, dass *k* und *A* von der Temperatur und der Entropie des Schwarzen Lochs verschieden sind. Tatsächlich liegt die effektive Temperatur eines Schwarzen Lochs am absoluten Nullpunkt."

Einige Monate später, in seiner Veröffentlichung von 1974, widerspricht Hawking sich selbst,[iii] was eine der wichtigsten Fähigkeiten eines Wissenschaftlers ist: „... es scheint, dass jedes Schwarze Loch Teilchen wie Neutrinos oder Photonen genau in dem Maße erzeugt und aussendet, wie man es erwarten würde, wenn das Schwarze Loch ein Körper mit Temperatur wäre..." Seine detailliertere Fortsetzung von 1975, „Particle Creation by Black Holes", enthält die sorgfältige Herleitung der folgenden Gleichung für die Temperatur eines Schwarzen Lochs:[iv]

$$T = \frac{k}{2\pi}$$

Sie besagt, dass Schwarze Löcher eine Temperatur haben, die gleich ihrer Oberflächengravitation geteilt durch 2π ist. Hawking hatte nun erkannt, dass die Ähnlichkeit zwischen den Gesetzen der Thermodynamik und den Gesetzen der Mechanik der Schwarzen Löcher nicht nur eine Analogie ist. Vielmehr scheint es sich um eine exakte Entsprechung zu handeln. Schwarze Löcher sind thermodynamische Objekte. Hawking schreibt: „Wenn man annimmt, dass Schwarze Löcher Teilchen mit einer konstanten Rate emittieren, ist die Identifizierung von $k/2\pi$ mit der Temperatur und $A/4$ mit der Entropie hergestellt und ein Verallgemeinertes Zweites Gesetz bestätigt."

Hawkings Entdeckung, dass Schwarze Löcher Teilchen aussenden, ist von großer Bedeutung. Nicht zuletzt, weil sie darauf hinweist, dass der Ursprung des Gravitationsgesetzes statistischer Natur ist. Dies war die Schockwelle, die Anfang der 1970er-Jahre durch die theoretische Physik lief. So wie die Konzepte von Temperatur und Entropie für einen Kasten mit Gas aus einer verborgenen mikroskopischen Welt hervorgehen, die aus vielen kleinen Dingen besteht, die sich bewegen und umordnen, so scheint es auch bei den Gesetzen der Gravitation zu sein. Aber wie ist es möglich, dass ein Ding, aus dem nichts entkommen sollte, wie heiße Kohlen glüht? Um Hawkings

Entdeckung zu verstehen, müssen wir uns der Quantentheorie zuwenden – und der Physik des Nichts.

HAWKING-STRAHLUNG

Wir haben die Quantentheorie noch nicht im Detail kennengelernt, weil wir uns mit der Allgemeinen Relativitätstheorie befasst haben, die eine klassische Theorie ist. Klassische Theorien beschreiben eine Realität, die gut zu unserem intuitiven geistigen Bild der Welt passt. Das Universum besteht aus Teilchen, Feldern und Kräften. Zu jedem Zeitpunkt gibt es nur eine einzige Konfiguration des Universums, die sich auf vorhersehbare Weise zu einer neuen Konfiguration entwickelt, wenn die Dinge auf der Bühne der Raumzeit miteinander interagieren. Die Allgemeine Relativitätstheorie sagt uns, wie die Raumzeit auf die Teilchen und Felder reagiert und wie die Teilchen und Felder auf die Raumzeit reagieren.

Die Quantenmechanik ist anders. Sie beschreibt eine Welt der Wahrscheinlichkeiten und der vielen Möglichkeiten. Wenn sich zum Beispiel ein Teilchen von A nach B bewegt, müssen wir laut Quantenmechanik alle möglichen Wege berücksichtigen, um Vorhersagen treffen zu können, die mit experimentellen Messungen übereinstimmen. In der klassischen Physik folgt das Teilchen einem einzigen Weg, in der Quantenphysik ist dies aber nicht der Fall.

Ein zentraler Unterschied zwischen der klassischen Theorie und der Quantentheorie ist das unvermeidliche Auftreten von Wahrscheinlichkeiten bei der Beschreibung der Natur. Dies wird durch die berühmte Heisenbergsche Unschärferelation verdeutlicht. Sie besagt, dass wir nicht gleichzeitig die genaue Position und den Impuls eines Teilchens kennen können. Wenn wir mit hoher Präzision wissen, wo sich ein Teilchen befindet, wissen wir mit geringerer Genauigkeit, wie schnell es sich bewegt. Die Folge ist, dass wir nicht mit Sicherheit vorhersagen können, wo sich ein Teilchen in der Zukunft befinden wird, selbst wenn wir alles wissen, was wir über seinen aktuellen Zustand potenziell wissen können. Vielmehr liefert uns die Theorie eine Liste von Wahrscheinlichkeiten für mögliche zukünftige Aufenthaltsorte. Das liegt nicht an mangelndem Wissen oder Können unsererseits. So ist die Natur nun mal. Sehr wichtig ist, dass wir trotzdem vorhersagen können, wie sich der sogenannte Quantenzustand eines Teilchens mit der Zeit verändert. Die genaue Kenntnis des Quantenzustands liefert uns eine Liste von Wahrscheinlichkeiten für das Auffinden des Teilchens in einem bestimmten Raumbereich. Wir können genau vorhersagen, wie sich diese Liste von Wahrscheinlichkeiten im Lauf der Zeit verändert, obwohl wir nie mit Sicherheit sagen können, wo sich das Teilchen befinden wird. Wir können also nicht genau wissen, wo sich ein Elektron zu einem bestimmten Zeitpunkt befindet, oder wie viel Energie das elektromagnetische Feld in einem bestimmten Raumbereich mit sich trägt. Wir können nur die Wahrscheinlichkeit kennen, dass sich ein Teilchen irgendwo befindet, oder die Wahrscheinlichkeit, dass ein Feld in bestimmter Weise angeordnet ist. Es ist diese inhärente Ungewissheit in der Anordnung von Teilchen und Feldern, die letztlich zur Hawking-Strahlung führt.

Wir sollten betonen, dass die gesamte Natur, soweit wir das beurteilen können, quantenmechanisch ist. Die Quantentheorie ist so Ehrfurcht gebietend wie die Allgemeine Relativitätstheorie. Sie untermauert nicht nur unser Verständnis von Atomen und Molekülen und der gesamten Chemie und Kernphysik, sondern auch der modernen Elektronik. Der Halbleitertransistor zum Beispiel, der zu Milliarden in modernen elektronischen Geräten genutzt wird, ist ein von Natur aus quantenmechanisches Gerät. Wir leben in einem Quantenuniversum.

DAS QUANTENVAKUUM

Manche Wörter bedeuten umgangssprachlich etwas ganz anderes als in der Physik. Vakuum ist so ein Wort. Die wichtige Eigenschaft unseres Quantenuniversums, die zur Hawking-Strahlung führt, lautet: Das Vakuum des leeren Raums ist nicht leer. Es liegt nahe, sich ein Vakuum frei von allen Teilchen und Feldern vorzustellen, aber das ist nicht korrekt, denn „leer" ist eine präzise Aussage über die Energie und den Zustand der Felder – das lässt die Quantentheorie nicht zu. Das Vakuum ist also ein aktiver Ort mit einer komplexen Struktur. Es gibt keine Möglichkeit, einen Raumbereich zu isolieren und alle Teilchen aus ihm herauszusaugen, um ihn vollkommen zu entleeren. Grob gesagt ist das Vakuum für den Menschen das, was das Wasser für einen Fisch ist: Es ist der allgegenwärtige Hintergrund unserer Alltagserfahrung. Teilchen kann man sich als Erregungen des Vakuums vorstellen – Wellen im Meer des Vakuums – und die Quantentheorie beschreibt ein Meer, das sich immer kräuselt.

Man kann sich das Quantenvakuum mithilfe von Teilchen vorstellen, die ständig in das Vakuum aufploppen und einen kurzen Augenblick später wieder verschwinden. Diese Geister – das kurzzeitige Aufflackern von Teilchen – werden als Vakuumfluktuationen oder „virtuelle" Teilchen bezeichnet. Könnten wir die Zeit irgendwie einfrieren und mit hoher Auflösung tief in einen beliebigen Raumbereich spähen, würden wir diese Teilchen nicht als flüchtige Geister, sondern als echte Teilchen sehen. Und genau das passiert mit Zeit und Raum in der Nähe des Horizonts eines Schwarzen Lochs, wenn man es von außen betrachtet: Das Schwarze Loch verhält sich wie ein Vergrößerungsglas, das die Zeit einfriert und die Art und Weise verändert, wie wir die Vakuumfluktuationen sehen. Virtuelle Teilchen können aus einer Perspektive so real sein wie die Teilchen, aus denen unser Körper besteht, aus einer anderen Perspektive.

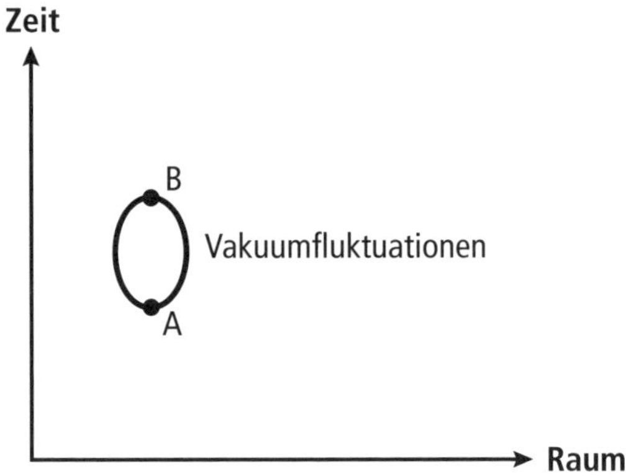

Abbildung 10.1. Eine Vakuumfluktuation. Ein Teilchenpaar taucht (bei A) für einen flüchtigen Augenblick aus dem Vakuum auf, bevor es sich bei B wieder vereinigt. Eines der beiden Teilchen hat eine negative Energie, sodass die Summe beider Teilchenenergien gleich null ist.

Virtuelle Teilchen tauchen paarweise aus dem Vakuum auf, und wenn man sie vor der eigenen Nase hin- und herflimmern sähe, stellte man fest, dass eines der geisterhaften Teilchen eine positive Energie hat und das eine andere negative. Normalerweise kommen die Teilchen nach sehr kurzer Zeit wieder zusammen und die Energie wird zurückgegeben, sodass die Gesamtenergie des Vakuums im Durchschnitt unverändert bleibt. Dieser Vorgang ist geläufig, so fantastisch er auch klingen mag. Wenn Sie eine Leuchtstoffröhre einschalten, wird den Atomen des Dampfes im Innern der Röhre Energie zugeführt, sodass sie in einen angeregten Zustand übergehen. Das bedeutet, dass die Elektronen im Innern der Atome nun Energieniveaus oberhalb des Grundzustands besetzen. Diese Energieniveaus sind uns bei der Erörterung von Temperatur und Entropie im vorigen Kapitel begegnet: Man kann sich ein einzelnes Atom wie eine Schachtel vorstellen, die Elektronen enthält; diese sind auf die verfügbaren

Energieniveaus verteilt. Die Elektronen halten sich eine Zeit lang auf den höheren Energieniveaus auf, bevor sie auf niedrigere Niveaus zurückfallen. Dabei geben sie Photonen ab, die die Energie abtransportieren und die Leuchtstoffröhre zum Leuchten bringen. Eine Zeit lang wurde der Grund für das Zurückfallen der Elektronen auf niedrigere Energieniveaus des Atoms nicht verstanden. Die Physiker nannten das „spontane Emission". Heute weiß man, dass Vakuumfluktuationen die Elektronen dazu veranlassen, auf die niedrigeren Energieniveaus im Atom zurückzufallen. Sie „kitzeln" das Atom und lösen die Emission von Licht aus. Die Hawking-Strahlung hat denselben Ursprung. Vakuumfluktuationen kitzeln das Schwarze Loch und bewirken, dass es Energie verliert, indem es Teilchen aussendet. In seiner Veröffentlichung von 1975 gibt Hawking eine heuristische Erklärung für den Ursprung der Strahlung Schwarzer Löcher. Wie er vorsichtig anmerkt, ist diese physikalische Veranschaulichung nicht als strenge Argumentation gedacht, „die eigentliche Rechtfertigung der thermischen Emission ist die mathematische Ableitung". Dennoch sind, wie Hawking bewusst war, Bilder sehr nützlich, um das Verständnis zu fördern. Hier ist Hawkings Bild.

Positionieren wir uns außerhalb des Ereignishorizonts eines Schwarzen Lochs und konzentrieren uns auf die Vakuumfluktuationen in der Nähe des Horizonts. Aus dieser Perspektive können die Vakuumfluktuationen so gestört werden, dass eines der Teilchen der Wiedervereinigung mit seinem Partner entgeht. Der Grund dafür lautet, dass sich bei dem fluktuierenden Paar das Teilchen mit negativer Energie innerhalb des Horizonts befinden kann, wo es bis zum Erreichen der Singularität existiert. Dass innerhalb eines Schwarzen Lochs Teilchen mit negativer Energie existieren können, haben wir beim Penrose-Prozess zur Extraktion von Energie aus einem Schwarzen Loch gesehen. In diesem Fall war die Tatsache verantwortlich, dass Raum und Zeit innerhalb der Ergosphäre „die Rollen tauschen".

Diese Umkehrung der Rollen von Raum und Zeit ist auch der Grund, warum das Teilchen negativer Energie innerhalb des Horizonts die Masse des Schwarzen Lochs reduziert, während sein Partner nach draußen ins Universum entkommen kann und als Hawking-Strahlung auftritt.[2]

Für ein Schwarzschild-Loch ist es möglich, die Gleichung für die Temperatur eines Schwarzen Lochs in Abhängigkeit von seiner Masse M statt von seiner Oberflächengravitation auszudrücken. Das Ergebnis lautet:[3]

$$T = \frac{\hbar c^3}{8\pi G M k_B}$$

Diese wunderbare Gleichung offenbart die Verbindung von Quantentheorie und Allgemeiner Relativitätstheorie, die in Hawkings Berechnung steckt, und sie belegt, dass die Gesetze der Mechanik Schwarzer Löcher die verkappten grundlegenden Gesetze der Thermodynamik *sind*. Das hat die Physiker davon überzeugt, dass es richtig ist, Schwarze Löcher als thermodynamische Objekte zu betrachten, die Informationen speichern und Energie mit dem Universum jenseits des Horizonts austauschen können. Stephen Hawkings Berechnung der Temperatur eines Schwarzen Lochs ist so wichtig für unser Verständnis des Universums, dass sie nun buchstäblich in Stein gemeißelt auf dem Boden der Westminster Abbey steht.

---

2 Nicht alle Teilchen mit positiver Energie werden sich vom Loch entfernen. Einige werden hineinfallen und in der Singularität enden. Entscheidend ist, dass einige der Teilchen entkommen.

3 $\hbar$ ist die Plancksche Konstante h, geteilt durch 2π.

Abbildung 10.2. Die Temperatur eines Schwarzschild-Lochs steht auf Stephen Hawkings Gedenkstein in der Westminster Abbey. Auch auf Tafel 13.

11
SPAGHETTIFIZIERT UND VERDAMPFT

„In der Mikrophysik liegen die Informationen jedoch nicht einfach so da. Stattdessen hält uns die Natur im Kleinen eine revolutionäre Pistole vor: ‚Keine Frage, keine Antwort.' Es herrscht Komplementarität."

JOHN ARCHIBALD WHEELER[1]

Dass Schwarze Löcher ein bisschen wie Atome sind, die Strahlung aussenden, weil sie vom Vakuum gekitzelt werden, ist ein gutes Bild. Aber es verdeckt einen großen Unterschied zwischen der Lichtausstrahlung alltäglicher heißer Objekte und der Emission von Hawking-Strahlung. Der Unterschied liegt darin, dass die Vakuumfluktuationen erst durch die Gravitationswirkung zustande kommen. Dieser einzigartige Entstehungsmechanismus führt zu drei Eigenschaften der Hawking-Strahlung, die in ihrer Gesamtheit geradezu verblüffend erscheinen.

1. Eine Person im freien Fall in der Nähe des Horizonts eines großen Schwarzen Lochs wird keine Strahlung wahrnehmen.
2. Eine Person, die so beschleunigt, dass sie knapp über dem Horizont eines großen Schwarzen Lochs schwebt, wird durch einen Strom sehr heißer Strahlung verdampft.

3. Eine Person, die weit vom Schwarzen Loch entfernt ist, wird eine kühle Strahlung wahrnehmen, die anscheinend von einem glühenden Objekt mit der Hawking-Temperatur ausgesandt wurde.

Lassen Sie uns diese Punkte nacheinander behandeln.

1. Dass eine Person im freien Fall in der Nähe des Horizonts eines großen[1] Schwarzen Lochs auf keine Strahlung trifft, ist nicht schwer zu verstehen. Es ist Einsteins Äquivalenzprinzip. Ein frei fallender Beobachter fühlt sich, als würde er in der flachen Raumzeit ruhen. Aus seiner Perspektive nimmt er daher die Vakuumfluktuationen (die Teilchen-Antiteilchen-Paare) auf die gleiche harmlose Weise wahr wie eine Person, der weit entfernt vom Schwarzen Loch schwebt. Infolgedessen treibt er ohne etwas zu bemerken weiter, bis er bei der Annäherung an die Singularität unweigerlich spaghettifiziert wird.
2. Im Gegensatz dazu wird eine Person, die knapp über dem Horizont schwebt, auf den positiven Energieanteil der Vakuumfluktuationen treffen. Aus ihrer Perspektive wird sie von einer Flut realer Teilchen bombardiert, die von ihren Partnern durch die Geometrie der Raumzeit getrennt sind. Ein sehr ähnlicher Effekt tritt auch in der flachen Raumzeit auf, wie Paul Davies und Bill Unruh Mitte der 1970er-Jahre feststellten.[2ii] Beim Davies-Unruh-Effekt ist ein beschleunigendes Raumschiff, das weit von anziehenden Objekten entfernt ist, einem thermischen Bad aus Teilchen ausgesetzt, wobei die Temperatur des Bades proportional zur Beschleunigung

1 Die Wahl eines großen Schwarzen Lochs führt dazu, dass die Gezeiteneffekte am Horizont gering sind.

2 Häufig als Fulling-Davies-Unruh-Effekt bezeichnet, in Anerkennung der früheren Arbeiten von Stephen Fulling im Jahr 1973.

ist. Unter Berufung auf das Äquivalenzprinzip kann man sagen, dass das Gleiche mit einer Rakete passiert, die beschleunigt wird, um eine stabile Position in der Nähe des Horizonts eines Schwarzen Lochs zu halten. Da die Raumzeit in der unmittelbaren Umgebung der Rakete annähernd flach ist, macht die Rakete in diesem Fall die gleiche Erfahrung wie eine Rakete, die in der flachen Raumzeit beschleunigt. Und deshalb heizt sich die Rakete durch das Eintauchen in ein heißes Teilchenbad auf. Wenn sie dem Horizont nahe genug kommt, wird sie verdampfen.

3. Ein frei fallender Beobachter, der weit vom Loch entfernt ist, wird zwar Hawking-Strahlung wahrnehmen, aber die Teilchen, die er empfängt, sind gutartig, mit Energien, die für ein Objekt charakteristisch sind, das mit der Hawking-Temperatur strahlt. Dies entspricht der Erwartung – so wie es Hawking vorhergesagt hat. Um zu verstehen, wie die Hawking-Strahlung aus dieser weit entfernten Perspektive entsteht, kann man auch die Gezeitenanziehung des Schwarzen Lochs betrachten. Die irdischen Gezeiten treten auf, weil die Anziehungskraft des Mondes auf die Erde variiert. Dies hat zur Folge, dass die Meeresoberfläche und in sehr geringem Maße auch die Erde selbst durch das veränderliche Gravitationsfeld verzerrt werden. Auf der Erde sind die Auswirkungen der Gezeitengravitation nur über sehr große Entfernungen – an weit voneinander entfernten Punkten der Erdoberfläche – spürbar, da sie durch den Unterschied der Anziehungskraft des Mondes an zwei Orten verursacht werden. Über ein paar Meter hinweg gibt es keinen messbaren Unterschied in der Anziehungskraft, weshalb der Mond die Gezeiten in Ihrer Badewanne nicht vergrößert. Die Hawking-Strahlung entsteht, weil die Anziehungskraft des Schwarzen Lochs über eine Vakuumfluktuation hinweg variiert. Damit dieser Effekt groß genug ist, um die Teilchen real werden zu lassen, muss die Vakuumfluktuation ungefähr die

Größe des Schwarzen Lochs haben. Vom entfernten Standpunkt aus sieht ein Beobachter daher einen Strom langwelliger (niederenergetischer) Teilchen.

Jede dieser drei Erfahrungen ist eine legitime Beschreibung aus unterschiedlichen Blickwinkeln, doch zunächst erscheinen sie widersprüchlich. Lassen Sie uns das Kernargument noch prägnanter fassen. Nehmen wir an, Sie springen in ein großes Schwarzes Loch. Aus Ihrer Sicht sind Sie zur Spaghettifizierung verdammt, während Sie sich der Singularität nähern, aber Sie werden den Ereignishorizont ohne großes Theater überqueren. Ihr Freund in einem Raumschiff außerhalb des Lochs wird nie sehen, wie Sie den Horizont überschreiten, aber er wird sehen, wie Sie dem Horizont immer näher kommen. Soviel wissen wir aus der Allgemeinen Relativitätstheorie. Er könnte beschließen, ein Thermometer herabzulassen, um die Temperatur an Ihrer Position in der Nähe des Horizonts zu messen. Das Thermometer, das über dem Horizont schwebt, nimmt die Vakuumfluktuationen wie im obigen Fall 2 wahr und wird daher in ein heißes Bad aus echter Strahlung getaucht. Aus dieser Perspektive ist die horizontnahe Region ein glühend heißer Ort. Ihr Freund könnte zu dem Schluss kommen, dass Sie außerhalb des Schwarzen Lochs verbrannt sind und es nie durch den Horizont geschafft haben.

Es scheint, als gäbe es hier kaum einen Ausweg. Sollen wir das Äquivalenzprinzip aufgeben, das die Grundlage der Allgemeinen Relativitätstheorie bildet, und schließen, dass der Horizont ein heißer und gefährlicher Ort ist? Oder sollen wir darauf bestehen, dass ein frei fallender Beobachter den Horizont ohne großes Theater überqueren muss, und daraus schließen, dass etwas an unserer quantenphysikalischen Analyse des Vakuums falsch ist? Wenn wir eine dieser beiden Optionen akzeptieren, müssen wir ein Kernelement entweder der Allgemeinen Relativitätstheorie oder der Quantentheorie verwerfen.

Es gibt einen dritten Weg – einen schönen Ausdruck von Zentrismus: Es ist möglich, dass beide Perspektiven richtig sind. Aus der Außenperspektive hat das Schwarze Loch eine glühend heiße, undurchdringliche Atmosphäre, die alles verdampft, was sich ihr nähert. Für Menschen, die auf das Schwarze Loch zufallen, ist der Horizont jedoch ein völliges Nichts, durch das sie unbeschadet ins Innere gelangen. Ein Mensch kann sowohl spaghettifiziert als auch verdampft werden: Spaghettifiziert aus der eigenen Perspektive und verdampft aus Sicht der Außenstehenden. Dieses Konzept wird als Komplementarität der Schwarzen Löcher bezeichnet.[iii]

Von außen wird niemals beobachtet, dass etwas in ein Schwarzes Loch fällt. Wir könnten sagen, dass für jemanden, der draußen lauert, das Innere jenseits des Endes der Zeit liegt. Das Zeug fällt einfach in eine heiße Atmosphäre, wo es verbrennt. Aus Sicht der Außenstehenden scheint ein Schwarzes Loch heißen, glühenden Kohlen nicht so unähnlich zu sein.

Gemäß dem Paradigma der Komplementarität von Schwarzen Löchern wird nichts davon durch den Bericht eines Menschen widerlegt, der in das Loch fällt – obwohl die Geschichte, die er erzählt, anders verläuft. Er erkundet das Innere und trifft auf die Singularität. Entscheidend ist jedoch, dass er nicht in der Lage ist, den Außenstehenden etwas davon mitzuteilen, sobald er den Horizont überquert hat. Genauso entscheidend ist, dass die Außenstehenden nicht in der Lage sind, dem hineinfallenden Menschen mitzuteilen, dass er verbrannte. Ein Widerspruch wird vermieden, weil Außenstehende und Eingeschlossene nie zusammentreffen, um sich auszutauschen. Das klingt – flapsig gesagt – nach ziemlichem Murks, aber es ist eine ernsthafte These.

Sie könnten sofort Folgendes einwenden: Was wäre, wenn der Außenstehende etwas von der Asche des Hineinfallenden sammelt und dann seinem Freund hinterherspringt, um ihm den Beweis zu zeigen, dass dieser eingeäschert wurde? Mit der eigenen Asche konfrontiert zu werden, wäre selbst für den glühendsten Verfechter der Komplementarität von Schwarzen Löchern eine beunruhigende Erfahrung. Der Ausweg aus dieser logischen Unmöglichkeit besteht der Komplementarität zufolge darin, dass der Außenstehende Zeit braucht, um die Beweise zu sammeln, dass der Einfallende verbrannt ist. Bis der Außenstehende die Beweise gesammelt hat und über den Horizont gesprungen ist, ist sein Freund bereits spaghettifiziert und kann daher nicht mehr mit den Beweisen für seinen eigenen Untergang konfrontiert werden. So bizarr es auch erscheinen mag, das soeben skizzierte Bild scheint im Wesentlichen zu stimmen. Der Weg zu dieser Einsicht lässt sich bis in die 1980er-Jahre und zu einer sehr einfachen Frage zurückverfolgen.

DAS INFORMATIONSPARADOXON

Der Titel von Stephen Hawkings erster Veröffentlichung über die Hawking-Strahlung lautete „Black Hole Explosions?". Der Grund für diesen auffälligen Titel ist, dass die Temperatur des Schwarzen Lochs beim Schrumpfen steigt, wodurch es stärker strahlt und schneller schrumpft, bis es in einem Strahlungsblitz vollständig verschwindet.[3] „Schneller" ist vielleicht das falsche Wort, da es dem Prozess einen ungerechtfertigten Eindruck von Eile verleiht. Sie können ein paar Zahlen in Hawkings Formel einsetzen, um die Temperatur eines typischen Schwarzen Lochs mit stellarer Masse zu berechnen – sagen wir, es hat etwa fünffache Sonnenmasse. Dann zeigt sich, dass die Temperatur zehn Milliardstel Grad über dem absoluten Nullpunkt

3 Dies lässt sich direkt aus Hawkings Formel ablesen: Die Temperatur eines Schwarzen Lochs ist umgekehrt proportional zu seiner Masse.

liegt. Das ist sehr viel kälter als das heutige Universum, das sich in den 13,8 Milliarden Jahren seit dem Urknall auf etwa 2,7 Grad über dem absoluten Nullpunkt abgekühlt hat. Im aktuellen Moment der kosmischen Zeit sind Schwarze Löcher eher wie Wheelers Tassen mit vereistem Tee. In Übereinstimmung mit dem zweiten Gesetz der Thermodynamik absorbieren sie Energie, während sie im relativ heißen Bad des Kosmos schwimmen. Irgendwann jedoch, wenn sich das Universum weiter ausgedehnt und abgekühlt hat, werden Schwarze Löcher zu glühend heißen Flecken am immer kälter werdenden Himmel und beginnen dann zu verdampfen. Ein typisches Schwarzes Loch von der Größe einer Sonne hat eine Lebensdauer von etwa 10^{69} Jahren, was eine sehr lange Zeit ist. Auf den ersten Blick könnte es daher so aussehen, als ob wir uns keine Sorgen über Explosionen von Schwarzen Löchern machen müssten; ihre Lebensdauer ist ja so gut wie unendlich. Doch wenn wir an dieser Stelle aufhören würden, würden wir die möglicherweise wichtigste Revolution in der theoretischen Physik seit Einsteins Zeiten verpassen. Ausgelöst wurde diese Revolution durch die folgende Frage: Zerstören Schwarze Löcher Information?

Stellen Sie sich vor, ein Buch fällt in ein Schwarzes Loch. In unvorstellbaren Zeiträumen wird das Schwarze Loch allmählich verdampfen, während es Hawking-Strahlung aussendet, bis es in einem letzten Strahlungsausbruch verschwindet. Übrig bleibt nur die Hawking-Strahlung. Entscheidend ist, dass Hawkings Berechnung eine eindeutige Vorhersage über die Beschaffenheit dieser Strahlung macht: Sie ist thermisch, was bedeutet, dass die Strahlung keinerlei Information enthält. Mit anderen Worten: Wenn das Schwarze Loch verschwunden ist, ist es so, als hätte das Buch nie existiert. Die Information, die es enthielt, ist aus dem Universum getilgt. Tatsächlich ist sämtliche Information über alles, was jemals in das Schwarze Loch gefallen ist, einschließlich der Details des kollabierenden Sterns, aus dem es sich ursprünglich gebildet hat, ebenfalls gelöscht. Stattdessen bleibt nur ein Bad aus eigenschaftsloser thermischer Strahlung zurück.

Na und? In seinem Buch *The Black Hole War* beschreibt Leonard Susskind den Moment in einem kleinen Seminarraum in einem Dachgeschoss in San Francisco im Jahr 1983, als Hawking zum ersten Mal die Behauptung aufstellte, dass Information durch Schwarze Löcher zerstört wird.[iv] Der bald darauf mit dem Nobelpreis ausgezeichnete Gerard 't Hooft starrte nach Hawkings Vortrag eine Stunde lang an die Tafel. „Ich sehe noch immer das Stirnrunzeln auf Gerards und das amüsierte Lächeln auf Stephens Gesicht." 't Hooft starrte deswegen, weil die Gesetze der Physik, so wie wir sie derzeit verstehen, die Information erhalten. Wenn wir von etwas den genauen Zustand zu einem bestimmten Zeitpunkt kennen, können wir im Prinzip genau vorhersagen, was es in der Zukunft tun wird, und wir wissen, was es in der Vergangenheit getan hat. Das nennt man Determinismus: Die grundlegende Idee, dass sich das Universum auf vorhersehbare Weise entwickelt. Alle bekannten Gesetze der Physik beschreiben deterministische Entwicklungen. Sie gehen von einem System aus – sei es ein Kasten mit Gas, ein Stern oder eine Galaxie – und entwickeln es für einen bestimmten Zeitpunkt in der Zukunft zu einer einzigen, genau definierten Konfiguration. Und weil sich die Dinge auf einzigartige und vorhersehbare Weise entwickeln, ermöglichen uns die Gesetze auch, genau zu berechnen, wie das System zu einem beliebigen Zeitpunkt in der Vergangenheit aussah.[4] Aber was ist mit einem Universum, das Schwarze Löcher enthält? Galaxien enthalten in ihren Zentren supermassereiche Schwarze Löcher. Diese Schwarzen Löcher verschlucken alles. Wenn das Schwarze Loch anschließend in einem Schwall informationsloser Hawking-Strahlung verschwindet, wäre es in ferner

4 Dies gilt auch für die Entwicklung des Quantenzustands eines Systems, auch wenn die Ergebnisse der einzelnen Experimente nicht festgelegt sind.

Zukunft unmöglich, irgendwelche Details über das zu rekonstruieren, was hineingefallen ist. Es wäre sogar unmöglich festzustellen, ob das Schwarze Loch überhaupt jemals existiert hat, da es jede Spur von sich selbst ausgelöscht hätte. Dieses Problem ist als das Informationsparadoxon der Schwarzen Löcher bekannt geworden.

Abbildung 11.1 zeigt ein Penrose-Diagramm, das das Problem veranschaulicht. Man erhält es, indem man zwei Raumzeitgeometrien zusammenfügt: die Schwarzschild-Raumzeit, die der Zeit entspricht, in der das Schwarze Loch existiert (Abbildung 8.3), und die Minkowski-Raumzeit, wenn das Schwarze Loch verschwunden ist. Die Singularität verschwindet mit dem Schwarzen Loch und die Wellenlinie, die das Ende der Zeit darstellt, endet daher vor der zukünftigen zeitartigen Unendlichkeit an der oberen Spitze des Diagramms. Wir haben keine Ahnung, was am äußersten rechten Punkt der Singularität geschieht, da dies das Ereignis ist, bei dem das Schwarze Loch verschwindet und die Auswirkungen der Quantengravitation wichtig werden. Aber wie wir sehen werden, und bis vor Kurzem entgegen den Erwartungen vieler Experten auf diesem Gebiet, müssen wir das nicht wissen, um das Informationsparadoxon aufzulösen.

Der schraffierte Bereich des Diagramms entspricht der Zeit nach dem Verdampfen des Schwarzen Lochs, in der die Raumzeit flach ist und es keine Spur von irgendetwas zu geben scheint, das den Ereignishorizont überquert hat. Um dies zu erkennen, zeichnen Sie einen Lichtstrahl (eine 45-Grad-Linie) von einem beliebigen Punkt innerhalb des Ereignishorizonts und Sie werden sehen, dass er an der Singularität endet. Die Region hinter dem Ereignishorizont bleibt ein Gefängnis, aus dem es kein Entkommen gibt, weil sie kausal vom Universum außerhalb getrennt ist; es gibt keine Raumzeit direkt über der Singularität in Abbildung 11.1. Das Einzige, was in der Zukunft überlebt, wenn das Schwarze Loch verschwunden ist, ist die Hawking-Strahlung. Wir haben einen gewellten Pfeil eingezeichnet, um die Weltlinie des letzten Hawking-Teilchens zu markieren, das beim Verschwinden des Schwarzen Lochs emittiert wird – es macht sich fröhlich auf den Weg in die lichtartige Unendlichkeit.

Hawking zufolge ist diese Strahlung eigenschaftlos. Das Schwarze Loch vernichtet daher alle Spuren von allem, was in das Loch gefallen ist. Wo geht das alles hin? Solange das Loch nicht verdampft ist, können wir zumindest die vage Aussage treffen, dass alles in die Singularität gefallen ist und wir diesen Ort nicht wirklich verstehen. Aber nachdem das Loch verdunstet ist, gibt es keine Singularität mehr, kein Versteck.

Die Komplementarität Schwarzer Löcher bietet eine scheinbar einfache Lösung für das Paradoxon, zumindest aus der Sicht eines außenstehenden Beobachters. Da man nie beobachtet, wie etwas durch den Horizont fällt, geht auch nichts verloren. Denken wir noch einmal an das Buch, das wir in das Schwarze Loch geworfen haben; wir haben seine Weltlinie in der Abbildung blau eingezeichnet. Aus der Perspektive des außenstehenden Beobachters wird das Buch gemäß der Komplementarität am Horizont verbrannt und seine Asche in Form von Hawking-Strahlung an das Universum zurückgegeben (wie durch den roten gewellten Pfeil dargestellt). Das ist vergleichbar mit dem Verbrennen eines Buchs in einem Lagerfeuer. Wenn wir ein Buch verbrennen, kann die darin enthaltene Information wiederhergestellt werden, wenn wir die Asche, die Gase und die Glut, die dabei entstehen, genau genug vermessen. Praktisch ist das unmöglich, aber „praktisch" ist kein Wort, das theoretische Physiker interessiert. Entscheidend ist, dass es im Prinzip möglich wäre. Die im Buch enthaltene Information wurde bei der Verbrennung durcheinandergeworfen, aber sie wurde nicht zerstört. Wir würden behaupten, dass nichts verschwunden ist. Sie wurde nur umgewandelt, von Worten auf einer Seite in Teilchen im Raum. Aus dem Penrose-Diagramm geht hervor: Solange das Buch brennt und bevor es den Horizont überschreitet, ist es

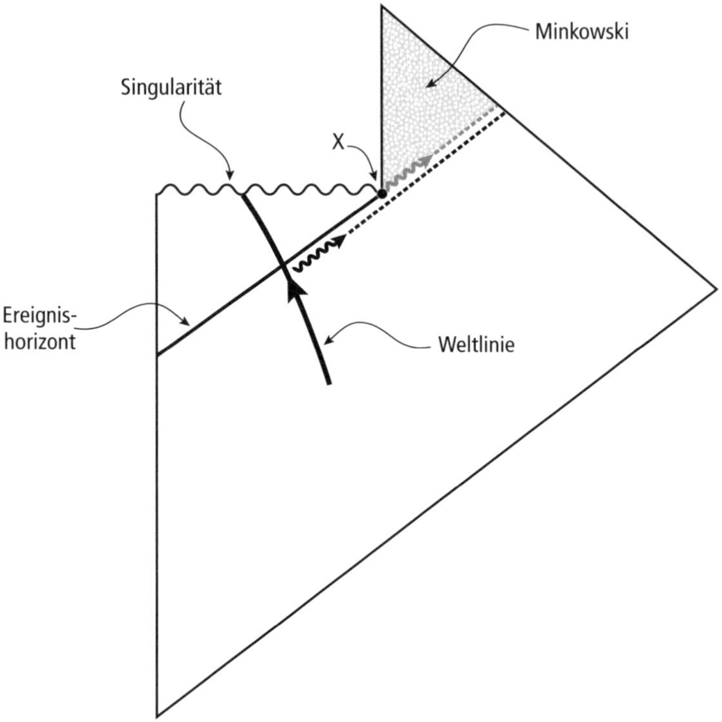

Abbildung 11.1. Das Penrose-Diagramm für ein verdampfendes Schwarzes Loch. Die Singularität verschwindet, nachdem das letzte Hawking-Teilchen (der graue wellenförmige Pfeil [orange auf Tafel 14]) emittiert wurde (am Punkt X). Die leicht gekrümmte Linie ist die Weltlinie eines in das Loch geworfenen Buchs und der dunklere gewellte Pfeil (rot auf Tafel 14) ist ein weiteres Hawking-Teilchen. Beide Hawking-Teilchen folgen ihrer jeweiligen gestrichelten Weltlinie und landen in der zukünftigen lichtartigen Unendlichkeit. Auch auf Tafel 14.

möglich, Weltlinien zu zeichnen, die jedes Atom im Buch mit einer zukünftigen zeitartigen oder lichtartigen Unendlichkeit verbindet.

Im Gegensatz dazu steht die Sicht aus dem Innern des Schwarzen Lochs. Das Buch wird bei der Annäherung an die Singularität spaghettifiziert. Wir wissen zwar nicht, was in der Singularität passiert, aber weil das Buch hinter dem Horizont liegt, kann es nicht wieder herauskommen. Es wird am Ende der Zeit innerhalb des Horizonts zerstört. Aber das ist in Ordnung, denn aus der Sicht der Außenwelt bleiben die Informationen erhalten. Die Geschichten des Buchs sind in der Hawking-Strahlung geschrieben und werden im Prinzip immer existieren, auf dass Überwesen der Zukunft diese Geschichten lesen. Wenn wir die Komplementarität akzeptieren, sind sowohl die innere als auch die äußere Sichtweise wahr.

Was sind die Folgen für die physische Realität? Wir neigen aufgrund unserer Erfahrung mit der Welt zur Annahme, dass große physische Objekte wie Bücher oder Astronauten nur an einem Ort gleichzeitig sein können und dass sie nur ein einziges Schicksal erleiden können. Die Quantentheorie zerstört diese Vorstellung, wenn wir Fragen über das Verhalten subatomarer Teilchen stellen. Und die Komplementarität scheint eine noch radikalere Herausforderung für unsere Intuition zu sein. Wir sollen akzeptieren, dass es zwei gleichwertige Ansichten darüber gibt, was mit einem großen Ding wie einem Astronauten – zum Beispiel Ihnen – passiert, der frei auf ein Schwarzes Loch zufällt. Sie werden sowohl spaghettifiziert (innen) als auch verdampft (außen). Dies legt nahe, dass die Beziehung zwischen dem Innern eines Schwarzen Lochs und seinem Äußeren nicht dieselbe ist wie in unserer alltäglichen Erfahrung das Verhältnis zwischen „hier" und „dort drüben".

Es gibt auch ein kurzes, aber hartnäckiges Haar in der Suppe: Stephen Hawkings Berechnung, die besagt, dass die Hawking-Strahlung keine Information enthält. Dieses klar definierte Problem aus Hawkings Berechnung aufs Korn zu nehmen, erwies sich als äußerst fruchtbar für das Bestreben, die Komplementarität auf eine präzise Grundlage zu stellen. Denn die Frage ist einfach und leicht zu formulieren: Wenn die Information wieder herauskommen soll, wo hat Stephen Hawking dann einen Fehler gemacht?

12 DAS GERÄUSCH EINER EINZELNEN KLATSCHENDEN HAND[1]

„Die Verschränkung ist das Eisen in der Bronzezeit der klassischen Welt."

MICHAEL NIELSEN UND ISAAC CHUANG[1]

Physiker lieben Paradoxa. Vielleicht wirkt es ungewöhnlich – aber in ihrem Berufsleben suchen sie nach Situationen, die ihr Weltbild zum Einsturz bringen, weil aus den Trümmern ein tieferes Verständnis erwachsen kann. Gute Wissenschaftler wollen nicht, dass ihre Überzeugungen durch die Forschung gerechtfertigt werden. Sie wollen, dass die Forschung neue Überzeugungen hervorbringt. Der intellektuelle Mehrwert des Informationsparadoxons und des damit zusammenhängenden Affronts gegen den gesunden Menschenverstand durch die Komplementarität des Schwarzen Lochs besteht darin, dass er Physiker in die Enge treibt. Damit der Determinismus erhalten

1 Anmerkung der Redaktion: Es handelt sich um die Anspielung auf eine Frage aus dem Zen-Buddhismus (ein sogenanntes Kōan), die im englischen Sprachraum verbreiteter ist als im deutschen Sprachraum und Hakuin Ekaku zugeschrieben wird. Hierbei wird gefragt: Wenn zwei klatschende Hände ein Geräusch machen können, wie klingt dann das Klatschen mit einer Hand?

bleibt, muss ein Fehler in Hawkings Berechnung vorliegen. Wenn es keinen Fehler gibt, muss der Determinismus geopfert werden. Auf beiden Wegen sind neue Erkenntnisse zu erwarten. Schließlich beruht Hawkings Berechnung auf den sehr gut verstandenen Grundlagen der Quantentheorie und der Allgemeinen Relativitätstheorie.

Was an der Singularität eines Schwarzen Lochs passiert, entzieht sich unserem heutigen Verständnis. Laut der Allgemeinen Relativitätstheorie markiert die Singularität das Ende der Zeit für alles, was unglücklicherweise auf sie trifft. Es scheint ein Ort zu sein, an dem die Materie aufhört zu existieren. Die Unfähigkeit, im Bereich der Singularität zu rechnen, ist ein großes ungelöstes Problem der Physik. Dagegen ist die Hawking-Strahlung kein Phänomen, das ein Verständnis der Physik nahe der Singularität erfordert. Hawkings Berechnungen gehen nie über das hinaus, was Physiker als „Niederenergiephysik" bezeichnen: die (scheinbar) gut verstandenen Bereiche der Quantenphysik und der Relativitätstheorie im Umfeld des Horizonts. Wie wir sehen werden, gibt es in den uns bekannten Gesetzen, die bei niedrigen Energien gelten, Spuren der tiefergehenden Theorie der Quantengravitation. Diese Spuren werden sichtbar, wenn man die Hawking-Strahlung untersucht.

Die erste wichtige Erkenntnis ergab sich aus dem Verständnis der ungewöhnlichen Art und Weise, wie Hawking-Strahlung entsteht, und den damit verbundenen Nebenbedingungen für den Verdampfungsprozess – insbesondere dem Umstand, dass die Hawking-Strahlung aus dem Quantenvakuum „gepflückt" wird. Werfen Sie nochmals einen Blick auf Abbildung 10.1, die das Auftauchen eines Teilchenpaars aus dem Quantenvakuum zeigt. Da diese beiden Teilchen ihren Ursprung im Vakuum haben, teilen sie bestimmte Eigenschaften mit ihm. Die wichtigste davon: Sie sind quantenverschränkt.

Unter allen bizarren Aspekten der Quantenphysik ist vielleicht keiner so bizarr wie der Begriff der Verschränkung. Laut Schrödinger ist die Verschränkung das Phänomen, das die Quantenwelt dem klassischen Denken entreißt. Es ist jener Aspekt der Quantenphysik, den Albert Einstein als „spukhafte Fernwirkung" bezeichnete. Die Verschränkung gilt heute nicht mehr als so spukhaft – in dem Sinne, als dass sie Teil unserer Technologie geworden ist. Sie ist das intellektuelle (und technische) Mittel, auf dem die entstehenden Quantencomputer beruhen, die in vielen Forschungslabors entwickelt und untersucht werden. Verschränkung widerspricht der Intuition, ist aber eine handfeste Eigenschaft der Welt.

Die Verschränkung hat keine Entsprechung in unserer Alltagserfahrung, weshalb sie nicht intuitiv erscheint. Grob gesagt verbirgt sich dahinter eine Korrelation zwischen zwei oder mehr Dingen, die mit klassischer Logik nicht erklärbar ist.[2] Verschränkte Objekte, die sehr weit voneinander entfernt sind, „spüren" unmittelbar eine gegenseitige Beeinflussung, weil sie eigentlich als ein einziges verbundenes System betrachtet werden sollten. Das bedeutet, dass hinter unserer alltäglichen Erfahrung eine subtilere, ganzheitliche Welt existiert. Es gibt Elektronen in Ihrer Hand und Elektronen in der Andromedagalaxie, die über zwei Millionen Lichtjahre voneinander entfernt und doch durch eine Quantenverschränkung miteinander verbunden sind. Das klingt fast schon mystisch, sogar gespenstisch. Entscheidend für die logische Kohärenz der Welt ist jedoch, dass diese Korrelationen sich nicht ausnutzen lassen, um Nachrichten mit Überlichtgeschwindigkeit zu versenden. Wir müssen die Begeisterung hier also etwas dämpfen. Niemand wird die Quantenverschränkung nutzen, um Zeitmaschinen zu bauen. Dennoch sind diese bemerkenswerten Korrelationen real.

---

2 Korrelationen sind Teil des Alltagslebens: Die Farbe Ihrer linken Socke ist wahrscheinlich mit der Farbe der rechten Socke korreliert, und wenn man in Manchester lebt, korreliert das mit der Erfahrung von Nieselregen.

QUBITS

Um die Verschränkung zu untersuchen, werden wir den Begriff des Quantenbit oder „Qubit“ einführen. Ein gewöhnliches Bit ist wie ein Schalter: Es kann nur zwei Werte annehmen, die wir als „an“ und „aus“ oder 0 und 1 bezeichnen. Diese vertrauten klassischen Bits sind die Grundlage aller modernen Computer. Qubits sind eine viel reichhaltigere Ressource, da sie gleichzeitig 0 und 1 sein können. Wann immer wir den Wert eines Qubits messen, erhalten wir entweder eine 0 oder eine 1, aber zuvor kann es sich um eine Mischung aus beidem handeln. Fachsprachlich sagen wir, dass sich das Qubit in einer linearen Überlagerung von 0 und 1 befindet. Wenn Sie von dem berühmten Gedankenexperiment mit Schrödingers Katze gehört haben, werden Sie mit diesem Konzept vertraut sein: Eine Katze ist in einer Kiste eingeschlossen. Es wurde (mithilfe einer komplizierten Versuchsanordnung aus zerfallenden Atomen und einem Giftfläschchen) alles so eingerichtet, dass die Katze sowohl lebendig als auch tot ist, solange die Kiste verschlossen bleibt. Wenn die Kiste geöffnet wird, ist die Katze entweder lebendig oder tot. Damit wird die Katze wie ein Qubit behandelt: Sie kann sowohl 0 als auch 1 sein, bevor sie beobachtet wird. Wir werden hier nicht näher darauf eingehen, was eine Beobachtung ist oder warum es sinnvoll sein kann, ein so großes Objekt wie eine Katze als reines Quantensystem zu behandeln. Für weitere Details können Sie praktisch jedes populärwissenschaftliche Buch über Quantenmechanik lesen, auch unseres, *The Quantum Universe*. An dieser Stelle müssen wir nur wissen, dass Qubits eine viel reichhaltigere Struktur haben als gewöhnliche Bits, weil sie nicht entweder 0 oder 1 sein müssen; sie können gleichzeitig 0 und 1 sein.

Paul Dirac führte eine leistungsfähige Notation zur Darstellung von Qubits und allgemein von Quantenzuständen ein. Betrachten wir ein Qubit, das wir mit „Q“ bezeichnen. Wenn es einen eindeutigen Wert von 1 hat, dann schreiben wir in Diracs Notation:

$$|Q\rangle = |1\rangle$$

Wenn es einen eindeutigen Wert von 0 hat, schreiben wir:

$$|Q\rangle = |0\rangle$$

Hier ein Beispiel für ein Qubit, bei dem die Wahrscheinlichkeit, dass es beim Auslesen (Beobachten) 0 oder 1 zurückgibt, jeweils gleich groß ist:

$$|Q\rangle = \frac{1}{\sqrt{2}}|0\rangle + \frac{1}{\sqrt{2}}|1\rangle$$

Dafür gibt es keine Entsprechung in der klassischen Computerlogik. Ein Qubit, das in zehn Prozent der Fälle 0 und in 90 Prozent der Fälle 1 zurückgibt, ist:

$$|Q\rangle = \sqrt{\frac{1}{10}}|0\rangle + \sqrt{\frac{9}{10}}|1\rangle$$

So funktionieren die Quantenregeln. Wir müssen die Zahlen quadrieren, um die Wahrscheinlichkeiten zu erhalten. Dieser Zustand ist „größtenteils“ eine 1 mit einer kleinen Beimischung von 0. Es lohnt sich zu betonen, dass dieses Qubit nicht „heimlich“ eine 1 oder eine 0 ist und wir aus irgendeinem Grund nicht wissen, was davon zutrifft. Es ist wirklich beides, 0 und 1, zur gleichen Zeit. Das ist überhaupt nicht eingängig, aber so funktioniert unser Universum.

Die Verschränkung ist ein anderes, aber verwandtes Konzept. Stellen Sie sich vor, wir haben zwei Qubits. Wenn sie beide 0 sind, könnten wir ihren kombinierten Quantenzustand Q_2 schreiben als:

$$|Q_2\rangle = |0\rangle|0\rangle$$

Dabei bezieht sich der erste Ausdruck auf das erste Qubit und der zweite auf das zweite Qubit. Wir könnten uns auch so einen Zustand vorstellen:

$$|Q_2\rangle = \frac{1}{\sqrt{2}}\,|0\rangle|1\rangle + \frac{1}{\sqrt{2}}\,|1\rangle|0\rangle$$

Das ist ein verschränkter Zustand.[3] Es besteht eine 50-prozentige Wahrscheinlichkeit, dass das erste Qubit den Wert 0 und das zweite Qubit den Wert 1 hat, und eine 50-prozentige Wahrscheinlichkeit, dass das erste Qubit den Wert 1 und das zweite Qubit den Wert 0 hat. Beachten Sie jedoch: Es gibt *keine Wahrscheinlichkeit*, dass beide Qubits den Wert 0 oder beide Qubits den Wert 1 haben. Ein Photon ist ein Beispiel für ein physikalisches System, das sich wie ein einzelnes Qubit verhält. Es besitzt eine Eigenschaft, die als Spin bezeichnet wird, der entweder 0 oder 1 sein kann. Der oben beschriebene verschränkte „Bell-Zustand" lässt sich als ein System aus zwei Photonen realisieren. Solche Zustände werden routinemäßig in Laboren erzeugt, um die Verschränkung zu untersuchen und um sie für die Quantenkryptografie und Quantencomputer zu nutzen.

Lassen wir diese Qubits für einen Moment beiseite und wenden wir uns einer wunderbaren Analogie zu, die von Paul Kwiat und Lucien Hardy entwickelt wurde und als Quantenküche bekannt ist.[ii] Ersetzen Sie Kuchen durch Photonen und ändern Sie im Folgenden ein paar weitere Wörter und die Geschichte bezieht sich auf reale Experimente, die in Laboren durchgeführt wurden. Die Quantenküche ist in Abbildung 12.1 dargestellt. Die Küche befindet sich in der Mitte. Zu beiden Seiten gehen zwei Förderbänder weg. Zwei Öfen fahren entlang der Förderbänder und in jedem Ofen befindet sich ein Kuchen,

3 Dieser verschränkte Zustand ist ein Beispiel für einen sogenannten Bell-Zustand, benannt nach dem nordirischen Physiker John Bell, der als einer der Ersten die Quantenverschränkung untersuchte.

der gebacken wird, während sich der Ofen bewegt. Die Kuchen werden von Lucy (auf der linken Seite) und Ricardo (auf der rechten Seite) untersucht. Die Öfen können auf halber Strecke geöffnet werden, sodass sich die Kuchen während des Backens beobachten lassen. Sie sind dann entweder aufgegangen oder nicht aufgegangen. Am Ende der Förderbänder können Ricardo und Lucy eine weitere Beobachtung anstellen, indem sie die Kuchen essen. Die Kuchen werden entweder gut oder schlecht schmecken. Das ist der Versuchsaufbau.

Lucy und Ricardo werden viele Kuchenpaare vorfinden. Für jedes Paar werden sie eine zufällige Entscheidung treffen, ob sie den Ofen auf halber Strecke öffnen und den Kuchen betrachten – oder ob sie warten und den Kuchen am Ende probieren. Sie dürfen nur eine Beobachtung pro Kuchenpaar machen: Sie können entweder den Ofen auf halber Strecke öffnen und prüfen, ob ihr Kuchen aufgegangen ist, oder sie können ihren Kuchen am Ende kosten, aber nicht beides. Ihre Aufgabe ist es, die Ergebnisse zu notieren.

Beim ersten Kuchenpaar probiert Lucy ihren Kuchen am Ende des Förderbands und findet, dass er gut schmeckt. Ricardo tut dasselbe und stellt fest, dass sein Kuchen schlecht schmeckt. Für das zweite Paar Kuchen öffnet Ricardo seinen Ofen auf halber Strecke und sieht, dass der Kuchen aufgegangen ist. Lucy probiert ihren Kuchen am Ende und stellt fest, dass er gut schmeckt. Und so weiter. Nach vielen Kuchen, stellen sie fest:

1. Immer wenn Lucys Kuchen früh aufgegangen war, schmeckte auch Ricardos Kuchen gut.
2. Immer wenn Ricardos Kuchen früh aufgegangen war, schmeckte auch Lucys Kuchen gut.
3. In den Fällen, in denen sowohl Lucy als auch Ricardo die Backöfen auf halber Strecke kontrolliert haben, waren in einem Zwölftel der Fälle beide Kuchen früh aufgegangen.

Wenn wir unseren gesunden Menschenverstand benutzen, der durch unsere Erfahrungen mit der Welt geschärft wurde, lassen diese drei Beobachtungen den Schluss zu, dass beide Kuchen in mindestens einem Zwölftel der Fälle gut schmecken sollten. Wir können dies aus den folgenden beiden Gründen schlussfolgern:

1. Als Ricardo und Lucy beide Öfen kontrollierten, stellten sie fest, dass in einem Zwölftel der Fälle beide Kuchen aufgegangen waren.
2. Wir wissen zudem: Wenn Ricardos Kuchen aufgegangen ist, schmeckt der von Lucy gut und umgekehrt.

Hier gibt es nichts Überraschendes, außer dass beide miserable Bäcker sind. Aber nun kommt eine schockierende Beobachtung. In der Quantenküche gilt nämlich:

Niemals schmecken beide Kuchen gut.

Wie kann das sein? Mit einer scheinbar unanfechtbaren Logik haben wir festgestellt, dass in mindestens einem Zwölftel der Fälle beide Kuchen gut schmecken sollten, und doch tun sie es nie.

Es macht Spaß, damit zu spielen und herauszufinden, was an dieser Argumentation falsch ist. Welcher Mechanismus könnte im Spiel sein, um diese seltsamen Ergebnisse zu erhalten? Physikstudierende machen das gerne in der Kneipe. Vor langer Zeit versuchten die Autoren einen Abend lang herauszufinden, warum man die Prinzipien der Relativitätstheorie nicht verletzen kann und Signale schneller als das Licht sendet, wenn man einen Stab am Mond anbringt und darüber einen Morsecode sendet.

Es könnte einen Mechanismus geben, der dafür sorgt, dass der Kuchen nur dann gut schmeckt, wenn die andere Person ihren Ofen auf halber Strecke öffnet. Vielleicht wird durch das Öffnen des einen Ofens in der Mitte ein Geräusch erzeugt, das den anderen Ofen so erschüttert, dass sein Kuchen gut schmeckt. Oder vielleicht sitzt in

Abbildung 12.1. Die Quantenküche von Paul Kwiats und Lucien Hardys „The Mystery of the Quantum Cake“.

jedem Ofen ein winziger, hitzebeständiger Küchenzwerg, der beobachtet, was mit dem anderen Ofen passiert, und dafür sorgt, dass sein Kuchen gut schmeckt, wenn er sieht, dass die andere Ofentür geöffnet wird. Beide Möglichkeiten (die einen Kausalzusammenhang ausnutzen) können ausgeschlossen werden, wenn wir die Förderbänder so lang und schnell machen, dass kein Signal zwischen den Öfen ausgetauscht werden kann, bevor die Beobachtungen erfolgen. Das Signal müsste sich auf den Weg machen, nachdem Lucy/Ricardo beschlossen hat, den eigenen Ofen auf halbem Weg zu öffnen, und am anderen Ofen ankommen, bevor Ricardo/Lucy den eigenen Kuchen probiert. Wir können die Dinge so arrangieren, dass dafür nicht genug Zeit bleibt. Oder vielleicht weiß der Bäcker, der den Kuchenteig herstellt, irgendwie im Voraus, für welche Messungen Ricardo und Lucy sich entscheiden werden. Der Koch könnte dann genau zum richtigen Zeitpunkt eine schlechte Mischung herstellen. Diese Möglichkeit kann ausgeschlossen werden, wenn Ricardo und Lucy die eigenen Zufallsentscheidungen treffen, nachdem die Öfen die Küche verlassen haben. Und so weiter. Es gibt eine logische Option, um die Ergebnisse ohne Rückgriff auf die Quantentheorie zu erklären: Jedes Ereignis im Universum ist vorherbestimmt, der freie Wille existiert nicht; die Ergebnisse wurden zu Beginn der Zeit eingebrannt. Wenn wir das beiseitelassen, bleibt uns nur die Quantenmechanik.

Die Ergebnisse, die wir oben aufgeführt haben, lassen sich erklären, wenn die Torten in einem verschränkten Quantenzustand hergestellt werden. In diesem Fall ist der Quantenzustand des Kuchens so beschaffen, dass die Kuchen niemals beide gut schmecken können. Das ist vergleichbar mit der Situation, der wir zuvor bei unserem verschränkten System von Qubits begegnet sind: Es gab keine Chance, dass beide Qubits 0 oder 1 sein können.

Nachfolgend steht ein Quantenzustand für die Kuchen, der die Ergebnisse von Lucy und Ricardo reproduziert:

$$|Q\rangle = \frac{1}{\sqrt{3}} \left(|B_L\rangle|B_R\rangle - |B_L\rangle|G_R\rangle - |G_L\rangle|B_R\rangle\right)$$

wobei B und G für „schmeckt schlecht“ (Englisch: „bad“) beziehungsweise „schmeckt gut“ stehen und die Indizes sich auf Lucys und Ricardos Kuchen beziehen. Dies ist ein komplizierterer Zustand als die bisherigen. Aber Sie können erkennen, dass nie beide Kuchen gut schmecken, weil es keinen $|G_L\rangle|G_R\rangle$-Term gibt. Sie können auch sehen, dass beide Kuchen in einem Drittel der Fälle schlecht schmecken. Zur Erklärung der numerischen Ergebnisse für das Öffnen der Öfen, um zu beobachten, ob die Kuchen aufgegangen sind, brauchen wir ein bisschen mehr Quantentheorie. Sie ist für die folgenden Ausführungen nicht notwendig, aber interessant, deshalb verschieben wir diese Diskussion in Kasten 12.1.

KASTEN 12.1. MEHR AUS DER QUANTENKÜCHE

Sie fragen sich vielleicht, wo die Messungen für „aufgegangen“ oder „nicht aufgegangen“ in den Quantenzustand der Kuchen einfließen. Um die von Lucy und Ricardo erzielten Ergebnisse zu reproduzieren, sind die Zustände „schmeckt schlecht“ und „schmeckt gut“ der Kuchen gegeben durch:

$$|B\rangle = \frac{1}{\sqrt{2}} \left(|N\rangle + |R\rangle\right)$$

$$|G\rangle = \frac{1}{\sqrt{2}}(|R\rangle - |N\rangle)$$

wobei R und N für „aufgegangen“ (Englisch: „risen“) oder „nicht aufgegangen“ stehen. Wie sollten wir diese Zustände interpretieren? Nehmen wir $|B\rangle$ als Beispiel. Wenn beobachtet wird, dass ein Kuchen schlecht schmeckt, dann bedeutet dies, dass er sich im Zustand $|B\rangle$ befinden muss. Wenn wir nun eine weitere Beobachtung machen und fragen, ob er aufgegangen ist oder nicht, besteht eine 50-prozentige Wahrscheinlichkeit, dass er nicht aufgegangen ist, weil ½ das Quadrat von $1/\sqrt{2}$ ist. Wenn Sie Lust auf ein bisschen Mathematik haben, können Sie diese Ausdrücke für $|B\rangle$ und $|G\rangle$ in den Zustand $|Q\rangle$ einsetzen, um den Koeffizienten des Terms $|R_L\rangle|R_R\rangle$ zu ermitteln. Sie sollten zum Ergebnis kommen, dass er $-1/\sqrt{12}$ beträgt, was eine Wahrscheinlichkeit von 1/12 ergibt, dass beide Kuchen aufgegangen sind. Mit weniger Aufwand können Sie auch sehen, dass es in $|Q\rangle$ keine Anteile von $|R_L\rangle|B_R\rangle$ und $|B_L\rangle|R_R\rangle$ gibt, was die Aussagen 1 und 2 erklärt. Unser Quantenbäcker ist für die Zubereitung der Kuchen in diesen ganz spezifischen Zuständen verantwortlich.

Für unsere Zwecke ist das wichtigste Merkmal der Quantenküche, dass die Kuchen, da sie sich in einem verschränkten Zustand befinden, nicht unabhängig voneinander die Eigenschaften „schmeckt gut“, „schmeckt schlecht“, „aufgegangen“ und „nicht aufgegangen“ besitzen. Vielmehr wird das gesamte Zwei-Kuchen-System von der Quantenküche in einem Zustand erzeugt, der all diese möglichen Messergebnisse mit Korrelationen vermischt, die zu den oben genannten Ergebnissen führen. Und dennoch ist der Quantenzustand so beschaffen, dass jeder einzelne Kuchen in jedem Fall das Potenzial hat, gut oder schlecht zu schmecken, aufzugehen oder nicht aufzugehen, wenn er die Küche verlässt. Um einen sehr wichtigen Punkt zu wiederholen: Die von Lucy und Ricardo beobachteten Wahrscheinlichkeiten sind nicht das Ergebnis eines Mangels an Wissen über den Zustand des Quantenkuchensystems. Die beiden können den Zustand kennen und doch können sie vor einer Messung nicht wissen, ob ein bestimmter Kuchen gut oder schlecht schmeckt, ob er aufgegangen ist oder nicht – weil jeder Kuchen all dies gleichzeitig ist, bis er beobachtet wird.[4]

Wo ist die Information über die Korrelationen im verschränkten Zustand gespeichert? Sie ist nicht bei jedem einzelnen Kuchen lokal gespeichert. Wir kehren zu unserem einfachen Zwei-Qubit-System zurück:

$$|Q_2\rangle = \frac{1}{\sqrt{2}} |0\rangle|1\rangle + \frac{1}{\sqrt{2}} |1\rangle|0\rangle$$

Eine Messung an einem der Qubits wird mit gleicher Wahrscheinlichkeit 0 oder 1 ergeben. Das ist so, als ob man eine Münze wirft. In der Hälfte der Fälle kommt Kopf heraus, in der anderen Hälfte Zahl. Darin steckt keine Information, das ist völlig zufällig. Doch wenn zwei Münzen verschränkte Quantenmünzen wären, wüssten wir mit Sicherheit, dass eine der Münzen Kopf zeigt, wenn die andere Zahl zeigt. Dies wäre auch dann der Fall, wenn sich die Münzen auf entgegengesetzten Seiten des Universums befänden. In dem Zustand, in dem sich die Münzen befinden, ist eine Information gespeichert, die verhindert, dass beide Münzen jemals gleichzeitig Kopf oder Zahl

4 Es ist ein wichtiges Merkmal der Quantenmechanik, dass sich diese „Verbindung“ zwischen den Kuchen nicht nutzen lässt, um Informationen schneller als das Licht zu übertragen. Wir könnten nach der Wahrscheinlichkeit fragen, dass Lucy einen gut schmeckenden Kuchen findet – etwas, das Lucy unabhängig von Ricardo messen kann. Wir würden feststellen, dass die Wahrscheinlichkeiten, die Lucy beobachtet, nicht von Ricardos Messungen abhängen, was bedeutet, dass Ricardo seine Wahl der Messung nicht nutzen könnte, um Lucy eine Nachricht zu übermitteln. Auch wenn ihre Beobachtungen korreliert sind, lässt sich diese Korrelation nicht zur Übermittlung von Information nutzen.

ergeben. Aber sie ist in keiner uns vertrauten Weise gespeichert. In einem Buch ist die Information lokal auf jeder Seite gespeichert, und während wir Seite um Seite lesen, entfaltet sich die Geschichte allmählich. In einem Quantenbuch wäre jede einzelne Seite ein Kauderwelsch, die Geschichte würde sich in den Korrelationen zwischen den Seiten abspielen. Wir müssten also einen großen Teil des Buchs durchlesen, bevor wir überhaupt einen Einblick in die Geschichte bekämen. Auf einer einzigen Seite wären keine Zusammenhänge und damit auch keine Information zu erkennen. Dass keine Information in einem kleinen Teil eines großen verschränkten Quantensystems gespeichert ist, erweist sich als Eigenschaft, die entscheidend für das Informationsparadoxon der Schwarzen Löcher ist.

VERSCHRÄNKUNG UND VERDAMPFENDE SCHWARZE LÖCHER

Das Quantenvakuum ist alles andere als leer. Zudem ist es stark verschränkt. Das Ausmaß der Verschränkung des Vakuums wird durch das bemerkenswerte Reeh-Schlieder-Theorem erfasst: Demnach ist es möglich, irgendeinen kleinen Bereich des Vakuums so zu beeinflussen, dass alles überall im Universum erzeugt werden kann. Dieser phänomenale Taschenspielertrick ist theoretisch möglich, weil das Vakuum unerbittlich verschränkt ist. Die Ungeheuerlichkeit des Theorems wird ein wenig durch die Tatsache gemindert, dass die erforderliche lokale Operation nichts ist, was wir jemals durchführen können – was schade ist. Dennoch bleibt der Punkt bestehen, dass das Vakuum diese Kodierung in sich trägt. Wichtig für uns ist, dass die Hawking-Strahlung ein Produkt dieser Vakuumverschränkung ist.

Abbildung 12.2 veranschaulicht den Prozess des Verdampfens eines Schwarzen Lochs infolge der Emission von Hawking-Strahlung.

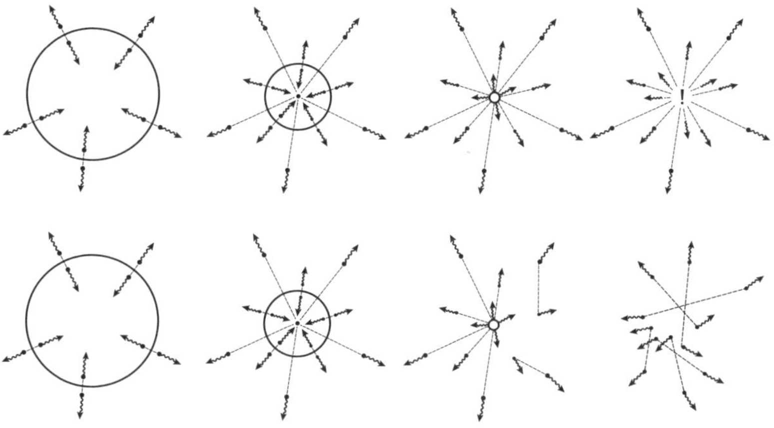

Abbildung 12.2. Verschränkung zwischen Hawking-Strahlung und einem Schwarzen Loch. Oben: Wie die Sache laut Hawkings ursprünglicher Berechnung abläuft, bei der Information verloren geht. Die Verschränkung zwischen der Strahlung und dem Loch nimmt stetig zu, was zu einem Rätsel führt, wenn das Loch schließlich verschwindet (oben rechts). Unten: Der Ablauf, wenn die Information nicht verloren geht. Die Verschränkung zwischen dem Loch und der Strahlung geht langsam, aber vollständig in die Strahlung über.

Die gestrichelten Linien zeigen Paare von Hawking-Teilchen an, die aufgrund ihrer Herkunft aus dem Quantenvakuum verschränkt sind. Da die Hawking-Paare notwendigerweise den Ereignishorizont überspannen, kann man sich die Verschränkung so vorstellen, dass sie zwischen der Hawking-Strahlung außerhalb des Schwarzen Lochs und dem Schwarzen Loch selbst besteht. Mit der Zeit entsteht immer mehr Hawking-Strahlung und immer mehr Strahlungsteilchen werden mit dem Schwarzen Loch verschränkt. Aber das Schwarze Loch schrumpft. Schlussendlich verschwindet es, und wir haben ein Problem, denn das Objekt, mit dem die Hawking-Strahlung verschränkt war, ist verschwunden. Die zurückbleibende Hawking-Strahlung ist wie das Geräusch einer einzelnen klatschenden Hand.

Was folgt aus dem Verschwinden dieser Verschränkung?

Wie wir gesehen haben, besitzt ein verschränktes System eine vielschichtige Struktur, die Information in den Korrelationen innerhalb des Systems kodiert. Diese Information muss zwangsläufig verloren gehen, wenn die Verschränkung aufgehoben wird – was gegen die Regeln der Quantenmechanik und das Grundprinzip des Determinismus verstößt.[5] Das ist der Kern des Informationsparadoxons des Schwarzen Lochs.

Um dieses unangenehme Szenario zu vermeiden, könnten wir uns auf die Tatsache berufen, dass wir nicht verstehen, was in der allerletzten Phase beim Verdampfen eines Schwarzen Lochs passiert. Wenn das Loch groß ist, dürften Hawkings Berechnungen zuverlässig sein, weil die Raumzeit in der Nähe des Horizonts nicht allzu stark gekrümmt ist. Dies ist aber nicht der Fall, wenn das Loch sehr klein wird, also kurz bevor es verschwindet. In diesen letzten Momenten wird die Krümmung der Raumzeit am Horizont so stark, dass wir nicht erwarten sollten, die Allgemeine Relativitätstheorie und die Quantentheorie anwenden zu können, um Vorhersagen zu treffen. Wir betreten dann den Bereich der Quantengravitation, und da wir eine solche Theorie nicht haben, können wir mit Fug und Recht behaupten, dass alles möglich ist. Vielleicht wäre es daher ratsam, eine vorsichtigere Sichtweise einzunehmen und zu sagen, dass das Informationsparadoxon sich vielleicht durch eine noch nicht entdeckte Physik lösen ließe.

1993 stellte der kanadische Physiker Don Page fest,[iii] dass diese Argumentation fehlerhaft ist und dass die Berufung auf unbekannte Physik im späten Lebensabschnitt des Schwarzen Lochs nicht das

---

5 In der Quantenmechanik verwenden wir das Wort Determinismus, um den Umstand zu beschreiben, dass wir den zukünftigen Zustand eines Systems vorhersagen können, wenn wir seinen vorherigen Zustand kennen. Da die Quantenmechanik jedoch von Natur aus zufällig ist, bedeutet die Kenntnis des Zustands nicht, dass wir auch die Ergebnisse von Experimenten kennen. In dieser Hinsicht ist die Quantenmechanik nicht deterministisch. Die präzisere Terminologie lautet, dass Quantenzustände eine „unitäre" Entwicklung durchlaufen.

Problem löst. Das Paradoxon taucht nämlich schon viel früher im Verdampfungsprozess auf, wenn das Loch ein mittleres Alter erreicht hat. Stellen Sie sich das Schwarze Loch und die Hawking-Strahlung zusammen als ein einziges verschränktes System vor, das wir in zwei Teile aufspalten – eine kompliziertere Version der Quantenküche. Das Schwarze Loch ist der eine Kuchen und die Strahlung ist der andere, und beide sind miteinander verschränkt. Während mehr Hawking-Strahlung emittiert wird, schrumpft das Loch, sodass mehr und mehr (Strahlung) mit immer weniger (dem schrumpfenden Loch) verschränkt wird. Es kommt der Punkt, an dem das schrumpfende Schwarze Loch nicht mehr in der Lage ist, die Verschränkung mit der ausgesandten Strahlung zu unterstützen. Wie Don Page erkannte, passiert das, wenn das Schwarze Loch im mittleren Alter ist.

Wir können die Argumentation von Page mit einer Analogie veranschaulichen. Stellen Sie sich ein Puzzle vor, das aus quadratischen Teilen besteht, und stellen Sie sich vor, dass das fertige Puzzle auf einem Tisch ausgelegt ist. Das fertige Puzzle enthält eine große Menge an Information: das Bild des Puzzles. Stellen Sie sich nun einen zweiten leeren Tisch vor, auf den wir zufällig ausgewählte Teile des Puzzles legen werden. Das fertige Puzzle auf dem ersten Tisch ist wie ein Schwarzes Loch, bevor es Hawking-Strahlung aussendet – und der leere Tisch ist der Bereich um das Schwarze Loch.

Wir nehmen nun nach dem Zufallsprinzip ein Teil aus dem fertigen Puzzle und legen es auf den leeren Tisch, gefolgt von einem weiteren Teil und dann noch einem. Die Teile auf dem zweiten Tisch sind wie die Hawking-Teilchen, die das Schwarze Loch aussendet. Auf dem zuvor leeren Tisch befinden sich nun drei Teile. Es ist unwahrscheinlich, dass diese Teile uns das Puzzlebild offenbaren. Wenn wir uns nur auf diese drei Teile konzentrieren, erahnen wir nicht, dass sie Teil eines größeren, korrelierteren und informationsreicheren Systems sind.

Die Entropie der Puzzleteile auf dem zweiten Tisch beziffert die Anzahl der Möglichkeiten, wie wir diese auf dem Tisch anordnen können, wenn wir nicht darauf achten, ob die Teile zusammenpassen. Das ist vergleichbar mit der Berechnung der Boltzmann-Entropie eines Gases durch Zählen der Anordnungen der Atome (wir kennen die genauen Einzelheiten nicht). Wir werden dies als thermische Entropie bezeichnen.[6]

Wenn anfangs nur wenige Teile hinübergelegt wurden, nimmt die Entropie von Tisch zwei zunächst mit jedem Teil, das wir übertragen, zu, weil es dann noch mehr Teile gibt und wir sie überall hinlegen können. Sobald jedoch eine ausreichend große Zahl von Teilen auf den zweiten Tisch gelegt wurde, beginnen die Teile zusammenzupassen. Ab einem bestimmten Punkt erhöhen weitere Teile nicht mehr die Anzahl der Möglichkeiten, wie wir die Teile auf dem zweiten Tisch anordnen können. Im Gegenteil: Das Hinzufügen weiterer Teile führt zu weniger möglichen Anordnungen, da wir beginnen, das größere Bild zu erkennen.

Um dies quantitativ besser erfassen zu können, können wir eine neue Art von Entropie einführen, die Verschränkungsentropie. Diese Entropie zählt die Zahl möglicher Anordnungen der Teile und berücksichtigt dabei, dass einige Teile zusammenpassen. Solange nur wenige Teile hinübergelegt wurden, ist die Verschränkungsentropie gleich der thermischen Entropie, da wahrscheinlich keine Teile zusammenpassen. Je mehr Teile übertragen werden, desto geringer wird die Verschränkungsentropie, da immer mehr Teile zusammenpassen,

6 Wenn es sich beispielsweise um ein 3×3-Puzzle mit quadratischen Teilen handelt, bei dem die Teile eine von neun möglichen Positionen auf einem Gitter einnehmen, ist die Anzahl der möglichen Anordnungen $9 \times 8 \times 7 \times 6 \times 5 \times 4 \times 3 \times 2 \times 1 \times 4^9 = 95\,126\,814\,720$. Die thermische Entropie des Puzzles ist der Logarithmus dieser Zahl. Der Faktor 4^9 ergibt sich daraus, dass sich jedes Teil in einer von vier verschiedenen Orientierungen platzieren lässt.

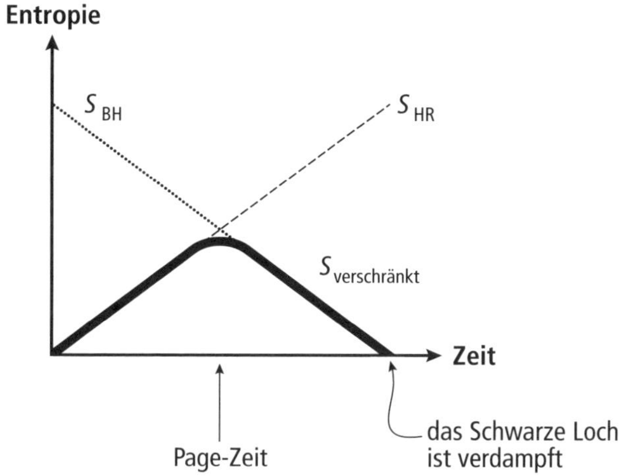

Abbildung 12.3. Die Page-Kurve (schwarze Kurve). Ebenfalls dargestellt ist das Bekenstein-Hawking-Ergebnis für die Entropie eines Schwarzen Lochs (gepunktete Linie) und Hawkings Ergebnis für die Entropie der Strahlung (gestrichelte Linie).

was die Anzahl der möglichen Anordnungen begrenzt. Die thermische Entropie hingegen wird weiter steigen, weil sie sich nur auf die Anzahl der Teile auf dem Tisch bezieht.

Diese neue Größe wird Verschränkungsentropie genannt, weil sie ein Maß dafür ist, wie verschränkt die beiden Puzzles sind. Sie ist gleich null, solange keine Teile hinübergelegt wurden, und nimmt zu, sobald allmählich Teile hinübergelegt werden. Die gesamte im Puzzle enthaltene Information ist noch immer vorhanden, aber sie verteilt sich nun auf beide Tische. Irgendwann beginnt die Verschränkungsentropie wieder zu sinken, da das Puzzlebild auf dem zweiten Tisch langsam sichtbar wird. Die Information beginnt nun, auf dem zweiten Tisch zu erscheinen, und die Menge der gemeinsamen (verschränkten) Information nimmt ab. Die beiden Bereiche des Puzzles sind am stärksten miteinander verschränkt, wenn etwa die

Hälfte der Teile hinübergelegt worden ist – wenn die Verschränkungsentropie also ihren Höchstwert erreicht hat. Für das Puzzle beginnt die Verschränkungsentropie also bei null und erreicht ein Maximum, wenn auf beiden Tischen etwa die gleiche Anzahl an Teilen liegt, dann geht sie wieder auf null zurück. Wir haben dies in Abbildung 12.3 skizziert.

Diese einfache Puzzlespiel-Analogie hilft, Pages Argumentation zu verstehen. Der erste Tisch entspricht dem Schwarzen Loch, der zweite Tisch entspricht der emittierten Hawking-Strahlung. Für den Fall, dass die Information beim Verdampfen des Schwarzen Lochs erhalten bleibt, haben wir soeben gelernt, dass die Verschränkungsentropie zwischen dem Schwarzen Loch und der Strahlung zunächst steigen und dann fallen sollte, wie in der Page-Kurve in Abbildung 12.3 dargestellt. Die Page-Zeit ist der Zeitpunkt, in dem die Verschränkungsentropie zu steigen aufhört und zu fallen beginnt. Sie markiert den Moment, in dem die Korrelationen zwischen den Hawking-Teilchen anfangen, einen signifikanten Teil des gesamten Informationsgehalts des ursprünglichen Systems zu tragen.

Wir haben auch die thermische Entropie des Schwarzen Lochs eingezeichnet, die allmählich auf null fällt, wenn das Schwarze Loch verdampft, sowie eine stetig ansteigende thermische Entropie für die Hawking-Strahlung. Diese stetig ansteigende Kurve ist das Ergebnis von Hawkings ursprünglicher Berechnung, die zu belegen schien, dass es niemals Quantenkorrelationen in der Strahlung gibt. Page vertritt die These, dass ein informationserhaltender Verdampfungsprozess der Page-Kurve folgen muss, nicht Hawkings stetig ansteigender Kurve. Und – ganz entscheidend – der Unterschied zwischen den beiden Kurven manifestiert sich zur Page-Zeit, bei der das Schwarze Loch noch nicht zu alt ist und daher sowohl die Quantentheorie als auch die Allgemeine Relativitätstheorie gültig sein sollten. So gesehen, ist die Lösung des Informationsparadoxons gleichbedeutend mit dem Verständnis, welche Kurve richtig ist: die Page-Kurve (die Information kommt heraus) oder Hawkings Originalkurve (die Information kommt nicht heraus).

Man kann sich die Page-Zeit auch als den Zeitpunkt vorstellen, bei dem wir anfangen könnten, die in der Hawking-Strahlung enthaltene Information zu entschlüsseln (falls die Information herauskommt). Ist die Strahlung thermisch, wie es in guter Näherung vor der Page-Zeit der Fall ist, dann ist ihre Verschränkungsentropie gleich ihrer thermischen Entropie. In diesem Fall sind keine Korrelationen zu sehen und in der Strahlung ist keine Information enthalten. Nach der Page-Zeit treten Korrelationen auf und die Strahlung wird zunehmend informationsreicher. Dies ist die Situation, die wir zuvor für ein Quantenbuch beschrieben haben. Die ersten Seiten sind völliges Kauderwelsch, weil die Geschichte in den Korrelationen zwischen den Seiten kodiert ist. Erst wenn wir mehr als die Hälfte des Buches geschafft haben, können wir beginnen, die Korrelationen zu identifizieren und den Sinn zu entschlüsseln.

Der Umstand, dass wir bis zur Page-Zeit warten müssen, damit irgendwelche Korrelationen auftauchen, führt zu einer weiteren ziemlich verblüffenden Idee: Da die Page-Zeit etwa der Hälfte der Lebensdauer eines Schwarzen Lochs entspricht, die mehr als 10^{100} Jahre betragen kann, behaupten wir, dass Korrelationen zwischen Teilchen auftreten, deren Aussendungszeitpunkte 10^{100} Jahre auseinanderliegen. Dies veranschaulicht, wie seltsam die Quantenverschränkung ist, und deutet vielleicht darauf hin, dass Raum und Zeit nicht das sind, was sie zu sein scheinen.

Die Schlussfolgerung, zu der wir gezwungen sind, lautet: Wenn die Information erhalten bleiben soll, muss eine Korrektur von Hawkings ursprünglicher Berechnung nicht viel später als zur Page-Zeit greifen, was ungefähr der Mitte der Lebensdauer des Schwarzen Lochs entspricht. Aber um einen entscheidenden Punkt zu wiederholen: Zur

Page-Zeit erwarten wir, dass nahe dem Horizont sowohl die Allgemeine Relativitätstheorie als auch die Quantentheorie vollkommen ausreichen; wir erwarten nicht, dass wir derzeit noch unbekannte Physik brauchen.

Und doch weicht Hawkings Berechnung, die auf der Quantentheorie und der Allgemeinen Relativitätstheorie beruht, von den Erwartungen ab, wenn man davon ausgeht, dass die Information beim Verdampfen eines Schwarzen Lochs erhalten bleibt. Die Herausforderung ist nun klar: Wenn wir zeigen wollen, dass Information nicht durch Schwarze Löcher zerstört wird, müssen wir die Page-Kurve berechnen.

Wir befinden uns nun in der Situation der theoretischen Physik um die Jahrtausendwende. Don Page hatte den Fehdehandschuh hingeworfen, weil die Page-Kurve mit den bekannten Gesetzen der Physik berechenbar sein sollte. Aber der damalige Status quo war Hawkings Berechnung, die nicht der Page-Kurve folgte. Es gab zudem die Komplementarität, die verrückte Idee, die wir im vorigen Kapitel kennengelernt hatten und für die es keinen überzeugenden Beweis gab. Die Komplementarität bietet eine Lösung für das Informationsparadoxon in dem Sinne, dass von außen betrachtet niemals Information über den Horizont in das Schwarze Loch fällt – aber wir sollen auch glauben, dass es einen weiteren Standpunkt gibt, von dem aus Information sehr wohl hineinfällt, und dass beide Standpunkte gleichermaßen gültig sind. Ungefähr zu dieser Zeit kam eine kühne neue Idee auf, die viele davon überzeugte, dass Hawking sich irren muss und dass die Komplementarität einen Sinn hat. Der Schlüsselgedanke? Die Welt ist ein Hologramm.

13
DIE WELT ALS HOLOGRAMM

„Niemand hat die geringste Ahnung, was vor sich geht."

JOSEPH POLCHINSKI

Die Entropie eines Schwarzen Lochs ist proportional zu seiner Fläche, was darauf hindeutet, dass alle Information über Dinge, die in das Loch gefallen sind, in winzigen Bits kodiert ist, die über die Oberfläche des Horizonts verteilt sind. Mit der Zeit brechen diese Bits auf und enden als korrelierte Hawking-Teilchen. Diese Korrelationen – Quantenverschränkungen in der Strahlung – kodieren die Information über die Dinge, die hineingefallen sind.[1] Eine Person, die frei

1 Dies ist eindeutig nicht der Fall in Hawkings Berechnung: Sie besagt, dass die Hawking-Teilchen unkorreliert sind und daher keine Information tragen, was gegen ein Grundprinzip der Quantenmechanik verstößt. In Hawkings Berechnung kommen die Teilchen aus einem datenlosen Vakuum (mit den Worten des theoretischen Physikers Samir Mathur). Infolgedessen nimmt die Verschränkungsentropie der Hawking-Strahlung unendlich zu und kehrt sich nie um (wie es nach Don Pages Kurve der Fall sein müsste), weil der leere Raum effektiv ein unendliches Reservoir an Verschränkung bietet. Es ist eine drastische Aussage, dass die am Horizont kodierte Information auf die ausgehende Hawking-Strahlung übertragen wird, und es obliegt uns, eine Theorie zu finden, die erklärt, wie dies geschieht. Erst wenn wir diese Erklärung liefern, können wir das Informationsparadoxon vollständig auflösen. Die Komplementarität beantwortet die Frage nicht direkt: Sie geht davon aus, dass eine bislang unbekannte Dynamik der heißen Region in der Nähe des Horizonts zu großen Korrekturen in Hawkings Berechnung führt.

durch den Horizont fällt, spürt aus ihrer Perspektive nichts und ist sich dieser magischen Kodierung nicht bewusst. Außerdem ist es ihr Schicksal, sowohl in der Singularität spaghettifiziert zu werden (aus ihrer eigenen Perspektive) als auch am Horizont zu verglühen (aus der Perspektive eines Außenstehenden). Aber für die Naturgesetze ist das kein Problem, weil kein Beobachter bei beiden Ereignissen anwesend sein kann. Dies ist die Essenz der Auflösung des Informationsparadoxons durch die Komplementarität des Schwarzen Lochs. Ist das Unsinn?

Heute spricht vieles dafür, dass die Komplementarität kein Unsinn ist, doch sind die Folgerungen umso schockierender: Die Komplementarität sagt uns, dass das, was innerhalb des Horizonts geschieht, ein ebenso gültiges Abbild der physikalischen Realität ist wie das, was außerhalb geschieht. Die beiden Bilder sind äquivalente Beschreibungen der gleichen Physik. Mit anderen Worten: Das Innere eines Schwarzen Lochs ist irgendwie „dasselbe" wie das Äußere. Diese Idee ist als holografisches Prinzip bekannt geworden.

Auf den ersten Blick scheint es unnötig zu sein, das holografische Prinzip so rigoros anzuwenden, denn wir können uns vorstellen, dass etwas, das durch den Horizont fällt, heimlich kopiert wird. Die eine Kopie fällt weiterhin in die Singularität, um spaghettifiziert zu werden, und die andere Kopie wird am Horizont verbrannt und in der Hawking-Strahlung kodiert. So radikal das auch sein mag, das Kopieren am Horizont scheint weniger radikal zu sein als die Vorstellung, dass das Innere ein Hologramm ist. Dieser Gedankengang hat jedoch einen ernsthaften Haken: Die Gesetze der Quantenphysik verbieten das „Klonen": Das No-Cloning-Theorem besagt, dass es unmöglich ist, eine identische Kopie eines unbekannten Quantenzustands anzufertigen. In Kasten 13.1 skizzieren wir einen Beweis.

KASTEN 13.1. KLONEN VERBOTEN

Angenommen, wir haben eine Maschine zum Klonen, die ein unbekanntes Qubit duplizieren kann. Genauer gesagt nimmt diese Maschine ein $|0\rangle$ und verwandelt es in $|0\rangle\,|0\rangle$ und ebenso verwandelt sie ein $|1\rangle$ in ein $|1\rangle\,|1\rangle$. Was würde sie mit dem folgenden Qubit machen: $|Q\rangle = 1/\sqrt{2}\,(|0\rangle + |1\rangle)$? Dieses Qubit ist eine 50-50-Mischung aus $|0\rangle$ und $|1\rangle$, und unsere Klonmaschine würde es in $1/\sqrt{2}\,(|0\rangle|0\rangle + |1\rangle|1\rangle)$ verwandeln. Aber dieser Zwei-Qubit-Zustand ist nicht $|Q\rangle\,|Q\rangle$. Mit anderen Worten: Unsere Maschine ist also doch keine Klonmaschine.

Da das Klonen nun ausgeschlossen ist, scheint nur die Holografie übrig zu bleiben, wenn wir sowohl die Grundlagen der Quantentheorie als auch der Allgemeinen Relativitätstheorie respektieren wollen. Es gibt jedoch noch eine weitere Möglichkeit: Das Schwarze Loch hat kein Inneres. Diese radikale Lösung würde bedeuten, dass die Allgemeine Relativitätstheorie falsch ist, weil nichts in ein Schwarzes Loch fallen kann, was wiederum eine grobe Verletzung des Äquivalenzprinzips wäre. Dieser Verstoß gegen Einstein wurde sehr ernst genommen, nachdem 2013 eine Veröffentlichung von Ahmed Almheiri, Donald Marolf, Joseph Polchinski und James Sully mit dem provokanten Titel „Black Holes: Complementarity or Firewalls?“ erschienen war.[i] Das AMPS-Paper, wie es inzwischen genannt wird, fand einen scheinbar fatalen Fehler im Konzept der Komplementarität. Dies führte zu dem Vorschlag, dass ein Schwarzes Loch kein Inneres besitzt, und dass jeder, der das Pech hat, den Horizont eines Schwarzen Lochs zu erreichen, in einer Feuerwand verbrennt – selbst aus seiner eigenen Perspektive.

FEUERWÄNDE

In Kapitel 12 stellten wir uns vor, dass wir uns außerhalb eines Schwarzen Lochs aufhalten und die Beweise für das Schicksal eines Astronauten sammeln, der am Horizont verbrennt. Dann würden wir in das Loch springen und denselben Astronauten mit seiner eigenen Asche konfrontieren. Dadurch würde ein Widerspruch entstehen, denn der Astronaut wäre sowohl verbrannt als auch *aus seiner Perspektive* nicht verbrannt. Wir haben erklärt, dass dieser Widerspruch vermieden wird, weil der Astronaut die Singularität erreicht hat, bevor wir ihn einholen können. Die präzisere Version dieses Szenarios schließt die Qubits und das Klonen mit ein: Wir können uns vorstellen, dass wir einen Haufen Qubits in das Loch werfen und dann versuchen, diese Qubits zu bestimmen, indem wir die Hawking-Strahlung auffangen und sie so verarbeiten, dass wir effektiv eine Kopie der ursprünglichen Qubits erhalten, die wir hineingeworfen hatten. Im Einklang mit dem No-Cloning-Theorem sollte es nicht möglich sein, dies zu tun, dann in das Loch zu springen und auf die ursprünglichen Qubits zu treffen. Aus unserem Verständnis der Page-Kurve wissen wir: Wenn das Schwarze Loch jünger ist als die Page-Zeit, wird nicht viel Information zutage getreten sein, und wir müssten lange Zeit warten (eine törichte Untertreibung für junge Schwarze Löcher mit der Masse der Sonne), um eine Kopie der ursprünglichen Qubits zu erhalten. Es sollte somit keinen Widerspruch für ein junges Schwarzes Loch geben.

Die Situation nach der Page-Zeit, wenn das Schwarze Loch mindestens mittleres Alter erreicht hat, ist etwas spitzfindiger. In diesem Fall verhält sich das Schwarze Loch eher wie ein Spiegel und spuckt die Bits fast sofort wieder aus. Diese Entdeckung wurde 2007 von Patrick Hayden und John Preskill gemacht.[ii] Überraschenderweise stellt sich jedoch heraus, dass die Zeitverzögerung immer noch (gerade so) ausreicht, um eine Verletzung des No-Cloning-Theorems zu verhindern. Für die Komplementaritätsbefürworter sah alles in Ordnung aus, aber AMPS schienen mit einem ähnlichen Gedankenexperiment einen Strich durch diese Rechnung zu machen. Ihr Szenario lässt sich nicht so leicht mit der Komplementarität in Einklang bringen.

Im vergangenen Kapitel haben wir gesehen, dass die Hawking-Teilchen nach und nach immer stärker miteinander verschränkt werden müssen, wenn nach der Page-Zeit Information in die Hawking-Strahlung übertragen werden soll. Dies ist in der unteren Hälfte von Abbildung 12.2 dargestellt. Die Hawking-Strahlung wird jedoch in Form von verschränkten Paaren erzeugt, wie in der oberen Hälfte von Abbildung 12.2 dargestellt. Und hier liegt das Problem: Da die Hawking-Paare miteinander verschränkt sind, können sie mit nichts anderem verschränkt sein. Dies wird als „Monogamie der Verschränkung" bezeichnet und ist eine weitere grundlegende Eigenschaft der Quantenmechanik.

Abbildung 13.1 veranschaulicht das Problem, das sich daraus für ein Schwarzes Loch ergibt, das älter ist als die Page-Zeit. Man stelle sich zwei Beobachter vor, Alice und Bob. Bob, der außerhalb des Schwarzen Lochs sitzt, sammelt die Hawking-Strahlung. Er verarbeitet R, die Strahlung, die zu Beginn der Existenz des Lochs (vor der Page-Zeit) ausgesandt wurde, und destilliert sie zu einem einzigen Qubit.[2] Wenn nun die Information erhalten bleiben soll, ist dieses Qubit mit hoher Wahrscheinlichkeit mit einem Hawking-Teilchen B verschränkt, das erst spät im Leben des Lochs ausgesandt wird – deshalb geht die Page-Kurve auf null, wenn das Loch schließlich verschwindet. Bob folgert daraus, dass B und R verschränkt sind.

2 Durch ein ausgeklügeltes, komplexes Verfahren, das wir hier nicht näher kennen müssen.

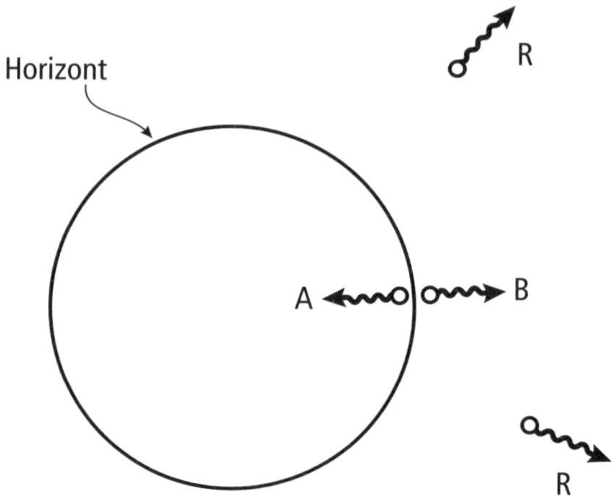

Abbildung 13.1. Veranschaulichung der Feuerwand. Bei einem alten Schwarzen Loch sind die Hawking-Teilchen R, die emittiert wurden, als das Loch noch jung war, mit dem kürzlich emittierten Hawking-Teilchen B verschränkt, das wiederum mit dem Teilchen A im Innern verschränkt ist.

Alice ist eine Beobachterin im freien Fall, die den Horizont nach der Page-Zeit überquert. Sie wird bestätigen, dass Teilchen B mit der anderen Hälfte seines Hawking-Paars, bezeichnet als A, verschränkt ist. Um die Monogamie der Verschränkung nicht zu verletzen, aber dennoch die Information in der Hawking-Strahlung zuzulassen,[3] könnten wir annehmen, dass Alice nicht bestätigt, dass A und B verschränkt sind. Das mag harmlos klingen, ist es aber nicht. Die Folgen einer solchen einfachen Aufhebung der Verschränkung wären sehr dramatisch: Es würde eine Feuerwand entstehen. Denn es kostet Energie, die Verschränkung im Vakuum zu zerstören – es ist gleichbedeutend mit dem Aufreißen des leeren Raums. Die daraus resultierende Feuerwand würde nicht nur verhindern, dass Alice in das

3 Damit meinen wir, dass Bob die Verschränkung zwischen B und R immer noch nachweist.

Innere des Schwarzen Lochs gelangt, sie würde den Raum innerhalb des Horizonts gewissermaßen zerstören. Das Innere des Schwarzen Lochs würde nicht existieren.

Man könnte sich fragen, ob ein Argument im Stil der Komplementarität die Situation noch retten könnte. Vielleicht könnte Alice beobachten, dass A mit B verschränkt ist, und Bob könnte beobachten, dass B mit R verschränkt ist, ohne dass es einen Widerspruch gäbe, weil sie sich nie treffen können, um ihre Beobachtungen zu bestätigen. Dies ist jedoch nicht der Fall, denn Bob hat genügend Zeit, um sich zu vergewissern, dass eine Verschränkung besteht, und um daraufhin in den Horizont einzutauchen, wo er seine Notizen mit denen von Alice vergleichen will. Sie hat sich durch das bloße Überqueren des Horizonts schon vergewissert, dass auch sie Verschränkung über den Horizont hinweg nachweist.

Mit dieser Argumentationskette schienen AMPS einen echten Widerspruch entdeckt zu haben, der die Existenz des Innern eines Schwarzen Lochs in Frage stellte. Möglicherweise veranlasste dies Joseph Polchinski zu den Worten, mit denen dieses Kapitel eröffnet wurde. Das Grundproblem besteht darin, dass die Komplementarität zu viel Verschränkung zu erfordern scheint, um die Information zu erhalten, wenn das Schwarze Loch verdampft, und um gleichzeitig die Integrität des Quantenvakuums jenseits des Horizonts zu bewahren. Die Komplementarität erfordert, dass sich das Schwarze Loch und die Hawking-Strahlung nach der Page-Zeit in einem unmöglichen Quantenzustand befinden, da sie mehr Information kodieren müssten, als das System physikalisch unterstützen kann.

In der Schlussfolgerung ihrer Veröffentlichung erwähnen AMPS eine weitere Möglichkeit, diese Grenze der Informationsspeicherung wirken zu sehen. Warum implizieren ähnliche Argumente nicht, dass Feuerwände an den Rindler-Horizonten auftreten sollten, die wir in Kapitel 3 für beschleunigte Beobachter kennengelernt haben? Die

Antwort lautet, dass Rindler-Horizonte – im Gegensatz zum Horizont eines Schwarzen Lochs – eine unbegrenzte Fläche und Entropie haben und sich daher „ihr Quantenspeicher nie füllt". Mit anderen Worten: Rindler-Horizonte werden nie alt und können immer alle Informationsanforderungen erfüllen, um die Integrität des Vakuums zu wahren.

Die Holografie bietet eine Möglichkeit, das Äquivalenzprinzip zu retten und den Horizont sicher zu machen, während gleichzeitig die Quantenmechanik gültig und die Information erhalten bleibt. Der Grundgedanke lautet, dass das Innere des Schwarzen Lochs dual zum Äußeren ist: Die frühe Hawking-Strahlung R und die inneren Teilchen A sind also tatsächlich dasselbe. So verrückt es auch klingen mag, wird auf diese Weise das Feuerwandproblem in der Holografie vermieden. Indem er die frühe Hawking-Strahlung R verarbeitet, um deren Verschränkung mit B zu überprüfen, zerstört Bob ungewollt die Verschränkung mit A. Dadurch entsteht eine Art Minifeuerwand, die gerade stark genug ist, um Alice daran zu hindern, die Verschränkung zwischen A und B zu messen, aber nicht so stark, dass sie das Innere des Schwarzen Lochs zerstört.

DIE WELT ALS HOLOGRAMM

Die Raumzeitholografie wurde erstmals 1993 von Gerard 't Hooft vorgestellt und ein Jahr später von Leonard Susskind weiterentwickelt. Beide präsentierten sie als integralen Bestandteil ihres Konzepts der Komplementarität Schwarzer Löcher, betonten aber, dass sie womöglich allgemeiner anwendbar sei. Die Holografie wäre sozusagen ein universelles Merkmal der Natur, unabhängig von der Problematik der Schwarzen Löcher, wegen derer sie ursprünglich eingeführt wurde. Nach aktuellem Verständnis legt das holografische Prinzip sogar die Annahme nahe, dass die gesamte Welt, wie wir sie wahrnehmen, ein Hologramm ist.[iii]

Ein Hologramm ist nach herkömmlichem Verständnis die Darstellung eines dreidimensionalen Objekts, das aus Information konstruiert wird, die in einem zweidimensionalen Bild gespeichert ist. Wenn Sie schon mal ein Hologramm gesehen haben, werden Sie wissen, dass es erstaunlich real aussehen kann. Man kann um Hologramme herumgehen und sie aus allen Blickwinkeln betrachten, als wären sie die echten dreidimensionalen Objekte selbst. Stellen Sie sich nun ein perfektes Hologramm vor. Was für ein Objekt könnte das sein? Ein Hologramm wäre perfekt, wenn alle Informationen, die zur Rekonstruktion des dreidimensionalen Objekts erforderlich sind, auch in dem zweidimensionalen Bild kodiert wären, das die holografischen Daten trägt. Dies erinnert an die Bekenstein-Entropie eines Schwarzen Lochs. Sie besagt, dass sich der Informationsgehalt des Schwarzen Lochs berechnen lässt, indem man nur die zweidimensionale Oberfläche des Ereignishorizonts betrachtet.

Wie wir in Kapitel 9 erörtert haben, weist ein Schwarzes Loch die größtmögliche Informationsdichte aller Objekte auf. Und da die in ihm gespeicherte Information durch die Oberfläche des Horizonts gegeben ist, folgt daraus, dass in einem beliebigen Bereich des Raums nicht mehr Information vorhanden sein kann, als sich an der Grenze dieses Bereichs kodieren lässt. Diese Erkenntnis veranlasste 't Hooft und Susskind zu der Behauptung, dass der Informationsgehalt einer beliebigen Raumregion an der Grenze zu dieser Region kodiert ist. Dass wir dies zuerst beim Nachdenken über Schwarze Löcher entdeckt haben, liegt daran, dass sich deren Grenze für jeden, der außerhalb des Schwarzen Lochs schwebt, in Form einer heißen Membran in der Nähe des Ereignishorizonts offenbart. Im Alltag, weit weg von Schwarzen Löchern, ist es weniger offensichtlich, wie wir Zugang zu dieser holografisch kodierten Information erhalten können, da wir kein

„Stück leeren Raum herausschneiden“ können, um zu zeigen, dass die Information im Innern auf der Oberfläche kodiert ist.

Die Holografie ist demnach ein perfektes Beispiel für die Wirkung der Komplementarität. Es gibt zwei völlig gleichwertige Beschreibungen von allem und jedem. Dies ist ein wesentliches Merkmal der gesamten Natur, nicht nur der Schwarzen Löcher. Schwarze Löcher sind der Stein von Rosette, der uns in eine neue Sprache eingeführt hat: eine völlig andere, aber vollkommen gleichwertige Beschreibung der physikalischen Realität. Die eine Beschreibung befindet sich an der Grenze einer beliebigen Region des Raums, und die andere befindet sich auf konventionellere Weise im Raum innerhalb der Grenze. Die Schlussfolgerung lautet, dass sich unsere Erfahrung und unsere Existenz mit absoluter Genauigkeit in Form von Informationen beschreiben lassen, die an einer entfernten Grenze gespeichert sind, deren Natur wir noch nicht verstehen. Das hört sich völlig verrückt an, aber ein entscheidender Beleg für diese Idee stammt aus dem meistzitierten Hochenergiephysik-Paper aller Zeiten.

MALDACENAS WELT

Anhand von wissenschaftlichen Zitierungen wird gezählt, wie oft in der Literatur auf eine Forschungsarbeit verwiesen wurde. Natürlich werden die wichtigsten Arbeiten am häufigsten zitiert. Auf Platz 14 im Allzeit-Ranking[4] steht Stephen Hawkings 1975 veröffentlichte Arbeit „Particle Creation by Black Holes“. Die Entdeckung der Dunk-

4 Diese Zitationsstatistiken stammen aus der iNSPIRE-Datenbank (https://inspirehep.net/literature?sort=mostcited), die in Zusammenarbeit der weltweit führenden Forschungslabors betrieben wird und Zitate im Bereich „Hochenergiephysik“ erfasst. (Anmerkung der Redaktion: Die Angaben wurden auf den Stand vom Januar 2024 aktualisiert.)

len Energie liegt auf den Plätzen 3 und 4, die beiden Veröffentlichungen, in denen die Entdeckung des Higgs-Bosons am Large Hadron Collider verkündet wird, auf den Plätzen 5 und 6. Der Spitzenreiter aller Zeiten ist eine 1997 von dem argentinischen Physiker Juan Maldacena verfasste Arbeit mit dem Titel „The Large N Limit of Superconformal Field Theories and Supergravity".[iv] Mit über 19 000 Zitierungen bis heute ist dies die Arbeit, die mehr als jede andere das Gesicht der theoretischen Physik in den vergangenen 25 Jahren verändert hat. Zugleich liefert diese Arbeit auch die stärksten Indizien dafür, dass das holografische Prinzip der Wahrheit entspricht.

Das von Maldacena betrachtete Universum ist nicht das Universum, in dem wir leben. Aber das ist in Ordnung. In der Physik ist es üblich, Modelle der Welt mit einigen vereinfachenden Eigenschaften zu erstellen. Die reale Welt ist kompliziert, und oft es ist nützlich, Berechnungen in einer Scheinwelt durchzuführen, in der die Dinge einfacher sind. Die Kunst besteht darin, eine einfache Welt zu wählen, die ein besseres Verständnis ermöglicht, aber nicht zu unrealistisch ist. Ingenieure gehen bei der Konstruktion von Flugzeugen oder Brücken von vereinfachenden Annahmen aus, auch wenn hier mehr auf dem Spiel steht. Wichtig ist, dass Maldacena diese Welt nicht ausgewählt hat, weil sie die Holografie unterstützt. Vielmehr war die Holografie ein Merkmal, das sich aus der Mathematik ergab.

Wir können den Kern von Maldacenas Arbeit erfassen, indem wir ein zweidimensionales Spielzeuguniversum betrachten.[5] Der Raum des Spielzeuguniversums hat nicht die Geometrie eines gewöhnlichen flachen Raums; vielmehr ist seine Geometrie hyperbolisch. Abbildung

---

5 Maldacenas ursprüngliche Berechnung erfolgte im Rahmen der Stringtheorie und umfasste eine zehndimensionale Raumzeit mit fünf zusammengerollten Raumdimensionen, sodass ein fünfdimensionaler hyperbolischer Raum mit einem vierdimensionalen Rand übrigblieb. Seit 1997 gibt es viele weitere Beispiele für das holografische Prinzip mit weniger Raumzeitdimensionen.

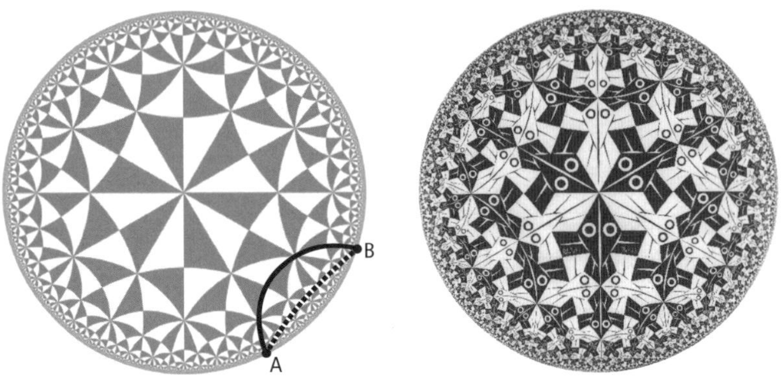

Abbildung 13.2. Die Poincaré-Scheibenprojektion eines zweidimensionalen hyperbolischen Raums. Entgegen dem Anschein ist die durchgezogene Linie von A nach B in der linken Abbildung kürzer als die gestrichelte Linie. Sie können dies durch Zählen der Dreiecke erkennen. Rechts ist M. C. Eschers „Circle Limit I" zu sehen. Alle Fische haben die gleiche Größe und Form, und die Linien sind die kürzesten Linien. Die Muster liefern uns eine visuelle Darstellung der Metrik des Raums (wir können Entfernungen durch das Zählen von Fischen oder Dreiecken ermitteln), so wie die Quadrate auf Millimeterpapier die Metrik des euklidischen Raums veranschaulichen.

13.2 zeigt eine schöne Darstellung des zweidimensionalen hyperbolischen Raums, die sogenannte Poincaré-Scheibe. Diese Projektion wurde häufig von dem niederländischen Künstler M. C. Escher verwendet, und wir zeigen auch sein bekanntes *Circle Limit I.* Ähnlich wie bei einem Penrose-Diagramm ist der in diesen Projektionen dargestellte Raum unendlich und es gibt eine Menge Verzerrungen, um die Unendlichkeit an einen endlichen Ort auf der Seite zu bringen. Eschers Fische zum Beispiel sind alle gleich groß, da sie den unendlichen hyperbolischen Raum ausfüllen. Zum Rand der Scheibe hin erscheinen sie kleiner, was die Unendlichkeit repräsentiert, weil der Raum vom Zentrum aus nach außen hin schrumpft. Die Poincaré-Scheibenprojektion ist auch eine konforme Projektion, was bedeutet, dass die Formen von kleinen Dingen wirklichkeitsgetreu wiedergegeben werden (zum Beispiel sind die Fischaugen immer kreisförmig).

Fügen wir dem Ganzen nun die Zeit hinzu. Abbildung 13.3 zeigt einen Stapel von Poincaré-Scheiben, eine für jeden Zeitschnitt (auch wenn wir nur zwei eingezeichnet haben). Die Zeit läuft vom Boden des Zylinders aus nach oben. Diese Raumzeit wird als Anti-de-Sitter-Raumzeit oder kurz AdS bezeichnet. Für die folgenden Ausführungen ist es hilfreich, sich den AdS-Zylinder als eine Art Blechdose vorzustellen, mit einem Rand (d. h. einem Mantel) und einem Innern. Maldacena löste eine Erkenntnislawine aus, indem er zeigte, dass eine bestimmte Theorie ohne Gravitation, die ausschließlich auf dem Mantel des Zylinders definiert ist, genau einer völlig anderen Theorie mit Gravitation entspricht, die im Innern der Raumzeit definiert ist. Mit anderen Worten: Das Innere ist eine holografische Projektion des Rands. Maldacena stellte Gleichungen auf, die diese exakte Eins-zu-Eins-Entsprechung für dieses Modelluniversum beweisen. So lieferte er die erste konkrete Umsetzung des holografischen Prinzips.

Um die Schlüsselgedanken zu verstehen, müssen wir nicht die Details dieser als AdS/CFT-Korrespondenz bekannt gewordenen Theorie verstehen. Die Abkürzung CFT steht für „conformal field theory" (konforme Feldtheorie). Sie umfasst eine bestimmte Klasse von Quantenfeldtheorien, ähnlich denen, die für Modelle der Teilchenphysik eingesetzt werden.[6] Es handelt sich um eine Quantentheorie mit Teilchen, Verschränkung und einem Vakuumzustand. Die Quantentheorie beschreibt ein physikalisches System, das sich vollständig auf dem Mantel des Zylinders befindet. Wenn Sie sich ein Bild machen wollen, stellen Sie sich ein Gas von Teilchen vor, die sich bewegen.

6 Die spezielle CFT, die Maldacena ursprünglich betrachtete, ähnelt der Quantenchromodynamik (QCD) – jener Theorie, die die starke Wechselwirkung zwischen Quarks und Gluonen beschreibt. Diese Ähnlichkeit wurde mit einigem Erfolg ausgenutzt, um mithilfe der dualen Gravitationstheorie Vorhersagen in der QCD zu treffen.

Wenn sich das Quantensystem am Rand in einem reinen Vakuumzustand befindet, dort also keine Teilchen existieren, ist die innere Raumzeit einfach die AdS-Raumzeit. Stellen Sie sich nun vor, Sie erschaffen Teilchen auf dem Mantel, um ein Gas zu erzeugen. Erstaunlicherweise entsteht dann in der inneren Raumzeit ein Schwarzes Loch. Dies ist in Abbildung 13.3 dargestellt, wo für das Entstehen und Verdampfen des Schwarzen Lochs im Innern eine duale Beschreibung existiert in Form der gravitationsfreien Theorie auf dem Rand des Zylinders. Die Gravitation entsteht also durch die Quantenmechanik eines Systems auf dessen Rand.

Wir könnten uns fragen, welche dieser beiden Beschreibungen die richtige ist. Gibt es wirklich ein Schwarzes Loch oder ist es nur ein Hologramm der Randphysik? Vielleicht ist aber auch das Gegenteil der Fall, und die Randphysik ist nicht real, sondern nur eine clevere Methode, das Schwarze Loch zu beschreiben. Vielleicht tappt man bei dem Versuch, herauszufinden, was „wirklich" richtig ist, in eine Falle, die Physiker seit Langem umtreibt, weil sie zu einer Nabelschau führt, ohne tiefere Erkenntnisse zu liefern. Es gibt viele Menschen auf der Welt, die diese Aufgabe übernehmen können, und zu wenige Physiker. Also sollten wir uns vielleicht auf die Erklärung von Naturphänomenen beschränken und die Frage nach der letzten Wahrheit anderen überlassen. Das holografische Prinzip kann vielmehr als Umsetzung der Komplementarität betrachtet werden. Es gibt zwei gleichwertige Beschreibungen der Welt, und weil sie gleichwertig sind, gibt es keine Widersprüche: Was in der einen richtig ist, ist auch in der anderen richtig. Das ist die Stärke des holografischen Prinzips, und Maldacena entdeckte dessen präzise, mathematische Umsetzung.

Die Methode, ein Problem der Quantenphysik auf ein entsprechendes Problem der Gravitation abzubilden, hat sich in den vergangenen 25 Jahren als sehr erfolgreich erwiesen. Es wurden viele Fälle gefunden, in denen komplizierte Probleme auf einer Seite der Korre-

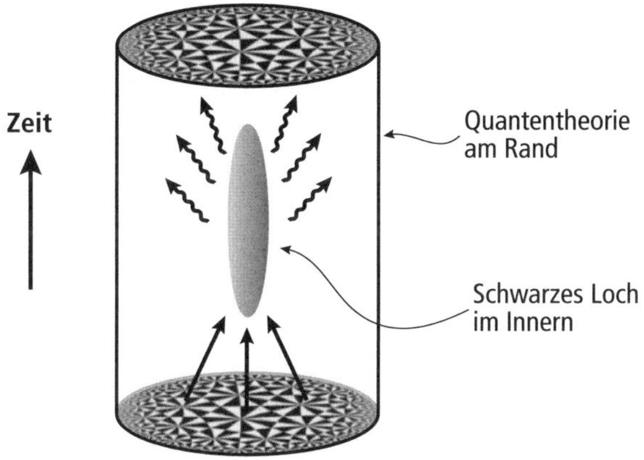

Abbildung 13.3. Das Penrose-Diagramm der Anti-de-Sitter-Raumzeit im Fall von zwei Raumdimensionen. Der Zylinder ist unendlich lang und der Rand ist zeitartig. Kollabierende Materie erzeugt ein Schwarzes Loch (unten), das anschließend verdampft, indem es Hawking-Teilchen aussendet (oben). Das Konzept der Holografie besagt, dass sich das Entstehen und Verdampfen des Lochs mit einer gravitationsfreien Quantentheorie beschreiben lässt, die auf dem Rand definiert ist.

spondenz mit Methoden der anderen Seite gelöst wurden. So gesehen hat Maldacena ein praktisches Werkzeug entdeckt, mit dem wir lernen, interessante Probleme in einem Gebiet der Physik mit Methoden aus einem auf den ersten Blick völlig anderen Gebiet zu bearbeiten. Das ist einer der Gründe, warum Maldacenas Arbeit so oft zitiert wird: Sie ist ausgesprochen nützlich. Zudem ist sie tiefgründig, und sie beantwortet die Frage, ob bei der Verdampfung von Schwarzen Löchern Information verloren geht.

Abbildung 13.3 veranschaulicht, wie die AdS/CFT-Korrespondenz nachweist, dass Information aus einem Schwarzen Loch herauskommen muss. Ursprünglich gab es kein Schwarzes Loch (der untere Teil des Zylinders) – nur einen Haufen Zeug, das aufgrund der Gravitation kollabierte. Das Schwarze Loch bildet sich, verdampft dann und hinterlässt (im oberen Teil des Zylinders) einen Haufen Hawking-Teilchen. Konzentrieren Sie sich nun auf die duale Beschreibung. Die eine Seite der Korrespondenz besagt, dass sich dieser ganze Prozess durch ein Teilchengas beschreiben lässt, das sich gemäß den gewöhnlichen Regeln der Quantenmechanik auf dem Rand ohne Gravitation entwickelt. Da es eine exakte Entsprechung zwischen der Randtheorie und der inneren Theorie gibt, muss die Information, wenn sie gemäß der einen Theorie erhalten bleibt, auch gemäß der anderen erhalten bleiben. Entscheidend ist, dass es sich bei der Randtheorie um eine reine Quantentheorie handelt. Das bedeutet, dass die Information zwangsläufig erhalten bleibt. Sie muss daher auch bei Gravitationsprozessen im Innern erhalten bleiben – in diesem Fall beim Entstehen und Verdampfen eines Schwarzen Lochs. Dies brachte Stephen Hawking dazu, seine Wette mit Kip Thorne und John Preskill aufzugeben und zu akzeptieren, dass Information tatsächlich aus Schwarzen Löchern in unser Universum gelangt. Überzeugt wurde er durch Maldacenas AdS/CFT-Veröffentlichung.

14 INSELN IM STROM

„Mit der Entdeckung der AdS/CFT-Korrespondenz beantwortete Maldacena endgültig die Frage, ob Information aus einem Schwarzen Loch entweichen kann. Sie kann es. Allerdings... müssen wir auch verstehen, was an Hawkings Berechnung falsch ist."

GEOFFREY PENINGTON[1]

Was genau ermöglicht es einer Quantentheorie auf dem Rand der Raumzeit, Phänomene im Innern zu kodieren? Wie funktioniert die Holografie? Wie wir in diesem Kapitel sehen werden, ist es bemerkenswerterweise so, als ob der innere Raum durch Quantenverschränkungen auf dem Rand erzeugt wird. Mit anderen Worten: Die aktuelle Forschung scheint zufällig auf die Vorstellung gestoßen zu sein, dass der Raum nicht fundamental ist, sondern eher etwas, das aus der Quantentheorie hervorgeht. Das Rätsel der Quantengravitation könnte am Ende zugunsten der Quantenmechanik gelöst werden, aus der dann die Gravitation hervorgeht.

In Kapitel 6 haben wir die maximal erweiterte Schwarzschild-Raumzeit kennengelernt. Sie lässt sich so interpretieren, dass sie zwei Universen darstellt, die durch ein Wurmloch miteinander verbunden sind. Wir haben festgestellt, dass sich große, durchquerbare Wurmlöcher, wie sie von Science-Fiction-Autoren geliebt werden, leider nicht im Innern realer Schwarzer Löcher befinden, weil deren Inneres Materie des kollabierenden Sterns enthält. Wir haben jedoch auch gesagt, dass „mikroskopische Wurmlöcher Teil der Raumzeitstruktur sein könnten". Es ist nun an der Zeit, diesen Gedanken weiterzuverfolgen.

Abbildung 14.1 zeigt das Penrose-Diagramm eines ewigen Schwarzen Lochs, das dem maximal ausgedehnten Schwarzschild-Loch sehr ähnlich ist, wie wir es in Kapitel 6 untersucht hatten (siehe Abbildung 6.2). Der Unterschied besteht darin, dass sich dieses Schwarze Loch in der AdS-Raumzeit befindet. Man könnte sich nun fragen, warum wir uns nicht auf ein Universum konzentrieren, das dem unseren ähnlicher ist als ein AdS-Universum. Die Antwort lautet, dass wir das tun würden, wenn wir es könnten. Nur wissen wir bislang nicht, wie das geht, und Maldacenas AdS/CFT-Korrespondenz ist das bestverstandene Modell, das uns zur Verfügung steht. Die Mehrheit der Experten auf diesem Gebiet ist derzeit der Meinung, dass die zugrunde liegenden Prinzipien auch in unserem Universum gültig sein sollten.

Das obere und das untere Dreieck stellen das Innere des Schwarzen Lochs dar,[1] das durch den Ereignishorizont und die Singularitäten in der Zukunft und der Vergangenheit begrenzt wird. Die Ränder des Diagramms, beschriftet mit L und R, sind die Grenzen der AdS-Raumzeit. Genau wie im Schwarzschild-Fall bilden die linken und rechten dreieckigen Bereiche die Gesamtheit der Raumzeit außerhalb des Schwarzen Lochs, verbunden durch ein Wurmloch. Die AdS/CFT-Korrespondenz besagt, dass wir das Innere dieses Penrose-Diagramms durch zwei Quantenfeldtheorien (CFTs[2]) beschreiben

1 Eigentlich ist das untere Dreieck das Innere eines Weißen Lochs, wie in Kapitel 6 beschrieben.

2 Im Folgenden werden wir die Abkürzung CFT recht häufig verwenden. Darunter können Sie sich einfach ein Teilchengas ohne Einwirkung der Schwerkraft vorstellen.

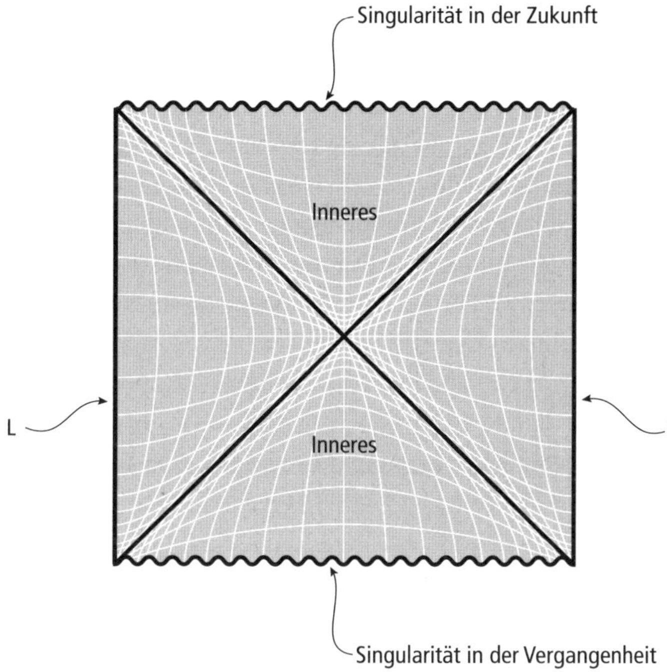

Abbildung 14.1. Ein zweiseitiges Schwarzes Loch.

können, die sich am linken und rechten Rand befinden. Fachsprachlich sagen wir, dass die innere Raumzeit die holografische Dualität dieser beiden Quantentheorien ist.

Und jetzt kommt der Clou: Die beiden CFTs müssen maximal miteinander verschränkt sein, um diese Raumzeit zu beschreiben. Wären die beiden CFTs nicht verschränkt, gäbe es kein Wurmloch. Stattdessen gäbe es zwei unverbundene Schwarze Löcher in zwei getrennten Universen. Das Wurmloch entsteht, wenn wir zulassen, dass die beiden Quantentheorien verschränkt werden. Anders gesagt baut die Verschränkung das Wurmloch auf, das die beiden Universen miteinander verbindet: Quantenverschränkung und Wurmlöcher gehen Hand in Hand. Dies ist eine tiefgreifende, wichtige Verbindung zwischen der Quantentheorie und der Gravitation.

Um diese Verbindung weiter zu erkunden, stellen wir eine der zentralen Ideen vor, die aus der Holografie hervorgegangen ist: die Ryu-Takayanagi-Vermutung.[ii] Die von Shinsei Ryu und Tadashi Takayanagi 2006 entdeckte RT-Vermutung hat sich in einer Vielzahl unterschiedlicher Szenarien als richtig erwiesen. Sie ist wichtig, weil sie die Verbindung zwischen Quantenverschränkung und Raumzeitgeometrie berechenbar macht.

In Abbildung 14.2 haben wir ein eingebettetes Diagramm gezeichnet, das einen Schnitt durch die Mitte des zweiseitigen Schwarzen Lochs aus Abbildung 14.1 darstellt. Es entspricht genau den Wurmlochdiagrammen in Kapitel 6. Die beiden CFTs existieren auf den mit L und R bezeichneten Kreisen (diese Kreise sind Punkte auf den linken und rechten vertikalen Linien in Abbildung 14.1). Die RT-Vermutung besagt nun, dass die Verschränkungsentropie zwischen der Quantentheorie auf L und der Quantentheorie auf R gleich der Größe der kleinsten Kurve ist, die den inneren Raum in zwei Hälften teilt. Mit anderen Worten: Wenn es keine Verschränkung gibt, ist die Verschränkungsentropie null und es gibt keine Teilungskurve und kein Wurmloch. In diesem Fall sind die beiden Quantentheorien nicht miteinander verbunden und es gibt keinen Raum, der sie verbindet. Bei maximaler Verschränkung taucht das Wurmloch auf, und die kleinste Kurve ist wie in Abbildung 14.2 dargestellt: Sie ist der Horizont und sie umschließt das Wurmloch an seiner engsten Stelle.

Bei diesem Ergebnis sollten die Alarmglocken läuten. Wenn wir die Dinge ein wenig realitätsnäher gestalten, indem wir eine weitere Raumdimension hinzufügen (wir können das Wurmloch dann nicht mehr visualisieren), existieren die CFTs auf Kugeln, die einen dreidimensionalen Raum begrenzen. Die Verschränkungsentropie zwischen

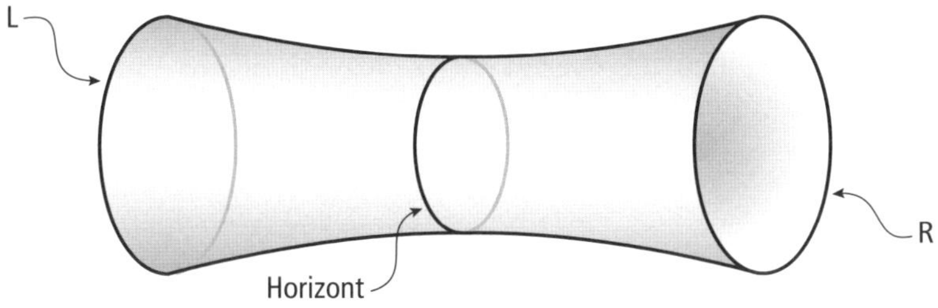

Abbildung 14.2. Eine Momentaufnahme, die das Wurmloch in Abbildung 14.1 veranschaulicht. Die Punkte an den Rändern, L und R, sind Kreise und das Innere ist eine zweidimensionale Fläche. Der Horizont ist die kleinste Kurve, die das Wurmloch in zwei Hälften teilt. Die Länge des Horizonts bestimmt den Grad der Quantenverschränkung zwischen den beiden Quantentheorien, die auf L und R existieren.

den beiden CFTs ist gleich der Fläche der Verengung des Wurmlochs, das sie verbindet. Und wir erinnern uns an Kapitel 6: Wenn das Wurmloch am engsten ist, ist die Verengung gleich der Fläche des Ereignishorizonts des Schwarzen Lochs. Das klingt sehr nach Bekensteins Ergebnis: Die Fläche des Ereignishorizonts eines Schwarzen Lochs ist gleich seiner thermischen Entropie. Nun besagt die RT-Vermutung, dass die Fläche des Ereignishorizonts durch die Verschränkungsentropie zwischen zwei Quantentheorien gegeben ist.

Diese Schlussfolgerung ist es wert, wiederholt zu werden: Wir begannen mit zwei isolierten Quantentheorien, die jeweils einen Haufen Teilchen beschreiben. Wenn diese beiden Theorien nicht verschränkt sind, beschreiben sie zwei nicht zusammenhängende Universen. Wie im vorherigen Kapitel haben die beiden Theorien immer noch ihre eigene holografische Dualität, aber sie sind ansonsten völlig unverbunden. Wenn wir stattdessen die Mathematik so einrichten, dass die beiden Theorien miteinander verschränkt sind, besagt die Holografie, dass die duale Beschreibung ein Wurmloch ist. Und die RT-Vermutung verbindet die Verschränkungsentropie zwischen den beiden Quantentheorien, die wir allein quantentheoretisch berechnen können, mit der Geometrie des Wurmlochs – und insbesondere mit der Fläche des Wurmlochs an seiner engsten Stelle, die auch die Fläche des Ereignishorizonts des Schwarzen Lochs ist.

DIE VERSCHRÄNKUNG MACHT DEN RAUM

Obwohl diese Verknüpfungen zwischen Entropie, Verschränkung und Geometrie ursprünglich im Zusammenhang mit Schwarzen Löchern entdeckt wurden, werden sie nun viel allgemeiner aufgefasst. In seinem preisgekrönten Aufsatz von 2010 mit dem Titel „Building up spacetime with quantum entanglement" schreibt der kanadische Physiker Mark Van Raamsdonk, dass „wir Raumzeiten durch die Verschränkung von Freiheitsgraden miteinander verbinden und sie durch Entflechtung auseinanderreißen können. Es ist faszinierend, dass das an sich quantenphysikalische Phänomen der Verschränkung offenbar entscheidend für die Entstehung der klassischen Raumzeitgeometrie zu sein scheint." Mit „Freiheitsgraden" meint Van Raamsdonk Teilchen, Qubits oder was sonst so zu den „beweglichen Komponenten" der Quantentheorie gehört. Und mit dem „Verbinden" oder „Zerreißen" der Raumzeit meint er, dass die Verschränkung nicht nur mit der Geometrie zusammenhängt – sondern ihr vor allem zugrunde liegt. Hier kommt der grundlegende Gedanke.

Oben links in Abbildung 14.3 sehen wir eine Kugel, auf deren Rand sich eine Quantentheorie in ihrem Vakuumzustand befindet. Das Vakuum ist, wie Sie sich erinnern, stark verschränkt. Wir haben den Rand in zwei Bereiche geteilt und mit L und R bezeichnet. Das Vakuum auf dem linken Teil des Rands ist mit dem Vakuum auf dem rechten Teil verschränkt. Die RT-Vermutung besagt, dass der Verschränkungsgrad zwischen diesen beiden Randbereichen gleich der

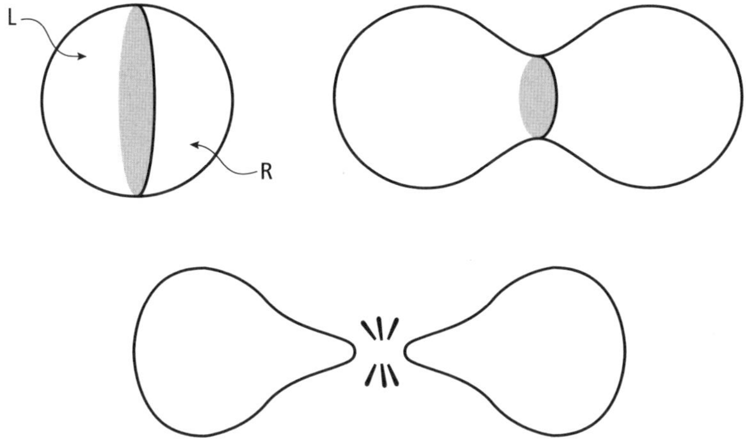

Abbildung 14.3. Da die Verschränkung zwischen den beiden Hälften der Kugel abnimmt, dehnt sich der ganze Raum und spaltet sich schließlich in zwei unverbundene Bereiche auf.

kleinstmöglichen Fläche ist (der sogenannten Minimalfläche), die den Innenraum entsprechend unterteilt. Diese trennende Fläche ist als schattierte Scheibe dargestellt. Hier gibt es keine Schwarzen Löcher – nur Raum, der durch eine Kugel begrenzt wird. Nehmen wir nun an, wir könnten die Verschränkung auf dem Rand verringern. Laut RT muss sich die Fläche, die die beiden Bereiche trennt, ebenfalls verkleinern, was bedeutet, dass die beiden Hälften nur noch wie im Bild oben rechts miteinander verbunden sind. Wenn die Verschränkung bis auf null sinkt, spaltet sich das Innere in zwei unverbundene Bereiche auf, wie im unteren Bild dargestellt. Raum existiert nur in den inneren Bereichen jeder Blase; es gibt keinen Raum, der die Blasen verbindet. Wir sehen also, dass sich die Geometrie des inneren Raums ändert, wenn wir den Verschränkungsgrad in der Quantentheorie auf der Umrandung des Raumes verändern. Aber wie Einstein uns lehrte, entspricht die Raumgeometrie der Gravitation. Dies ist die bemerkenswerte Essenz der RT-Vermutung: Die Verschränkung legt die Gravitation fest.

Ganz nebenbei liefert die RT-Vermutung auch einen Einblick in etwas, das wir im Zusammenhang mit dem AMPS-Feuerwand-Paradoxon erwähnt hatten. Der Kern des Paradoxons betraf die Folgen, wenn die Verschränkung des Quantenvakuums durch den Ereignishorizont unterbrochen wird. Dies, so behaupteten wir, wäre gleichbedeutend mit dem Aufreißen des leeren Raums. In Abbildung 14.3 sehen wir diesen Effekt in anderer Form. Wenn wir hier die Verschränkung zwischen zwei Bereichen der Quantentheorie auf dem Rand aufheben, schneiden wir den innenliegenden Raum in zwei Hälften.

Wir können auch einen Blick auf etwas noch tiefer Verborgenes werfen: eine neue Art, sich die Quantenverschränkung vorzustellen. Denken wir nicht an zwei verschränkte CFTs auf dem Rand des Raums, sondern an den viel einfacheren Fall von zwei verschränkten Teilchen. Die Idee, die als ER=EPR-Vermutung bekannt geworden ist, besagt, dass wir uns diese beiden Teilchen so vorstellen können, als ob sie durch eine Art Wurmloch miteinander verbunden wären. Diese Vermutung aus dem Jahr 2013, die auf Juan Maldacena und Leonard Susskind zurückgeht,[iii] lässt sich gut aus der Arbeit von Van Raamsdonk ableiten. Die ER-Seite der Gleichung bezieht sich auf die Einstein-Rosen-Brücke (das Wurmloch) und die EPR-Seite bezieht sich auf die berühmte Analyse von Einstein, Boris Podolsky und Nathan Rosen, in der sie versuchten, der Quantenverschränkung einen Sinn zu geben.[iv] So wie die Einstein-Rosen-Brücke zwischen zwei Schwarzen Löchern durch Quantenverschränkung entsteht, so – mit den Worten von Maldacena und Susskind – „ist die Überlegung sehr verlockend, dass *jedes* EPR-korrelierte System durch eine Art ER-Brücke verbunden ist, obwohl die Brücke im Allgemeinen ein hochgradig quantenhaftes Objekt sein kann, das noch zu definieren wäre. Tatsächlich spekulieren wir, dass selbst der einfachste Singulett-Zustand aus zwei Spins durch eine (sehr quantenhafte) Brücke dieser Art verbunden ist".

INSELN IM STROM[3]

Es ist nun an der Zeit, zu Schwarzen Löchern und einem wichtigen Thema zurückzukehren, das wir bislang nicht abgeschlossen haben. Maldacena zeigte die Möglichkeit auf, dass Information aus Schwarzen Löchern austreten kann. Stephen Hawking reichte das. Doch als Hawking seine Wette einlöste, wusste niemand, wie die Information entsteht, und – eine eng damit verbundene Frage –, was an Hawkings ursprünglicher Berechnung von 1974 falsch ist. Bis 2019 war dies der Stand der Dinge unter theoretischen Physikern. Der Durchbruch gelang zwei Gruppen unabhängig voneinander. Sie waren in der Lage, die Page-Kurve mithilfe „altmodischer" Physik (aus Allgemeiner Relativitätstheorie und Quantenmechanik) abzuleiten.[v] Die Berechnungen unterstützen die holografische Auffassung, dass die ferne Hawking-Strahlung und die innere Hawking-Strahlung zwei Versionen derselben Sache sind. Es ist bemerkenswert, dass sich die Page-Kurve aus „altmodischer" Physik ableiten lässt. Dies ist ein weiterer Hinweis darauf, dass in Einsteins Gravitationstheorie viel mehr über die grundlegenden Vorgänge in der Natur steckt, als wir ihr sonst vielleicht zugetraut hätten. Die Gesetze der Mechanik der Schwarzen Löcher, die wir in Kapitel 10 kennengelernt haben, sind ein weiteres eindrucksvolles Beispiel für diese verborgene Tiefe in der Allgemeinen Relativitätstheorie. Sie offenbaren uns, dass in der Theorie

---

3 Mit Dank an T. Hollowood, S. Prem Kumar, A. Legramandi und N. Talwar von der Universität Swansea für ihre Veröffentlichung aus dem Jahr 2021 (*J. High Energy Phys.* 2021(11):67). Und möglicherweise auch an Dolly Parton und Kenny Rogers.

etwas über die zugrunde liegende Mikrophysik steckt, denn Hawkings Flächensatz ist der Zweite Hauptsatz der Thermodynamik in verkappter Form.

Der entscheidende Gedanke in den Veröffentlichungen von 2019 lautet, dass sich bei einem alten Schwarzen Loch (das älter ist als die Page-Zeit) ein Teil des Innern tatsächlich außen befindet. Die Auswirkungen dieser Innen-Außen-Identifikation sind noch nicht vollständig verstanden, aber sowohl die RT- als auch die ER=EPR-Vermutung spielen, wie wir gleich sehen werden, eine Rolle.

In Abbildung 14.4 zeigen wir den interessanten Teil des Penrose-Diagramms eines verdampfenden Schwarzen Lochs.[4] Die Hawking-Strahlung strömt auf lichtartigen 45-Grad-Bahnen in Richtung der zukünftigen lichtartigen Unendlichkeit und die Partnerteilchen bewegen sich auf ähnlichen Bahnen innerhalb des Horizonts. In Einsteins Theorie wären diese Partner dazu verdammt, die Singularität zu treffen, doch in den neuen Berechnungen geschieht etwas Dramatisches: Die Partnerteilchen innerhalb des Horizonts gelangen nach außen.

Schauen wir uns zunächst an, wie dies zur Page-Kurve führt. Stellen Sie sich vor, dass jemand weit weg vom Schwarzen Loch in einer bestimmten Entfernung sitzt und die Hawking-Strahlung auffängt. Dieser Beobachter folgt der Wellenlinie im Penrose-Diagramm (Sie können das überprüfen, indem Sie sich das Schwarzschild-Koordinatennetz in Abbildung 5.1 anschauen). Nehmen wir an, unser Beobachter sammelt die gesamte Strahlung, die bis zu einem Zeitpunkt t abgegeben wurde. Wir bezeichnen diese gesamte Strahlung als R. Wir interessieren uns für die Verschränkungsentropie zwischen der gesammelten Strahlung und dem Schwarzen Loch. Wenn t groß

4 Ein besonderer Dank geht an Tim Hollowood für seine Erläuterungen und seine Hilfe, insbesondere in Bezug auf diese Abbildung und auch auf Abbildung 14.6.

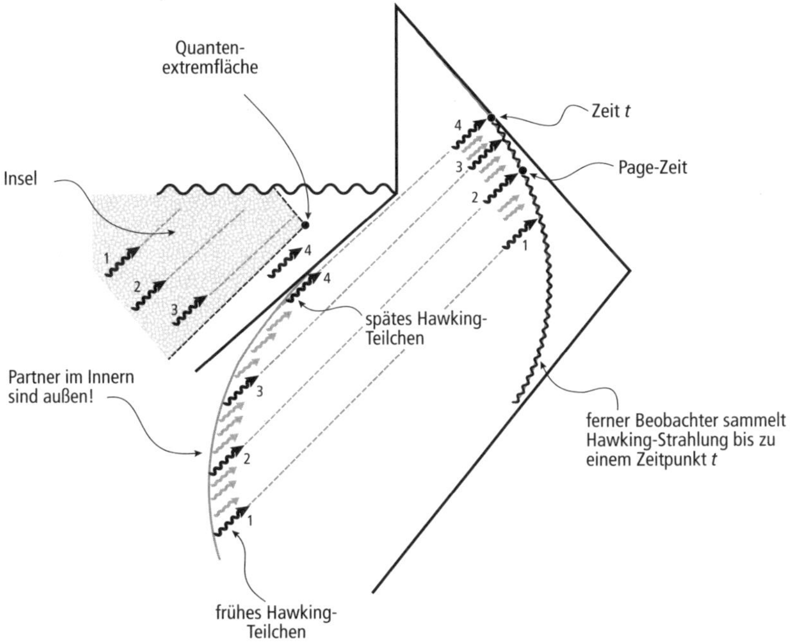

Abbildung 14.4. Teil eines Penrose-Diagramms für ein verdampfendes Schwarzes Loch. Die wellenförmigen Pfeile bezeichnen Hawking-Teilchen, Teilchen mit der gleichen Zahl sind verschränkte Partner (eines befindet sich außerhalb des Ereignishorizonts und der jeweilige Partner innerhalb). Die der Strahlung R entsprechende Quantenextremfläche ist angedeutet, zusammen mit ihrer Insel (dem schattierten Bereich). Die inneren Partner auf der Insel sollten als Teil von R betrachtet werden. Auch auf Tafel 15.

genug ist, wird das Schwarze Loch verdampft sein, und der Beobachter hat die gesamte Hawking-Strahlung aufgefangen. In diesem Fall müsste die Verschränkungsentropie auf null gesunken sein, falls alle Information herausgekommen ist. Genau das geschieht in den neuen Berechnungen, und genau das geschah nicht in Hawkings Berechnung.

Der wesentliche Unterschied zwischen den beiden Berechnungen liegt in dem schattierten Bereich innerhalb des Horizonts, der als „Insel“ bezeichnet ist. Die Insel ist ein besonderer Bereich der Raumzeit. Ihre Existenz und wo sie sich befindet, ist Thema der Veröffentlichungen von 2019. Es stellt sich heraus, dass die Lage der Insel von der Menge der Strahlung abhängt, die unser Beobachter gesammelt hat. Wenn die Zeit *t* kleiner ist als die Page-Zeit, gibt es keine Insel. Nach der Page-Zeit erscheint die Insel. Wie führt die Insel zur Page-Kurve?

An der rechten Spitze der Insel befindet sich ein Punkt im Penrose-Diagramm, den wir Quantenextremfläche (QES) genannt haben. Wie bei allen von uns gezeichneten Penrose-Diagrammen entspricht dieser Punkt einer kugelförmigen Fläche im Raum.[5] Die modernen Berechnungen liefern eine Formel, um die Verschränkungsentropie in Abhängigkeit von dieser Fläche auszurechnen:

$$S_{\mathrm{R}} = \frac{\text{Fläche QES}}{4} + S_{\mathrm{SC}}$$

S_{SC} ist die Verschränkungsentropie der Hawking-Strahlung, genau wie Hawking sie berechnet hatte, mit einem sehr wichtigen Unterschied: Die Rechnung schreibt vor, dass wir auch die Hawking-Partnerteilchen innerhalb der Insel einbeziehen müssen. Dies ist der große neue Gedanke. Hawking hatte bei seiner ursprünglichen Berechnung die Existenz der Insel übersehen. Für Zeitpunkte vor der Page-Zeit, in denen wir weniger als die Hälfte der Strahlung haben, existiert keine Insel und Hawkings Berechnung ist korrekt. Daraus ergibt sich der ansteigende Teil der Page-Kurve, die in Abbildung 14.5 nochmals wiedergegeben wird. Nach der Page-Zeit taucht die Insel mit ihrer QES sehr nahe am Horizont auf.

---

5 Um zu verstehen, dass ein Punkt in unserem Penrose-Diagramm eine Kugeloberfläche zu einem bestimmten Zeitpunkt darstellt, müssen Sie sich daran erinnern, dass jeder Punkt im Penrose-Diagramm nicht nur einen Punkt im Raum zu einem bestimmten Zeitpunkt darstellt, sondern alle Punkte im Raum, die zu einem bestimmten Zeitpunkt dasselbe Schwarzschild-*R* haben, also eine Kugel.

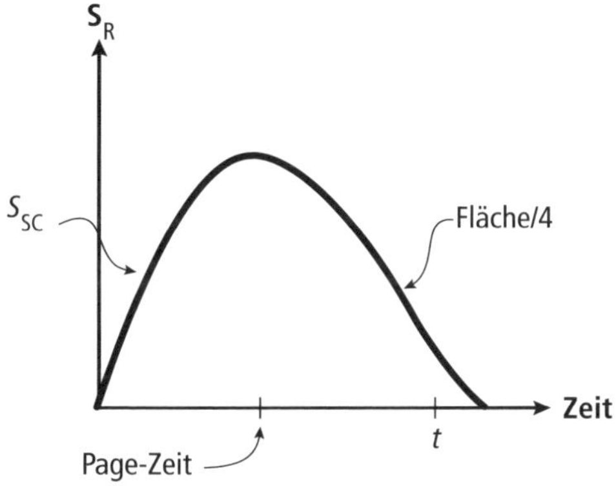

Abbildung 14.5. Die Verschränkungsentropie der Strahlung R gemäß der Inselformel. Bemerkenswerterweise hat sie die gleiche Form wie die Page-Kurve (siehe Abbildung 12.3).

Der neue Gedanke besagt, dass wir bei der Berechnung der Verschränkungsentropie die Hawking-Teilchen im Innern der Insel berücksichtigen müssen. Diese Teilchen werden im Innern des Schwarzen Lochs mit ihren Partnern außerhalb des Schwarzen Lochs „wiedervereint", und sobald sie wiedervereint sind, tragen sie gemeinsam nichts mehr zur Verschränkungsentropie bei.[6]

Das Ergebnis lautet, dass die gesamte Verschränkungsentropie der Hawking-Strahlung, S_R, nach dem Entstehen der Insel hauptsächlich durch den ersten Term auf der rechten Seite der Gleichung bestimmt wird, der einfach die Fläche der QES (geteilt durch 4) ist. Doch das ist ungefähr gleich der Bekenstein-Hawking-Entropie des Schwarzen Lochs, weil die QES in der Nähe des Horizonts liegt. Wenn nun die Fläche des Horizonts schrumpft, während das Loch verdampft,

6 Wenn sich ein Mitglied eines verschränkten Paares innerhalb eines Bereichs befindet und sein Partner außerhalb, dann gibt es einen Beitrag zur Verschränkungsentropie des Bereichs. Wenn sich hingegen beide innerhalb (oder außerhalb) des Bereichs befinden, dann tragen sie nichts zur Verschränkungsentropie des Bereichs bei.

schrumpft auch die QES. Die Verschränkungsentropie verringert sich also allmählich und geht schließlich ganz auf null zurück, wenn das Schwarze Loch verdunstet ist, weil dann die Fläche der QES (und des Horizonts) verschwindet. So beginnt die Page-Kurve nach der Page-Zeit zu fallen, und die Berechnungen liefern die korrekte Page-Kurve. Das ist brillante Physik.

Sie sind vielleicht sehr skeptisch, weil das wie ein ungeheuerlicher Taschenspielertrick wirkt. Wir scheinen die Teilchen innerhalb des Ereignishorizonts der Hawking-Strahlung zuzuschlagen, um die Verschränkungsentropie zu senken. Das ist so, als legten wir Puzzlestücke (aus Kapitel 12) willkürlich von einem Tisch auf einen anderen. Das wäre eine berechtigte Kritik, wenn die Inselformel nur hingeschrieben worden wäre, um die Kurve zu reproduzieren. Doch dem ist nicht so. Vielmehr kann die Inselformel aus denselben physikalischen Grundlagen hergeleitet werden, die Hawking ursprünglich nutzte: aus der Quantenphysik und der Allgemeinen Relativitätstheorie. Hawking hat einfach ein raffiniertes Merkmal in der Mathematik übersehen. Sobald es einbezogen wird, taucht die Insel auf.

Man könnte die Berechnung der Page-Kurve als Lösung für das Informationsparadoxon des Schwarzen Lochs betrachten. Aber wir wollen es nicht dabei belassen. Wir wollen wissen, *wie* die Information herauskommt. Jüngste Forschungen deuten darauf hin, dass die Physik eng sowohl mit der RT- als auch mit der ER=EPR-Vermutung zusammenhängt.

DIE BEDEUTUNG DER INSEL

Es gibt eine auffallende Ähnlichkeit zwischen der Formel für die Verschränkungsentropie der Hawking-Strahlung und der Ryu-Takayanagi-Formel. Besteht da ein Zusammenhang zwischen Verschränkung und Geometrie? Die Antwort scheint „ja" zu lauten. In Anlehnung an die ER=EPR-Vermutung könnten wir behaupten, dass die Formel für S_R genau das Ryu-Takayanagi-Ergebnis ist. Die Abbildung 14.6 veranschaulicht, wie es sein kann, dass das Innere eines alten Schwarzen Lochs wirklich sein Äußeres ist.

Die obere Abbildung zeigt die Situation für ein junges Schwarzes Loch. Es handelt sich um ein eingebettetes Diagramm, das der Zeitscheibe im kleinen Penrose-Diagramm rechts entspricht.[7] Beachten Sie, wie die blauen und roten Hawking-Partner durch ein winziges Wurmloch verbunden sind: Das ist die ER=EPR-Vorstellung. Die Teilchen sind durch eines von Susskinds und Maldacenas Quantenwurmlöchern verbunden. Können Sie anhand dieser Verbindungen erkennen, dass die Unterscheidung zwischen dem, was außen, und dem, was innen ist, unklar bleibt? Der Bereich außerhalb des Lochs ist orange schattiert, und es liegt nahe, den gesamten flachen Bereich in großer Entfernung vom Loch als „außen" zu betrachten. Aber was ist mit dem Raum innerhalb der Wurmlöcher? Es scheint, als könnten wir von außen entlang eines Wurmlochs nach innen reisen. Die entscheidende Frage lautet: Wo ziehen wir die Grenze zwischen innen und außen? Die Antwort wird von Ryu-Takayanagi gegeben. Wir sollten nach der kleinsten Fläche suchen, die die beiden Bereiche voneinander trennt. Bei einem jungen Schwarzen Loch erhält man diese kleinste Fläche (vermutlich[8]), indem man die Wurmlöcher durchschneidet. Nichts davon ist allzu abwegig. Aber für ein altes Schwarzes Loch gibt es viel mehr Wurmlöcher, und die Ryu-Takay-

7 Die Scheibe ist als leicht gewellte Linie gezeichnet, um zu zeigen, dass sie nicht eindeutig ist. Wichtig ist, dass sie sich nie um mehr als 45 Grad nach oben neigt. Andernfalls würde sie in keiner Weise dem „gesamten Raum" zu einem bestimmten „Jetzt" entsprechen.

8 Die Interpretation ist spekulativ, da wir diese kleinen Wurmlöcher nicht verstehen. Die Formel für S_R beruht nicht auf dieser Spekulation.

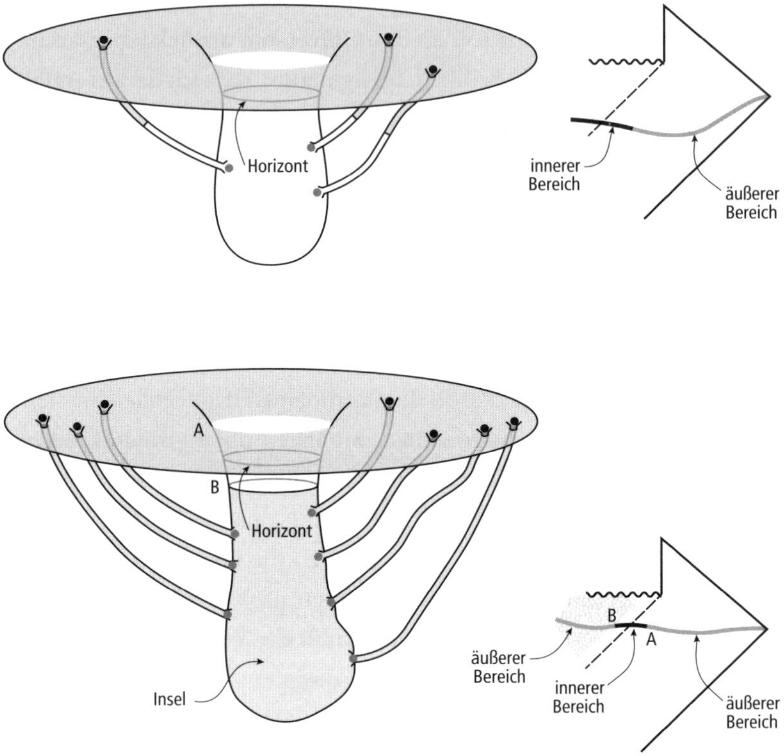

Abbildung 14.6. Veranschaulichung, wie das Inselkonzept funktioniert. Es stützt sowohl die ER=EPR- als auch die Ryu-Takayanagi-Vermutung. Bei einem alten Schwarzen Loch (unten) befindet sich der größte Teil seines „Innern" außerhalb. In beiden Bildern ist der Außenbereich schattiert. Hawking-Teilchen sind als Punkte dargestellt (die im Text als „rot" bezeichneten Teilchen sind hier schwarz, und ihre „blauen" Partner sind grau). Auch auf Tafel 16.

anagi-Fläche ist jetzt die QES. Dies wird durch die mit B gekennzeichnete Kurve in der unteren Abbildung veranschaulicht. Der Bereich zwischen der QES und der mit A markierten Kurve ist innen, der orange gefärbte Rest liegt außerhalb. Die Insel ist genau der Teil des Innern, der korrekterweise eher als außen zu betrachten wäre.

Dies ist der Beginn einer physikalischen Vorstellung, wie ein Schwarzes Loch Information an das Universum zurückgeben kann, während es verdampft. Das Bild der Singularität, das sich daraus ergibt, ist noch spekulativer. So wie wir das Innere des Schwarzen Lochs in Abbildung 14.6 skizziert haben, scheint die Singularität durch ein Quantennetzwerk aus Wurmlöchern ersetzt zu werden, die mit der Außenwelt verbunden sind. In Kapitel 5 schickten wir eine Gruppe unerschrockener Astronauten in das Schwarze Loch und alle fanden in der Singularität ihr Verderben. Wenn wir das neue Bild des Schwarzen Lochs für bare Münze nehmen, können wir fragen, ob das Ende der Zeit wirklich in der Zukunft der Astronauten liegt. Stellen Sie sich vor, Sie sind einer der Astronauten. Sie fallen ohne großes Theater durch den Horizont des Schwarzen Lochs und sehen sich konfrontiert mit … ja, womit eigentlich? Laut Abbildung 14.6 werden Sie auf ein Netzwerk aus Wurmlöchern treffen, durch die Gezeitengravitation zersetzt und schließlich durcheinandergerührt werden – und die Information, die Sie ausmacht, wird durch die Wurmlöcher heraustreten, eingeprägt in die Hawking-Strahlung.

15
DER PERFEKTE CODE

„… jeder Gegenstand der physischen Welt hat im Grunde – meistens in einem sehr tiefen Grunde – einen immateriellen Ursprung und eine Erklärung. Das, was wir als Realität bezeichnen, erwächst letztlich aus dem Stellen von Ja-Nein-Fragen und dem Erfassen von Antworten, die von Geräten erzeugt werden. Kurz gesagt sind alle physischen Dinge informationstheoretischen Ursprungs, und dies ist ein partizipatorisches Universum.“

JOHN ARCHIBALD WHEELER[I]

„… die ganze Show hängt miteinander zusammen …“

JOHN ARCHIBALD WHEELER[II]

„… Raum und Zeit existieren nicht eigenständig, sondern sind lediglich Relationen zwischen den Dingen …“

GOTTFRIED WILHELM LEIBNIZ

Die Quantenverschränkung erweist sich als Schlüsselfaktor. Bislang haben wir sie unter dem Gesichtspunkt betrachtet, dass Information aus einem Schwarzen Loch gelangt. In diesem Zusammenhang haben wir gesehen, dass die Verschränkung für das verantwortlich zu sein scheint, was wir als Raum wahrnehmen. Wir werden nun lernen, dass die Art und Weise, wie die Verschränkung Raum erzeugt, sehr belastbar erscheint. Und das ist auch gut so für uns: Wir wollen in keinem Raum leben, der dazu neigt, auseinanderzufallen.

Die Quantenverschränkung ist auch eine wichtige Ressource für alle, die Quantencomputer zu bauen versuchen. Auf den ersten Blick scheint der Bau von Computern überhaupt nichts mit der Entstehung des Raums zu tun zu haben. In einem Quantencomputer ist die Verschränkung das Haupthilfsmittel, um Information auf robuste Weise zu kodieren, sodass sie störenden Einflüssen aus der Umgebung standhält. Diese als Quantenfehlerkorrektur bezeichnete Thematik ist für die Konstruktion funktionierender Quantencomputer von grundlegender Bedeutung. Hierzu gibt es Parallelen: Es sieht fast so aus, als ob der Raum aus der Quantenverschränkung gewoben wird, ähnlich wie die Quanteningenieure Qubits miteinander verweben, um Quantencomputer zu bauen. Die Vermutung liegt nahe, dass es eine Verbindung zwischen Quantencomputern und dem Gewebe der Realität gibt. In diesem Kapitel werden wir dieser Verbindung auf den Grund gehen.

DER QUELLCODE DER RAUMZEIT

In Abbildung 15.1 zeigen wir einen Schnitt durch die AdS-Raumzeit mit einer verschränkten Quantentheorie am Rand – nochmals die Poincaré-Scheibe. Der Rand wurde in drei Teile zerlegt, die mit A, B und C bezeichnet sind. Konzentrieren wir uns zunächst auf Bereich A. Laut Ryu-Takayanagi ist die Verschränkungsentropie der Region A mit den Regionen B und C durch die Länge der kürzesten Linie gegeben, die die beiden Regionen trennt. In dieser AdS-Raumzeit ist die kürzeste Linie ein Bogen. Die Holografie besagt, dass wir alles über das Innere wissen, sofern wir wissen, was am Rand (A, B und

C) passiert. Sie besagt auch – und das ist nicht offensichtlich, wurde aber nachgewiesen –: Wenn wir wissen, was bei A geschieht, wissen wir zugleich, was in der schattierten Region passiert. Fachsprachlich wird der schattierte Bereich als Verschränkungskeil von A bezeichnet, weil die Quantentheorie von A vollständig bestimmt, was in dem schattierten „Keil" geschieht. Das Gleiche gilt für die Regionen B und C, so wie es im restlichen Teil der Abbildung dargestellt wird. Betrachten wir nun einen Punkt in der Nähe des Zentrums der Scheibe (den schwarzen Punkt). Die linke Scheibe verrät uns, dass er auf den Randregionen B und C kodiert ist. Die mittlere Scheibe besagt, dass er auf A und C kodiert ist. Die rechte Scheibe sagt uns wiederum, dass er auf A und B kodiert ist. Alle drei Aussagen können nur dann gleichzeitig zutreffen, wenn die Information redundant kodiert ist. Das bedeutet, dass wir die Region A löschen könnten und immer noch wüssten, was am schwarzen Punkt passiert; wir könnten alternativ auch die Region B oder die Region C löschen. Aber wir kommen nicht damit durch, zwei der drei Randregionen zu löschen – das wäre zu viel. Dies ist verblüffend – denn demnach lautet die Antwort auf die Frage „Wo auf dem Rand ist die Information kodiert, die mit der Region um den schwarzen Punkt verbunden ist?": „Sie steckt nicht in einer einzigen Region (A, B oder C), vielmehr lässt sich die Information aus der Kenntnis zweier beliebiger Regionen ermitteln." Es ist die Quantenverschränkung, die diese belastbare Verteilung der Information ermöglicht.

Bei der Holografie wird die Information, die zur Kodierung des Innenraums benötigt wird, gut durchmischt und über den Rand verteilt. Das macht sie schwer lesbar, aber auch sehr widerstandsfähig gegen Zerstörung. Dieses Prinzip ist einer Technik aus der Informatik sehr ähnlich, die für den Bau funktionierender Quantencomputer von zentraler Bedeutung ist: Die größten Quantencomputer bestanden beim Verfassen dieser Zeilen aus Netzen von etwa 100 verschränk-

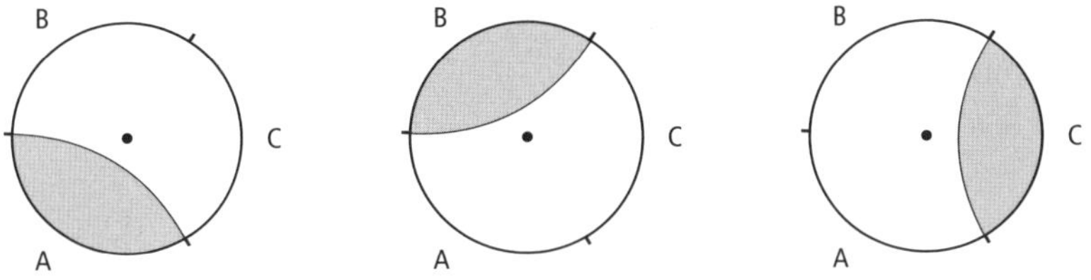

Abbildung 15.1. Veranschaulichung des Kausalkeil-Puzzles.

ten Qubits. Das Potenzial dieser Computer ist enorm, denn der „Raum", in dem sich Berechnungen durchführen lassen, wächst exponentiell mit der Anzahl der Qubits, wobei die Quantenverschränkung als Informationsquelle ausgenutzt wird. Diese 100-Qubit-Quantencomputer können innerhalb von Minuten Berechnungen durchführen, für die ein herkömmlicher Supercomputer länger als das aktuelle Alter des Universums benötigen würde.

Eine der schwierigsten Herausforderungen beim Bau großer Quantencomputer ist es, zu verhindern, dass die Qubits mit ihrer Umgebung verschränkt werden. In Anbetracht dessen, was wir über Verschränkung und Quanteninformation wissen, sollte klar sein, dass dieses Szenario extrem ungünstig wäre, da Information aus dem Computer in die Umgebung „durchsickern" und der Computer nicht funktionieren würde. Eine perfekte Abschottung ist nicht praktikabel, und somit braucht es einen Weg, um die wichtigen Qubits zu schützen, die zur Programmierung des Computers erforderlich sind: einen Weg, um Information so zu kodieren, dass sie schwer zu zerstören ist. Geschehen kann dies durch Ausnutzung der Quantenverschränkung, um die Information auf belastbare Weise zu kodieren. Das ist die Quantenfehlerkorrektur.

Die klassische Fehlerkorrektur ist ein fester Bestandteil unserer Alltagstechnologie. Ein QR-Code zum Beispiel verschlüsselt mehrere Kopien der Information, sodass ein großer Teil davon zerstört werden kann, die Information sich aber immer noch entschlüsseln lässt. Quantencomputer können sich nicht auf die Speicherung mehrerer Kopien der Information verlassen, da – wie wir gesehen haben – das No-Cloning-Theorem verhindert, dass Quanteninformation kopiert wird. Die Lösung besteht darin, einen Quantenschaltkreis zu entwickeln, der die wichtige Information auf redundante Weise ohne Kopieren kodiert, aber zugleich auch so, dass sie robust gegenüber Wechselwirkungen mit der Umgebung ist. Es zeigt sich, dass Letzteres gleichbedeutend mit der Forderung ist, die Information so zu durchmischen, dass sie in gewisser Weise vor der Umgebung geheim gehalten wird. Die Umgebung kann die wertvolle Information nur dann zerstören, wenn sie quasi versteht, wie wir sie kodiert haben. Wenn wir die Dinge ausreichend verschlüsseln, kann die Umgebung den Code nicht knacken. Ein Beispiel für redundante, nicht lokale Informationskodierung – keine Quanteninformationskodierung – geben wir in Kasten 15.1.

KASTEN 15.1. DIE KODIERUNG VON INFORMATION

Nehmen wir an, wir wollen die dreistellige Zahlenkombination für einen Tresor verschlüsseln (*abc*). Eine Möglichkeit dafür bietet die Funktion $f(x) = ax^2 + bx + c$. Um den Code zu knacken, muss man die Werte von *a*, *b* und *c* kennen. Diese Information lässt sich nun in einer großen Personengruppe verstecken, indem man jeder Person ein Zahlenpaar gibt: einen bestimmten Wert von *x* und den entsprechenden Wert von f(*x*). Um den Code zu knacken, müssen wir drei beliebige Personen im Raum zu ihren Zahlenpaaren *x* und f(*x*) befragen. Dies reicht aus, um *a*, *b* und *c* zu ermitteln. Das beschriebene Verfahren ist eine Möglichkeit, Information auf nicht lokale Weise redundant zu verschlüsseln. Es ist robust gegen einen Verlust von Personen: Solange wir mindestens drei Personen befragen können, lässt sich die Zahlenkombination zuverlässig ermitteln.

Wer einen Quantencomputer bauen will, steht vor der Herausforderung, ein kompaktes Gerät zu erfinden, das ein Qubit (oder viele Qubits) innerhalb eines größeren Blocks aus Qubits kodiert, sodass die gewünschten Qubits auch dann sicher sind, wenn die äußeren Qubits aufgrund von Wechselwirkungen mit der Umgebung Schaden nehmen. Bei der Fehlerkorrektur geht es darum, dies durch eine optimale Kombination aus Redundanz und Geheimhaltung zu erreichen. Wir können nun die Verbindung zur Holografie erkennen, denn die Kodierung, die wir im Zusammenhang mit AdS/CFT diskutiert haben, ist eine Kombination aus Redundanz und Geheimhaltung.[1][iii] In der Holografie kodiert der Rand den inneren Raum, und zwar auf redundante Weise, weil wir einen Teil des Rands entfernen können, ohne die Information im Innern zu verlieren. Er speichert Information auch auf eine Weise, die schwer zu entschlüsseln ist, da die Information durch Quantenverschränkung gut verteilt und nicht lokal kodiert ist. Um den inneren Raum zu zerstören (wie Van Raamsdonk es sich vorstellte), müssen wir die Verschränkung auf einem wesentlichen Teil des Rands zerstören, nicht nur auf einem kleinen Teil davon.

2015 entwickelten Fernando Pastawski, Beni Yoshida, Daniel Harlow und John Preskill[iv] eine Anordnung vernetzter Qubits, die die Information über das Innere des Netzwerks redundant an den Rändern kodiert. Dies ist genau die Situation, die wir im Zusammenhang mit der Holografie erörtert haben. Die Kodierung ist bekannt als HaPPY-Code (nach den Initialen der Autoren) und ist in Abbildung 15.2 schematisch dargestellt. Die offenen Kreise an der Außenseite sind Qubits, ebenso wie die Kreise im Innern der Fünfecke. In einem Quantencomputer sind die Rand-Qubits am stärksten durch die

1 Der Groschen fiel zuerst bei Ahmed Almheiri, Xi Dong und Daniel Harlow, die 2015 auf den Zusammenhang zwischen AdS/CFT und Quantenfehlerkorrektur hinwiesen.

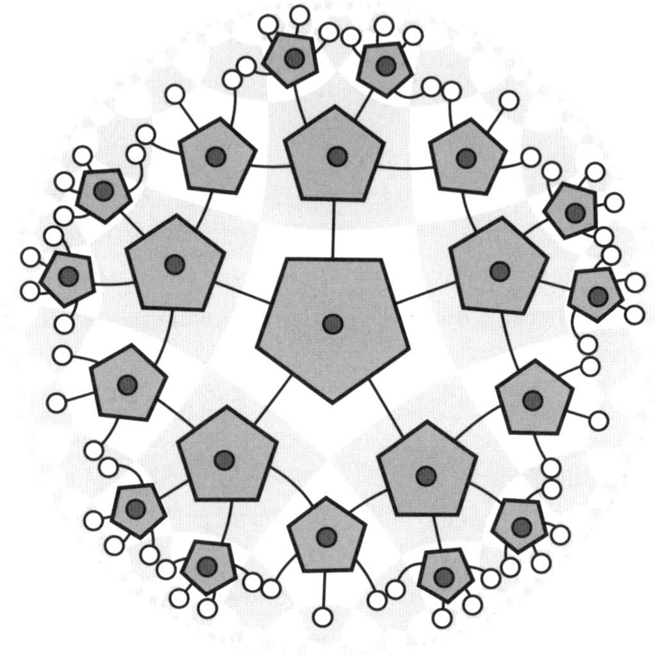

Abbildung 15.2. Der holografische Fünfeck-Code HaPPY.

Umgebung gefährdet. Die Qubits im Innern der Fünfecke sind diejenigen, die der Computer für seine Operationen verwenden wird. Diese sind aufgrund der Struktur des Netzwerks zuverlässiger. Die Fünfecke sind Vorrichtungen, die die sechs Qubits miteinander verschränken, die in sie eingespeist werden. Sie funktionieren so, dass drei beliebige Qubits maximal mit den anderen drei verschränkt sind. Somit ist die durch das zentrale Qubit kodierte Information gegen die Löschung von bis zu drei der umliegenden Qubits robust.

Das Diagramm zeigt ein Netz mit nur wenigen Schichten aus Fünfecken. Sie sehen (anhand des schattierten Musters), dass die Fünfecke auf eine Weise miteinander verbunden sind, die der hyperbolischen Kachelung der Poincaré-Scheibe entspricht. Wir könnten weitere Schichten hinzufügen, indem wir die äußeren Qubits um eine Schicht nach außen verschieben. Die Fünfecke sehen auf dem Diagramm sehr klein aus, aber das bedeutet nicht, dass sie in der Realität sehr klein sind. Als physische Geräte könnten die Fünfecke alle die gleiche Größe haben. Entscheidend ist die Art und Weise, wie sie miteinander vernetzt sind, was durch die zugrunde liegende hyperbolische Geometrie bestimmt wird. Diese hyperbolische Verknüpfung ist eine wichtige Eigenschaft, wie wir jetzt sehen werden.

Die aufregende Eigenschaft des HaPPY-Codes besteht darin, dass er die wichtigsten Merkmale der AdS/CFT reproduziert, insbesondere das Ryu-Takayanagi-Ergebnis. Wir veranschaulichen das in Abbildung 15.3. Jeder schwarze Punkt steht für ein Qubit. Nehmen wir an, wir kennen den Zustand der „heraushängenden" Qubits entlang des Rands. Wenn die Linien von drei bekannten Qubits in ein Fünfeck einmünden, dann kennen wir ebenfalls den Zustand der anderen beiden Qubits und auch das zentrale Qubit. Qubits aus den äußeren Fünfecken verbinden sich mit benachbarten inneren Fünfecken. Wenn wir uns nach innen bewegen und das wiederholen, kennen wir immer den Zustand aller Qubits, die mit jedem Fünfeck verbunden sind, bis wir auf ein Fünfeck mit weniger als drei Eingängen treffen. An diesem Punkt können wir nicht mehr tiefer gehen; die Qubits am Rand kodieren nicht mehr für diesen Teil des Innern. Wenn wir dieses Stadium erreichen, wird die Linie, die wir überqueren, als „gierige Geodäte" bezeichnet und als gestrichelte Linie dargestellt. Sie markiert den Teil des Innern, der durch die heraushängenden Qubits entlang des Rands vollständig beschrieben wird. Sie ist auch die kürzeste Linie, die sich durch das Innere ziehen lässt und die Ränder der Randregion mitsamt den heraushängenden Qubits verbindet. Bemerkenswerterweise ist der Grad der Verschränkung zwischen den Qubits in der Randregion und dem Rest des Rands

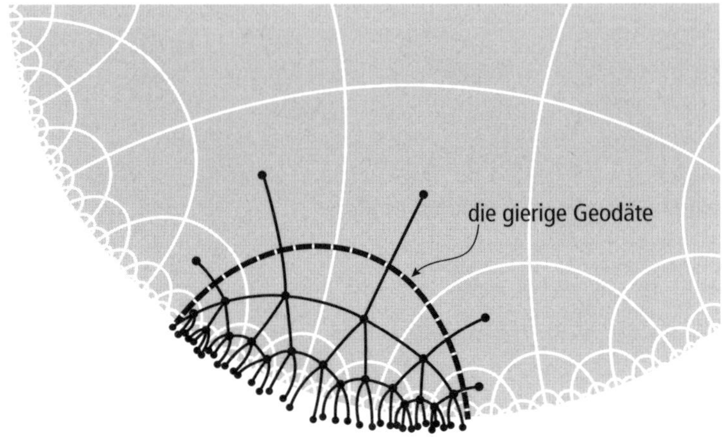

Abbildung 15.3. Die gierige Geodäte hat eine Länge, die durch die Anzahl der Netzwerkteile definiert ist, die sie durchtrennt. Ausgehend von den außen heraushängenden physischen Qubits können wir uns nach innen bewegen, um die dortigen logischen Qubits zu rekonstruieren, die als schwarze Punkte im Innern der Fünfecke dargestellt sind.

gleich der Anzahl der Verbindungen, die die gierige Geodäte im Netzwerk durchtrennt. Dies ist nichts anderes als das Ryu-Takayanagi-Ergebnis.

Der Clou an der Sache ist, dass der HaPPY-Code ein Netzwerk aus Qubits darstellt, und dennoch die Eigenschaften der Physik aufweist, die wir im Zusammenhang mit Schwarzen Löchern besprochen haben. Versuchen Sie sich den HaPPY-Code vorzustellen, ohne sich einen Raum vorzustellen, in den die Qubits eingebettet sind. Kein Raum, nur verschränkte Qubits. Wir wissen, dass es eine gleichwertige Beschreibung dieses Codes in der Sprache der Geometrie gibt, die wir zur Veranschaulichung benutzt haben: Es ist die hyperbolische Geometrie der Poincaré-Scheibe. Mit anderen Worten: Durch die Art und Weise, wie wir die Qubits verdrahtet haben, taucht eine hyperbolische Geometrie auf. Der Begriff der Entfernung ergibt sich aus der Anzahl der Verbindungen, die wir im Netzwerk durchtrennen – das heißt, die Entfernung ist durch das Zählen der durchtrennten Verbindungen definiert. So erstaunlich es auch wirken mag: Es drängt sich die Vorstellung auf, dass der Raum, in dem wir leben, aus einem verschränkten Netzwerk elementarer verschränkter Quanteneinheiten besteht, die zu klein sind, um sie mit heutigen Experimenten nachzuweisen. Stattdessen bemerken wir, wie diese verschränkten Einheiten die physikalischen Phänomene hervorbringen, die wir sehen – einschließlich einer Vorstellung vom Raum an sich. Dies ist eine bemerkenswerte Entwicklung – eine, der John Archibald Wheeler sicherlich zugestimmt hätte.

WAS ALSO IST REALITÄT?

Leben wir in einem riesigen Quantencomputer? Die Anzeichen verdichten sich, dass dies der Fall sein könnte. Jahrelang war die Erforschung Schwarzer Löcher ein intellektuelles Unterfangen, das die theoretischen Physiker in die Enge getrieben hat. Doch in den vergangenen zehn Jahren hat es eine Flut an Erkenntnissen gegeben, die zum großen Teil durch die Ausnutzung des sich rasch entwickelnden Gebiets der Quanteninformation verstärkt wurde: Nach übereinstimmender Ansicht ist die Holografie gekommen, um zu bleiben, und sie hat viel mit der Quantenfehlerkorrektur gemeinsam.

Bedeutet in einem Universum zu leben, das einem riesigen Quantencomputer ähnelt, dass wir virtuelle Erzeugnisse sind, die im Computerspiel eines Superhirns leben? Vermutlich nicht. Es gibt keinen Grund, diese Verbindung herzustellen. Vielmehr scheinen wir auf unserer Suche nach der Quantengravitationstheorie, die so weit weg von der Alltagswelt erscheint wie nur irgend denkbar, einen Blick in eine tiefere Ebene der Welt erhascht zu haben. Und das Verständnis dieser tieferen Ebene könnte uns bei der Entwicklung von Quantencomputern durchaus nützlich sein. In der Wissenschaftsgeschichte ist Derartiges schon so oft vorgekommen: Wir entdecken ständig Verfahren, die sich die Natur längst zunutze gemacht hat. Es überrascht nicht wirklich, dass diese Verfahren für uns technologisch nützlich sind. Die Natur scheint der beste Lehrmeister zu sein.

Die merkwürdige Verbindung zwischen Quantencomputern und Quantengravitation eröffnet verlockende neue Möglichkeiten. In der Zukunft könnte die Quantengravitationsforschung auch von Experimenten flankiert werden, was noch vor wenigen Jahren als höchst unwahrscheinlich galt. Vielleicht können wir die Physik der Schwarzen Löcher im Labor mithilfe von Quantencomputern erforschen. Und diese tiefe Beziehung zwischen den beiden Bereichen wirkt in beide Richtungen. Umgekehrt könnte sich die reine Erforschung Schwarzer Löcher mit der Entwicklung von großen Quantencomputern überschneiden, die für unsere Wirtschaft und die langfristige Zukunft unserer Zivilisation von enormem Nutzen sein werden. Vielleicht dauert es nicht mehr lange, bis wir uns eine Welt ohne Quantencomputer genauso wenig vorstellen können wie heutzutage eine Welt ohne klassische Computer.

Dies ist die ultimative Rechtfertigung für Forschung um der Forschung willen: Zwei der größten Probleme in Wissenschaft und Technik haben sich als eng miteinander verknüpft erwiesen. Die Herausforderung, einen Quantencomputer zu bauen, ähnelt stark der Herausforderung, die richtige Quantengravitationstheorie aufzustellen. Auch deshalb müssen wir weiterhin die esoterischsten wissenschaftlichen Bemühungen unterstützen. Niemand hätte eine solche Verbindung vorhersehen können.

„Sei dir der Sterne und der Unendlichkeit in der Höhe klar bewusst. Dann scheint das Leben doch fast verzaubert zu sein“, schrieb Vincent van Gogh. Die Erforschung Schwarzer Löcher hat das Interesse von vielen der bedeutendsten Physiker in den vergangenen 100 Jahren auf sich gezogen, denn Physik ist die Suche nach Verständnis und Verzauberung zugleich. Dass das Streben, die Unendlichkeiten des Himmels zu verstehen, unweigerlich zur Entdeckung eines holografischen Universums geführt hat, das durch seine Fremdartigkeit und logische Schönheit bezaubert, unterstreicht van Goghs Einsicht. Möglicherweise ist es unvermeidlich, dass der Mensch auf Verzauberung stößt, wenn er sich aufmacht, das Erhabene zu erforschen. Aber verdammt nützlich ist es auch.

DANKSAGUNG

Wir sind sehr dankbar für die Hilfe und Unterstützung zahlreicher Kollegen, Familienmitglieder und Freunde. Für ihre vielen hilfreichen Kommentare und Diskussionen danken wir insbesondere Bob Dickinson, Jack Holguin, Tim Hollowood, Ross Jenkinson, Mark Lancaster, Geraint Lewis, Chris Maudsley, Peter Millington und Geoff Penington. Wir sind auch dankbar für die Unterstützung durch die Universität Manchester und die Royal Society.

Myles Archibald und dem Team von HarperCollins sowie Diane Banks, Martin Redfern und Sue Rider gebührt großer Dank für ihre Hilfe bei der Realisierung des Buchs.

Vor allem aber sind wir unseren Familien zu Dank verpflichtet – Marieke, Florence, Isabel, Lenny und Tilly, sowie Gia, George und Mo.

Wir danken euch allen.

QUELLENANGABEN

Eine kurze Geschichte der schwarzen Löcher

i) Hawking, S. W. und Ellis, G. F. R. (1973), *The Large Scale Structure of Space-Time* (Cambridge University Press, Cambridge).
ii) Einstein, A. (1939), „On a Stationary System with Spherical Symmetry Consisting of Many Gravitating Masses“, *Ann. Math. Second Series*, 40(4):922–936.
iii) Montgomery, C., Orchiston, W. und Whittingham, I. (2009), „Michell, Laplace and the Origin of the Black Hole Concept“, *J. Astron. Hist. Herit.*, 12(2):90–96.
iv) Fowler, R. H. (1926), „On Dense Matter“, MNRAS, 87:114–122.
v) Chandrasekhar, S. (1931), „The Maximum Mass of Ideal White Dwarfs“, *Astrophys. J.*, 74:81–82.
vi) Oppenheimer, J. R. und Snyder, H. (1939), „On Continued Gravitational Contraction“, *Phys. Rev. Lett.*, 56:455.
vii) Wheeler, J. A. mit Ford, K. (2000), *Geons, Black Holes, and Quantum Foam. A Life in Physics* (W. W. Norton & Co., New York).
viii) Fuller, R. W. und Wheeler, J. A. (1962), „Causality and Multiply Connected Space-Time“, *Phys. Rev.*, 128:919–929.
ix) Penrose, R. (1965), „Gravitational Collapse and Space-Time Singularities“, *Phys. Rev. Lett.*, 14:57.
x) Hawking, S. W. (1974), „Black Hole Explosions?“, *Nature*, 248: 30–31.
xí) Wigner, Eugene P. (1960), „The Unreasonable Effectiveness of Mathematics in the Natural Sciences“, *Comm. Pure Appl. Math.*, 13:1, 1–14.

Die Vereinigung von Raum und Zeit

i) Taylor, E. F., Wheeler, J. A. und Bertschinger, E. W. (2000), *Exploring Black Holes* (Pearson, New York).
ii) Page, D. N. (2005), „Hawking Radiation and Black Hole Thermodynamics“, *New J. Phys.*, 7:203.
iii) Hawking, S. W. (1975), „Particle Creation by Black Holes“, *Comm. Math. Phys.*, 43:199–220.
iv) Misner, C. W., Thorne, K. S. und Wheeler, J. A. (1973), *Gravitation* (Princeton University Press, Princeton).
v) Hafele, J. C. und Keating, R. E. (1972), *Science*, 177(4044):168.

Gekrümmte Raumzeit

i) Misner, C. W., Thorne, K. S. und Wheeler, J. A. (1973), *Gravitation*, (Princeton University Press, Princeton).

Hinein ins Schwarze Loch

i) Hamilton, A. J. S. und Lisle, J. P. (2008), „The River Model of Black Holes", *Am. J. Phys.*, 76:519–532.

Weiße Löcher und Wurmlöcher

i) Einstein, A. und Rosen, N. (1935), „The Particle Problem in the General Theory of Relativity", *Phys. Rev.*, 48:73.
ii) Taylor, E. F., Wheeler, J. A. und Bertschinger, E. W. (2000), *Exploring Black Holes* (Pearson, New York).
iii) Morris, M., Thorne, K. und Yurtsever, U. (1988), „Wormholes, Time Machines and the Weak Energy Condition", *Phys. Rev. Lett.*, 61(13): 1446–1449.

Das Wunderland von Kerr

i) Hawking, S., Thorne, K., Novikov, I., Ferris, T., Lightman, A. und Price, R. (2002), *The Future of Spacetime* (W. W. Norton & Co., New York).
ii) Droz, S., Israel, W. und Morsink, S. M. (1996), „Black Holes: the Inside Story", *Phys. World*, 9(1):34.

Echte Schwarze Löcher aus kollabierenden Sternen

i) Chandrasekhar, S. (1987), *Truth and Beauty* (University of Chicago Press, Chicago).

Die Thermodynamik Schwarzer Löcher

i) Wheeler, J. A. mit Ford, K. (2000), *Geons, Black Holes, and Quantum Foam. A Life in Physics* (W. W. Norton & Co., New York).
ii) Abbott, J. (1879), „The New Theory of Heat", *Harper's New Monthly Magazine*, XXXIX.
iii) Atkins, P. (2010), *The Laws of Thermodynamics: A Very Short Introduction* (Oxford University Press, Oxford).
iv) Brief an John William Strutt, Baron Rayleigh, datiert auf den 6. Dezember 1870.
v) Goodstein, D. L. (2002), *States of Matter* (Dover Publications, New York).
vi) Feynman, R. P. (1997), *The Character of Physical Law* (Random House, New York).

Hawking-Strahlung

i) Hawking, S. W. (1974), „Black Hole Explosions?", *Nature*, 248:30–31.
ii) Bardeen, J. M., Carter, B. und Hawking, S. W. (1973), „The Four Laws of Black Hole Mechanics", *Comm. Math. Phys.*, 31(2):161–170.
iii) Hawking, S. W. (1974), „Black Hole Explosions?", *Nature*, 248:30–31.
iv) Hawking, S. W. (1975), „Particle Creation by Black Holes", *Comm. Math. Phys.*, 43:199–220.

Spaghettifiziert und verdampft

i) Aus den „Proceedings of the third International Symposium on the Foundations of Quantum Mechanics", Tokio, 1989.
ii) Fulling, S. A. (1973), „Nonuniqueness of Canonical Field Quantization in Riemannian Space-Time", Phys. Rev. D., 7(10): 2850.
Davies, P. C. W. (1975), „Scalar Production in Schwarzschild and Rindler Metrics", *Phys. A.*, 8(4):609.
Unruh, W. G. (1976), „Notes on Black-hole Evaporation", *Phys. Rev. D.*, 14(4):870.
iii) Die Komplementarität von Schwarzen Löchern wurde erstmals 1993 in einer Arbeit von Leonard Susskind, Larus Thorlacius und John Uglum eingeführt, die auf eine frühere Veröffentlichung von Gerard 't Hooft zurückgeht.
Susskind, L., Thorlacius, L., Uglum, J. (1993), „The Stretched Horizon and Black Hole Complementarity", *Phys. Rev. D.*, 48(8):3743.
't Hooft, G. (1990), „The Black Hole Interpretation of String Theory", *Nucl. Phys. B.*, 335(1):138.
iv) Susskind, L. (2008), *The Black Hole War* (Little Brown, New York).

Das Geräusch einer einzelnen klatschenden Hand

i) Nielsen, M. A. und Chuang, I. L. (2010), *Quantum Computation and Quantum Information* (Cambridge University Press, Cambridge).
ii) Kwiat, P. G. und Hardy, L. (2000), „The Mystery of the Quantum Cakes", *Am. J. Phys.*, 68(1):33–36.
iii) Page, D. N. (1993), „Information in Black Hole Radiation", *Phys. Rev. Lett.*, 71:3743.

Die Welt als Hologramm

i) Almheiri, A., Marolf, D., Polchinski, J. und Sully, J. (2013), „Black Holes: Complementarity or Firewalls?", *J. High Energy Phys.*, 2013(2).

ii) Hayden, P. und Preskill, J. (2007), „Black Holes as Mirrors: Quantum Information in Random Subsystems“, *J. High Energy Phys.*, 2007 (9):120.
iii) Susskind, L. (1995), „The World as a Hologram“, *J. Math. Phys.*, 36:6377–6396.
iv) Maldacena, J. (1998), „The Large N Limit of Superconformal Field Theories and Supergravity“, *Adv. Theor. Math. Phys.*, 2(4): 231–252.

Inseln im Strom

i) Penington, G. (2020), „Entanglement Wedge Reconstruction and the Information Paradox“, *J. High Energy. Phys.*, 2020(9):2.
ii) Ryu, S. und Takayanagi, T. (2006), „Aspects of Holographic Entanglement Entropy“, *J. High Energy Phys.*, 2006(8):045.
iii) Maldacena, J. und Susskind, L. (2013), „Cool Horizons for Black Holes“, *Fortsch. Phys.*, 61:781.
iv) Einstein, A., Podolsky, B. und Rosen, N. (1935), „Can Quantum-mechanical Description of Physical Reality be Considered Complete?“, *Phys. Rev.*, 47(10):777.
v) Almheiri, A., Engelhardt, N., Marolf, D. und Maxfield, H. (2019), „The Entropy of Bulk Quantum Fields and the Entanglement Wedge of an Evaporating Black Hole“, *J. High Energy Phys.*, 2019(12):63.
Penington, G., „Entanglement Wedge Reconstruction and the Information Paradox“, *J. High Energy Phys.*, 2020(9):2.

Der perfekte Code

i) Aus den „Proceedings of the third International Symposium on the Foundations of Quantum Mechanics“, Tokio, 1989.
ii) ebd.
iii) Almheiri, A., Dong, X. und Harlow, D. (2015), „Bulk Locality and Quantum Error Correction in AdS/CFT“, *JHEP*, 04:163.
iv) Pastawski, F., Yoshida, B., Harlow, D. und Preskill, J. (2015), „Holographic Quantum Error-correcting Codes: Toy Models for the Bulk/Boundary Correspondence“, *JHEP*, 06:149.

REGISTER

BILDNACHWEIS

Alle Penrose-Diagramme stammen von Martin Brown und Jack Jewell und alle anderen Illustrationen von Martin Brown und © HarperCollinsPublishers, mit den folgenden Ausnahmen:

Abbildung	Nachweis
1.1	European Southern Observatory/EHT Collaboration/Science Photo Library
3.1	M.C. Eschers *Hand with Reflecting Sphere* © 2022 The M.C. Escher Company-The Netherlands. Alle Rechte vorbehalten. www.mcescher.com
4.1	meunierd/Shutterstock
5.4	Wendy lucid2711/Shutterstock, mit Anmerkungen versehen von Martin Brown
5.6	Filmstandbild aus *Father Ted*, Staffel 2, Episode 1 © Hat Trick Productions
6.8	Illustration von Jack Jewell
7.8	Abbildung 33.2 aus *Gravitation* von Charles W. Misner, Kip S. Thorne und John Archibald Wheeler, Seite 908. Herausgegeben von Princeton University Press, 2017. Abdruck hier mit Genehmigung des Herausgebers.
8.1	Nachdruck der Abbildung mit Genehmigung aus: Roger Penrose, „Gravitational Collapse and Space-Time Singularities", *Physical Review Letters*, Vol. 14, Iss. 3, Seite 57, 1965. Copyright 1965 American Physical Society
9.1	Science History Images/Alamy Stock Photo

10.2 Copyright © Dean and Chapter of Westminster

12.1 Abbildung 1 aus „The Mystery of the Quantum Cakes“, von P. G. Kwiat und L. Hardy, *American Journal of Physics*, 68:33–36 (2000), https://doi.org/10.1119/1.19369. Der Abdruck hier erfolgt mit Genehmigung der Autoren und der American Association of Physics Teachers.

13.2 (rechts) M.C. Eschers *Circle Limit I* © 2022 The M.C. Escher Company-The Netherlands. Alle Rechte vorbehalten. www.mcescher.com

IMPRESSUM

Aus dem Englischen übersetzt von Michael Vogel.

Titel der Originalausgabe: „Black Holes“, erschienen bei HarperCollins Publishers Ltd. unter der ISBN 978-0-00-835075-8.

Illustrationen von Martin Brown und Jack Jewell.

Umschlaggestaltung von Claudia Eder, Schönburg, unter Verwendung einer Illustration von NASA's Goddard Space Flight Center/Jeremy Schnittman.

Mit 73 Abbildungen sowie 16 Farbtafeln.

Unser gesamtes Programm finden Sie unter **kosmos.de**
Über Neuigkeiten informieren Sie regelmäßig unsere Newsletter, einfach anmelden unter **kosmos.de/newsletter**

Gedruckt auf chlorfrei gebleichtem Papier

FSC www.fsc.org MIX Papier | Fördert gute Waldnutzung FSC® C014889

Für die deutschsprachige Ausgabe:

Pfizerstraße 5–7, 70184 Stuttgart
kosmos.de/servicecenter

ISBN: 978-3-440-17882-9
Redaktion: Michael Geymeier
Satz: Text & Bild | Michael Grätzbach, Kernen im Remstal
Produktion: Ralf Paucke
Druck und Bindung: Friedrich Pustet GmbH & Co. KG, Regensburg
Printed in Germany/Imprimé en Allemagne